ZHIYE JINENG PEIXUN JIANDING JIAOCAI

■ 职业技能培训鉴定教材 ■

计算机操作员

（初级） 第2版

JISUANJI CAOZUOYUAN

主　编　欧阳广

参　编　贾湘琳　刘　奇

中国劳动社会保障出版社

图书在版编目(CIP)数据

计算机操作员:初级/欧阳广主编.——2版.——北京:中国劳动社会保障出版社,2017

职业技能培训鉴定教材

ISBN 978-7-5167-2947-2

Ⅰ.①计… Ⅱ.①欧… Ⅲ.①电子计算机-职业技能-鉴定-教材 Ⅳ.①TP3

中国版本图书馆 CIP 数据核字(2017)第 060411 号

中国劳动社会保障出版社出版发行

(北京市惠新东街 1 号 邮政编码:100029)

*

三河市华骏印务包装有限公司印刷装订 新华书店经销
787 毫米×1092 毫米 16 开本 20.25 印张 438 千字
2018 年 2 月第 2 版 2021 年 12 月第 4 次印刷
定价:**40.00 元**

读者服务部电话:(010)64929211/84209101/64921644
营销中心电话:(010)64962347
出版社网址:http://www.class.com.cn

版权专有 侵权必究

如有印装差错,请与本社联系调换:(010)81211666
我社将与版权执法机关配合,大力打击盗印、销售和使用盗版图书活动,敬请广大读者协助举报,经查实将给予举报者奖励。
举报电话:(010)64954652

内容简介

本教材由人力资源和社会保障部教材办公室组织编写。教材以《国家职业技能标准·计算机操作员（2008年修订）》为依据，紧紧围绕"以企业需求为导向，以职业能力为核心"的编写理念，力求突出职业技能培训特色，满足职业技能培训与鉴定考核的需要。

本教材分为八个单元，主要内容包括计算机的安装、连接与调试，文件管理，文字录入，通用文档处理，电子表格处理，演示文稿处理，网络登录与信息浏览，多媒体信息处理，详细介绍了本职业岗位工作中要求掌握的最新实用知识和操作技能。每一单元后附有单元测试题及答案，供读者巩固、检验学习效果时参考使用。

本教材可作为初级计算机操作员职业技能培训与鉴定考核教材，也可供中、高等职业院校相关专业师生参考，还可供相关从业人员参加在职培训、岗位培训使用。

前　　言

1994年以来，劳动和社会保障部职业技能鉴定中心、教材办公室和中国劳动社会保障出版社组织有关方面专家，依据《中华人民共和国职业技能鉴定规范》，编写出版了职业技能鉴定教材及其配套的职业技能鉴定指导200余种，作为考前培训的权威性教材，受到全国各级培训、鉴定机构的欢迎，有力地推动了职业技能鉴定工作的开展。

劳动保障部从2000年开始陆续制定并颁布了国家职业标准。同时，社会经济、技术不断发展，企业对劳动力素质提出了更高的要求。为了适应新形势，为各级培训、鉴定部门和广大受培训者提供优质服务，教材办公室组织有关专家、技术人员和职业培训教学管理人员、教师，依据国家职业标准和企业对各类技能人才的需求，研发了职业技能培训鉴定教材。

新编写的教材具有以下主要特点：

在编写原则上，突出以职业能力为核心。教材编写贯穿"以职业标准为依据，以企业需求为导向，以职业能力为核心"的理念，依据国家职业标准，结合企业实际，反映岗位需求，突出新知识、新技术、新工艺、新方法，注重职业能力培养。凡是职业岗位工作中要求掌握的知识和技能，均作详细介绍。

在使用功能上，注重服务于培训和鉴定。根据职业发展的实际情况和培训需求，教材力求体现职业培训的规律，反映职业技能鉴定考核的基本要求，满足培训对象参加各级各类鉴定考试的需要。

在编写模式上，采用分级模块化编写。纵向上，教材按照国家职业资格等级单独成册，各等级合理衔接、步步提升，为技能人才培养搭建科学的阶梯型培训架构。横向上，教材按照职业功能分模块展开，安排足量、适用的内容，贴近生产实际，贴近培训对象需要，贴近市场需求。

在内容安排上，增强教材的可读性。为便于培训、鉴定部门在有限的时间内把最重要的知识和技能传授给培训对象，同时也便于培训对象迅速抓住重点，提高学习效率，在教材中精心设置了"培训目标"等栏目，以提示应该达到的目标，需要掌握的重点、难点、鉴定点和有关的扩展知识。另外,每个学习单元后安排了单元测试题,每个级别的教材都提供了理论知识和操作技能考核试卷,方便培训对象及时巩固、检验学习效果,并对本职业鉴定考核形式有初步的了解。

本书在编写中得到湖南化工职业技术学院和湖南省人力资源和社会保障厅职业技能鉴定中心的大力支持,在此一并致以诚挚的谢意。

编写教材有相当的难度,是一项探索性工作。由于时间仓促、缺乏经验,不足之处在所难免,恳切希望各使用单位和个人对教材提出宝贵意见,以便修订时加以完善。

人力资源和社会保障部教材办公室

目 录

第1单元 计算机的安装、连接与调试 1—43

第1节 主机设备的连接/2
一、计算机硬件设备/2
二、计算机接口种类与类型/3
三、计算机与外部设备的连接/5

第2节 主机设备的开机与关机/9
一、启动与关闭计算机/9
二、睡眠、休眠、注销和切换用户/11

第3节 Windows 7 基本操作/12
一、Windows 7 桌面/12
二、鼠标的基本操作/14
三、窗口操作/14
四、菜单操作/18
五、对话框操作/18

第4节 Windows 7 系统设置/19
一、认识控制面板/19
二、设置桌面/21
三、设置用户账户/24
四、设置系统时间和日期/26

第5节 硬件设备安装与应用/28
一、安装硬件设备/28
二、安装硬件驱动程序/29
三、硬盘及存储设备的使用/32

第6节 应用软件基本操作/34
一、安装和卸载应用软件/34
二、建立快捷方式/38

单元考核要点/40
单元测试题/41
单元测试题答案/43

第2单元 文件管理 45—70

第1节 文件与文件夹的概念/46
 一、文件的概念/46
 二、文件夹的概念/47

第2节 文件和文件夹的基本操作/48
 一、计算机中文件和文件夹的管理/48
 二、新建文件或文件夹/53
 三、复制、移动文件和文件夹/56
 四、删除、恢复和重命名文件或文件夹/60
 五、文件的压缩与解压缩/63

单元考核要点/68
单元测试题/68
单元测试题答案/70

第3单元 文字录入 71—101

第1节 英文基本录入/72
 一、坐姿、指法及劳动保护/72
 二、指法训练要领与要求/75
 三、英文标点符号和特殊符号录入/76

第2节 汉字录入/79
 一、汉字录入的有关知识/79
 二、拼音输入法/81
 三、五笔字型输入法/87

单元考核要点/97
单元测试题/98
单元测试题答案/100

第4单元 通用文档处理 103—174

第1节 Word 2010 简介/104
  一、Word 2010 的启动与关闭/104
  二、设置 Word 2010 工作界面/104
  三、帮助系统/109

第2节 文档基本编辑/111
  一、输入文本/111
  二、编辑文档的基本操作/112
  三、保存文档/117
  典型操作案例/119

第3节 文档基本格式化处理/120
  一、设置字符的格式/120
  二、设置段落格式/126
  三、页面设置/129
  四、插入页眉、页脚和页码/132
  典型操作案例/135

第4节 表格基本处理/140
  一、创建表格/140
  二、修改表格/142
  三、表格的格式处理/145
  典型操作案例/147

第5节 对象基本处理/149
  一、插入图片/149
  二、文本框/153
  三、分栏和分页/155
  典型操作案例/157

第6节 文档输出处理/163
  一、打印预览/163
  二、打印文档/165

单元考核要点/166
单元测试题/167
单元测试题答案/174

第5单元 电子表格处理 175—231

第1节 Excel 2010 简介/176
一、Excel 2010 的启动与退出/176
二、Excel 2010 的工作界面及操作/176

第2节 数据输入与编辑/179
一、输入数据的方法/179
二、编辑数据/182
三、保存工作簿文件/186
四、工作表的管理/187

第3节 表格操作界面设置与打印输出/189
一、设置表格的页面/189
二、设置视图和显示比例/192
三、打印工作表/195

第4节 表格基本属性处理/196
一、设置数字格式/196
二、设置对齐方式/198
三、设置单元格的行高和列宽/200
四、工作表的边框、底纹和背景/201
典型操作案例/204

第5节 基本计算处理/207
一、工作表中的快速计算/207
二、利用公式进行计算/208
三、使用函数进行计算/209
典型操作案例/211

第6节 基本统计分析/212
一、合并计算/212
二、排序和筛选/217
典型操作案例/221

单元考核要点/224
单元测试题/225
单元测试题答案/231

第6单元　演示文稿处理 233—260

第1节　PowerPoint 2010 简介/234
　　一、PowerPoint 2010 的启动与退出/234
　　二、PowerPoint 2010 的窗口界面/234
　　三、视图的切换/235

第2节　新建与管理幻灯片/236
　　一、创建演示文稿/236
　　二、添加和删除幻灯片/239
　　三、移动和复制幻灯片/239

第3节　制作与放映幻灯片/241
　　一、文字的输入/241
　　二、文字格式化/242
　　三、幻灯片放映/247

第4节　页面与动画设置/250
　　一、设置页眉、页脚与页面/250
　　二、幻灯片动画设置/252
　　典型操作案例/254

单元考核要点/256

单元测试题/257

单元测试题答案/260

第7单元　网络登录与信息浏览 261—286

第1节　网络登录/262
　　一、登录局域网/262
　　二、接入互联网/265

第2节　浏览网页/266
　　一、网页浏览/266
　　二、收、发电子邮件/271
　　三、信息搜索/277
　　四、使用即时通信工具/279

单元考核要点/283

单元测试题/284

单元测试题答案/286

第8单元　多媒体信息处理 287—311

第1节　图形图像输入/288

　　一、图像类型与格式/288

　　二、使用数码相机/289

　　三、用扫描仪输入图像/292

　　四、拷贝屏幕/293

第2节　图形图像基本编辑处理/293

　　一、打开和新建图像/294

　　二、基本编辑操作/296

　　三、图像的存储和打印/302

　　四、用 ACDSee 编辑图像/304

单元考核要点/309

单元测试题/309

单元测试题答案/311

第 1 单元

计算机的安装、连接与调试

- 第 1 节　主机设备的连接 / 2
- 第 2 节　主机设备的开机与关机 / 9
- 第 3 节　Windows 7 基本操作 / 12
- 第 4 节　Windows 7 系统设置 / 19
- 第 5 节　硬件设备安装与应用 / 28
- 第 6 节　应用软件基本操作 / 34

第1节 主机设备的连接

学习目标
→ 了解计算机硬件设备
→ 了解计算机接口种类
→ 能够连接主机、显示器、键盘和鼠标
→ 能够连接电源线、网线
→ 能够拔插 USB 设备

一、计算机硬件设备

日常使用的计算机是微型计算机,简称微机。微机系统与一般的计算机系统一样,由硬件系统和软件系统组成。微机的硬件系统主要由中央处理器(Central Processing Unit,CPU)、存储设备、输入设备和输出设备等组成,各部分之间采用总线结构实现连接。

1. 中央处理器(CPU)

CPU 主要由运算器和控制器组成。

运算器是计算机对数据进行加工处理的中心,它主要由算术逻辑部件 ALU(Arithmetic and Logic Unit)、寄存器组和状态寄存器组成。

控制器是计算机的控制中心,对计算机各个部件的操作进行控制。它决定了计算机运行过程的自动化,不仅要保证程序的正确执行,而且要能够处理异常事件。控制器一般包括指令控制逻辑、时序控制逻辑、总线控制逻辑、中断控制逻辑等几个部分。

CPU 控制计算机的运行过程,完成绝大部分的运算操作。一台计算机功能的强弱、运算能力的大小主要由 CPU 决定,所以一般用 CPU 的型号去区分不同种类的计算机。

2. 存储设备(Memory)

存储设备是计算机的记忆部件,用来存放数据、程序和计算结果。存储器分内存储器和外存储器两类。

(1)内存储器。内存储器简称内存,又叫做主存储器。内存容量小、速度快,它是计算机运算过程中使用的主要存储器,作为计算机主机的一个部分。

内存包括只读存储器 ROM(Read Only Memory)和随机存储器 RAM(Read Access Memory)两部分。ROM 中存放着计算机运行必要的程序,关机后不会丢失。RAM 提供系统程序和用户程序的运行空间,关机后内容消失。

(2)外存储器。外存储器简称外存,也叫作辅助存储器。外存容量大、价格低、存取速度慢,用于存放暂时不用的程序和数据,作为主存储器的后援存储器。常用的有软盘、硬盘、U 盘、移动硬盘和光盘等。

3. 输入设备(Input Device)

输入设备是向计算机输入数据和指令的设备,是用户和计算机系统之间进行信息交换的主要装置,键盘、鼠标、摄像头、扫描仪、光笔、手写输入板、游戏杆、语音输入装置等都属于输入设备。

现在的计算机能够接收的数据，既可以是数值型的数据，也可以是各种非数值型的数据。例如，图形、图像、声音等都可以通过不同类型的输入设备输入计算机中，进行存储、处理和输出。计算机的输入设备按功能可分为下列几类：

（1）字符输入设备：键盘。
（2）光学阅读设备：光学标记阅读机、光学字符阅读机。
（3）图形输入设备：鼠标、操纵杆、光笔。
（4）图像输入设备：摄像机、扫描仪、传真机。
（5）模拟输入设备：麦克风。

4．输出设备（Output Device）

输出设备是人与计算机交互的一种部件，用于数据的输出。它把各种计算结果数据或信息以数字、字符、图像或声音的形式表示出来。常见输出设备有以下几种：

（1）显示输出设备：显示器、影像输出系统、投影仪。
（2）打印输出设备：打印机、绘图仪。
（3）语音输出设备：耳机、功放与音箱。

二、计算机接口种类与类型

计算机系统中的各种输入输出设备是通过不同形式的接口电路先与总线相连，然后再通过总线与中央处理器进行数据交换。微机常见的主板外接通用接口包括键盘接口、鼠标接口、USB接口、串行接口、并行接口、音频接口、网络接口等，如图1—1所示。

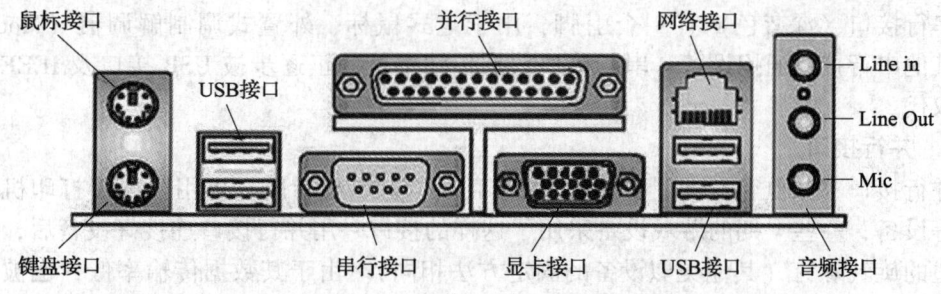

图1—1　常见计算机主板接口

1．键盘、鼠标接口

键盘、鼠标接口采用PS/2结构，为了便于识别，PC99规范采用不同颜色来区分，绿色的是鼠标接口，紫色的是键盘接口。

2．USB接口

USB是由英特尔联合多家公司在1996年推出的通用串行总线接口（Universal Serial Bus Interface）的简称，是计算机系统与外部设备连接的一种串口总线标准，也是一种输入输出接口的技术规范，被广泛地应用于个人计算机和移动设备等信息通信产品，并扩展至摄影器材、数字电视（机顶盒）、游戏机等其他相关领域。

USB接口的发展经历了USB1.0、USB2.0和USB3.0标准三个阶段。数据传输速度也从当初的 1.5 Mbps 发展到 480 Mbps，现在 USB3.0 标准的传输速度是 5 Gbps。USB 接口具有支持热插拔、即插即用等功能，最多可连接 127 台外设，可连接鼠标、键盘、打印机和扫描仪等设备。计算机系统中常见的 USB 接口有 3 种类型，如图 1—2 所示。

 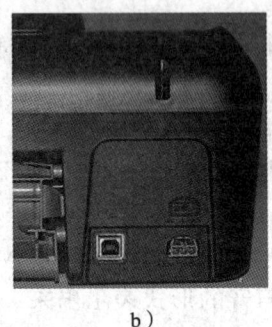 

a) b) c)

图 1—2　USB 接口类型

a）A 型接口（在机箱的背面或正面）　b）打印机上的 B 型接口　c）数码相机上的微型接口

（1）A 型。位于计算机机箱的正面、机箱背面，用于与 USB 设备连接，目前主流的计算机主板内通常自带 4~6 个 USB 接口，还提供 2~4 个外接 USB 接口，由引线至机箱前后面板。

（2）B 型。一般用于体积较大的 USB 设备上，如打印机和扫描仪。

（3）微型。一般用于数码相机、数码摄像机、测量仪器以及移动硬盘等。

3. 串行接口

串行接口（深蓝色）有 9 个引脚，用于老式鼠标、外置式调制解调器（Modem）以及其他串行接口通用设备。串行接口数据传输率低，正逐步被 USB 接口及 IEEE1394 接口取代。

4. 并行接口

并行接口（朱红色）是针脚最多的接口，共有 25 根针脚，可用于连接打印机、扫描仪等设备，一些早期的游戏设备采用了这样的接口。用并行接口连接好设备后，应拧紧两边的旋转螺钉（其他类似设备的固定方法相同）。由于其数据传输率低，也被 USB 接口及 IEEE1394 接口取代。

5. 音频接口

音频接口是指声卡的输入/输出接口，如图 1—1 所示。目前的主板上均集成了声卡，在主板上常常可以看到 3 个或更多的音频接口：

（1）Line Out 接口（淡绿色）。音频输出接口，是外接音箱的接口，通过音频线连接音箱的 Line 接口，输出经过计算机处理的音频信号。

（2）Mic 接口（粉红色）。麦克风输入接口，用于与麦克风的连接。

（3）Line In 接口（淡蓝色）。音频输入接口，是与其他音频设备连接的接口，例如连接 MP3、MP4 播放器的音频输出接口。

6. 网络接口

该接口位于网卡的挡板上，目前很多主板都集成了网卡。将网线的 RJ-45 水晶头插入，正常情况下网卡传输数据时会亮起绿色的数据灯。

7. 显卡接口

常用的显卡接口是 VGA 接口，为 15 针的 D – Sub 接口，是一种视频模拟信号的输出接口，用来将视频信号传输到显示器。该接口用来连接显示器的 15 针视频线，需插稳并拧紧两端的固定螺钉，以保证插针与接口能保持良好的接触。

提示：

为了满足高分辨率和 3D 效果显示的要求，目前显卡接口又有 DHMI、DVI、DP 和 mini – DP 等高清数字显示接口。

三、计算机与外部设备的连接

个人计算机是微机的一种类型，它主要由主机和键盘、鼠标和显示器等组成，如图 1—3 所示。其中 CPU 和内存通过插槽固定在计算机主板上，各种外部设备通过不同类型的接口连接。从装配的角度上看，通常把计算机分为主机箱和外部设备两个部分。

图 1—3 个人计算机

CPU、内存、主板和输入/输出接口构成的子系统称为主机。主机箱内还包括显卡、声卡、硬盘、光盘驱动器、电源等设备。主机箱的前面板上一般都有电源开关、各种指示灯、光盘驱动器、USB 和音频接口等；主机箱的后面留有与各种外部设备连接的接口，如鼠标接口、键盘接口、显示器接口、USB 接口、网络接口和音频接口等。

外部设备简称外设，通常指的是输入设备（键盘、鼠标、打印机、扫描仪、数码相机等）、输出设备（显示器、打印机、可写入的光盘等）、外存储设备（硬盘存储系统、CD – ROM 存储器系统、U 盘等）。

1. 连接电源

机箱内有专门的电源为计算机供电，电源的插口如图 1—4 所示。在连接时，电源线的一端通过插头与市电连接，另一端接入计算机电源输入插口。有的计算机电源还带有供电开关，在不使用计算机的时候应该关闭电源。

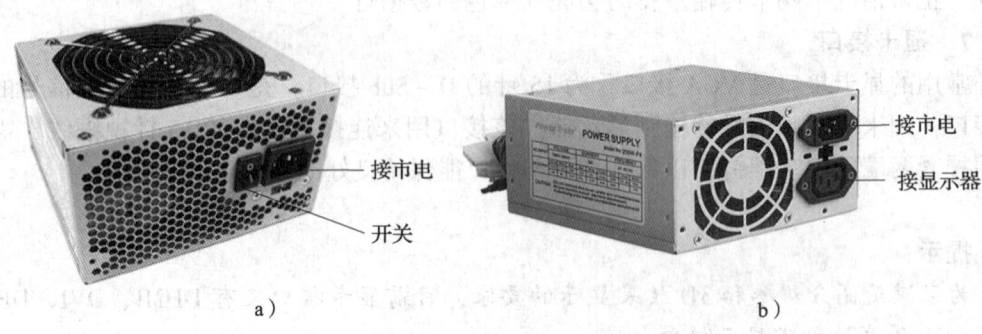

图1—4 计算机电源
a) 带开关的计算机电源 b) 带两个插口的计算机电源

提示：

电源连接线的一端是插头，连接市电；另一端连接计算机电源。电源线的插口分为公、母两种，应该根据具体的情况插入对应的接口，如图1—5所示。

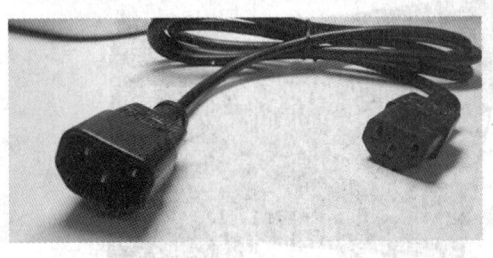

图1—5 电源插口类型

2. 连接显示器

（1）通过显示器的信号线可以将显示器和主机箱连接起来，显示器的信号线端从显示器内引出，另一端通过使用一种15针Mini–D–SUB（又称为HD15）接口连接到计算机上，如图1—6所示。

图1—6 显示器与主机连接
a) 显示器接口 b) 显示卡接口

（2）通过显示器的电源线可以将显示器与电源连接，有两种连接方式，一种方式是直接接到市电上，另一种方式是连接到计算机电源上（这时的计算机电源应该具备两个插口）。

3. 键盘、鼠标的连接

键盘和鼠标通过 PS/2 或 USB 接口与计算机主机连接。连接时将键盘和鼠标一端的接口插入计算机主机箱后的 PS/2 或 USB 接口，如图 1—7 所示。由于目前 USB 接口设备较多，为了节省 USB 接口，可以通过 USB – PS/2 接口转换器，将 USB 接口的键盘或鼠标接到 PS/2 接口。也可以通过 PS/2 – USB 转换接口，将 PS/2 接口的键盘或鼠标连接到 USB 接口上。

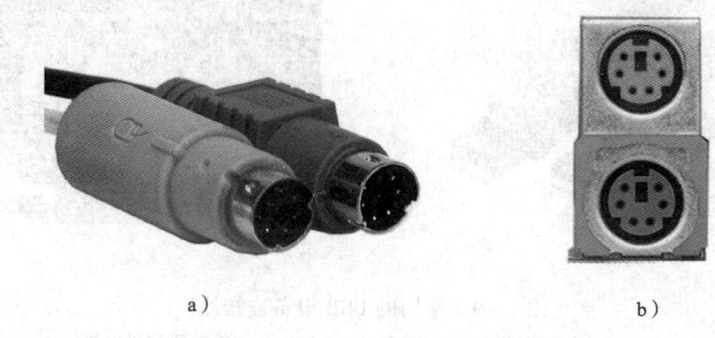

图 1—7　鼠标和键盘与计算机的连接
a）键盘、鼠标 PS/2 接口　b）主板 PS/2 接口

提示：
PS/2 鼠标或键盘的接口不能接反，在使用过程中不能进行热拔插。一般而言，下方（靠近主板印刷线路板）的紫色接口是键盘接口，上方绿色的接口是鼠标接口。目前 PS/2 鼠标已经淘汰，主流配置的是 USB 接口的键盘与鼠标，另外无线鼠标和键盘也很常见。

4. 连接网络

计算机可以通过网线与网络连接，常用的网线使用的材料是 RJ – 45 水晶头和双绞线。连接网络时，按下双绞线一端的水晶头上的小塑料片，同时将水晶头对正墙上的信息插座或交换机的网口上。然后用同样的方法将双绞线另一端水晶头插入机箱背面的网卡插口中，如图 1—8 所示。

图 1—8　接入网络
a）双绞线　b）网卡 RJ – 45 接口

5. USB 设备的连接与移除

（1）USB 设备的连接。连接 USB 设备时，所用的是 USB 设备连接线，如图 1—9 所示。先将 USB 连接线的一端与有关设备（例如，移动硬盘、U 盘、打印机、扫描仪、数码相机等）的 USB 接口相连，然后将另一端与计算机上的 USB 接口相连。

图 1—9　常用的 USB 设备连接线
a) USB 连接打印机、扫描仪连接线　b) USB 连接数码相机连接线

提示：

有些老式的移动硬盘，采用 USB 连接时可能存在供电不足的问题，此时应使用带分叉的 USB 连接线，将两个分叉都接入计算机的 USB 接口中。

（2）移除 USB 设备。USB 接口支持热拔插，要从计算机拔除 USB 设备，不必关闭计算机，但必须按照以下步骤操作：

1）用鼠标右键单击屏幕右下方状态栏中的"安全删除硬件并弹出媒体"图标 ，打开"USB 设备管理"菜单，如图 1—10 所示。

图 1—10　"USB 设备管理"菜单

2）选择需要拔出的 USB 设备选项，例如用鼠标左键单击"弹出 USB Mass Storage Device"选项。如果该 USB 设备当前没有使用，则出现"安全地移除硬件"提示，如图 1—11 所示，这时即可拔出 USB 设备。

图 1—11　"安全地移除硬件"提示

如果该设备正在使用，则打开"弹出 USB Mass Storage Device 时出现问题"对话框，如图 1—12 所示。单击"确定"按钮，关闭相应的应用程序后，再重复"拔除 USB 设备"操作步骤，即可移除 USB 设备。

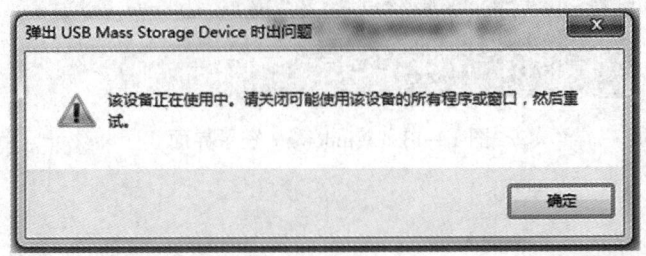

图 1—12 "弹出 USB Mass Storage Device 时出问题"对话框

第 2 节 主机设备的开机与关机

→ 能够开机进入操作系统
→ 能够进行计算机的冷启动和热启动
→ 能够进行待机和休眠操作
→ 能够进行注销和切换用户操作

一、启动与关闭计算机

1. 冷启动计算机

冷启动计算机是在计算机关闭的状态下，通过按电源按钮启动计算机的过程，冷启动将对硬件进行复位、检查硬件、装载操作系统等过程，操作步骤如下：

（1）检查计算机的电源线，确保它已与电源插座连接好。

（2）启动显示器、打印机、扫描仪等外部设备。

（3）按下主机箱面板上的电源开关，接通主机电源。这时计算机就开始启动，系统首先对系统硬件自动测试，接着启动硬盘驱动器，计算机自动显示提示信息，进入操作系统。

2. 登录操作系统

计算机启动后，屏幕上会显示用户登录界面，如图 1—13 所示。用户可以在其中通过鼠标单击选择要登录的用户名，对于没有设置密码的用户，单击相应的用户图标后，即可顺利登录；对于设置了密码的用户，单击相应的用户图标时，会弹出密码框，输入正确密码后按〈Enter〉键确认，方可登录。登录后，Windows 7 将进入 Windows 桌面。

图1—13 Windows 7 登录界面

提示：

多用户共用 1 台计算机时，不要使用他人的账户登录，以免破坏他人的文件或数据；也不要把自己的账号和密码告诉别人，以保障数据的私密性。

3. 关闭计算机

对于安装了 Windows 7 的计算机，如果用户需要关闭计算机，操作步骤如下：

（1）关闭所有正在运行的应用程序。

（2）单击"开始"按钮，打开"开始"菜单，单击"关机"按钮，如图1—14 所示。系统将关闭所有打开的程序，关闭 Windows 7，然后关闭计算机。

图1—14 "开始"菜单

（3）如果用户在使用计算机的过程中出现"死机""蓝屏""花屏"等情况，需要按下主机电源开关不放，直至计算机主机关闭。

4. 热启动计算机

热启动是指计算机在已经启动情况下，重新启动计算机的过程。

方法一：在 Windows 7 操作系统中，单击"开始"按钮，打开"开始"菜单，单击"关机"命令的列表图标，在"关机"选项列表中单击"重新启动"选项，如图1—15所示，就可以重新启动计算机。

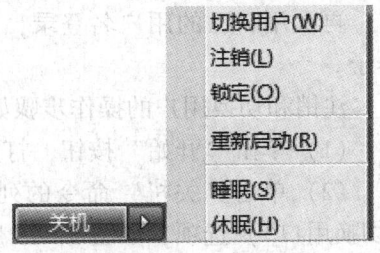

图1—15 "关机"选项列表

提示：

计算机重装了硬件驱动程序或更新了系统程序时一般都要求重新启动计算机。

方法二：直接按计算机面板上的"RESET"按钮，重新启动计算机。该操作一般是在计算机遇到异常情况时操作，例如"死机""蓝屏""花屏"等。

二、睡眠、休眠、注销和切换用户

1. 睡眠

在计算机空闲时可以令其处于睡眠状态。在睡眠状态下，整个计算机将切换到低消耗电量状态，此状态下的设备，如显示器和硬盘，将会关闭。想重新使用计算机时，它将快速退出睡眠状态，而且桌面会精确恢复到睡眠前的状态。睡眠模式对于节约笔记本计算机的用电量尤其有用。

手动操作计算机进入睡眠状态，其操作步骤如下：

（1）单击"开始"按钮，打开"开始"菜单。

（2）单击"关机"命令的列表图标，如图1—15所示，在"关机"选项列表中单击"睡眠"选项，即可以使计算机进入睡眠状态。

2. 休眠

计算机进入休眠状态时，会将内存中的所有内容保存到硬盘，关闭显示器和硬盘，然后关闭计算机。在重新启动计算机时，桌面将精确恢复到休眠前的状态。显然，休眠状态比睡眠状态更加省电。不过是计算机脱离休眠状态要比脱离睡眠状态需要消耗更多的时间。

手动操作计算机进入休眠状态，其操作步骤如下：

（1）单击"开始"按钮，打开"开始"菜单。

（2）单击"关机"命令的列表图标，如图1—15所示，在"关机"选项列表中单击"休眠"选项，即可以使计算机进入休眠状态。

3. 注销和切换用户

注销和切换用户都可以让用户用其他用户名（账户）来登录计算机。它们之间的区别是：注销时，将关闭当前用户账户下正在运行的应用程序；而切换用户时，即使另一个用户登录到了计算机，原用户的应用程序仍然继续运行。

例如：如果一个用户正在录入一篇文章，另一个用户想要查看电子邮件，这时，可以使用切换用户操作，切换到另一个用户账户，该用户查看完电子邮件后，注销账户。再次用自己的用户名登录，这时会发现切换用户前正在录入的文章还保留原来的样子。

注销和切换用户的操作步骤如下：

（1）单击"开始"按钮，打开"开始"菜单。

（2）单击"关机"命令的列表图标，在"关机"选项列表中单击"注销"（或"切换用户"）选项，如图1—15所示，打开用户登录界面，如图1—13所示。

（3）单击要登录的用户名，重新登录计算机。

第3节 Windows 7 基本操作

→ 了解 Windows 7 操作系统桌面的基本组成元素
→ 掌握鼠标的基本操作
→ 掌握窗口的操作
→ 掌握菜单的操作
→ 掌握对话框的操作

一、Windows 7 桌面

启动 Windows 7 后，屏幕显示如图1—16所示，Windows 的屏幕被形象地称为桌面，就像办公桌的桌面一样，启动一个应用程序就好像从抽屉中把文件夹取出来放在桌面上。

图1—16 Windows 7 的桌面

初次启动 Windows 7 时，桌面的左下角只有一个"回收站"图标，以后根据用户的使用习惯和需要，也可以将一些常用的图标放在桌面上，以便快速启动相应的程序或打开常用文件。

1. 桌面背景

桌面背景是指 Windows 7 桌面的背景图案，又称为桌布或墙纸，用户可以根据自己的喜好更改桌面的背景图案。

2. 桌面图标

桌面图标是由一个形象的小图标和说明文字组成，图标作为它的标识，文字则表示它的名称或功能。在 Windows 7 中，各种程序、文件、文件夹以及应用程序的快捷方式等都用图标形象地表示，双击这些图标就可以快速地打开文件、文件夹或者应用程序。

3. 任务栏

任务栏是桌面最下方的水平长条，它主要有"开始"按钮、程序按钮区、通知区域和"显示桌面"按钮四部分组成。

（1）"开始"按钮。单击任务栏最左侧的"开始"按钮可以弹出"开始"菜单。"开始"菜单是 Windows 7 系统中最常用的组件之一，由"固定程序"列表、"常用程序"列表、"所有程序"菜单、"启动"菜单、"搜索"框和"关闭选项"按钮区组成，如图 1—17 所示。"开始"菜单中几乎包含了计算机中所有的应用程序，是启动程序的快捷通道。

图 1—17　"开始"菜单

(2) 程序按钮区。程序按钮区主要放置的是已打开窗口的最小化图标按钮，单击这些图标按钮就可以在不同窗口间进行切换。用户还可以根据需要，通过拖曳操作重新排列任务栏上的程序按钮。

(3) 通知区域。通知区域位于任务栏的右侧，除了系统时钟、音量、网络和操作中心等一组系统图标按钮之外，还包括一些正在运行的程序图标按钮。

(4) "显示桌面"按钮。"显示桌面"按钮位于任务栏的最右侧，作用是可以快速显示桌面，单击该按钮可以将所有打开的窗口最小化到程序按钮区。如果希望恢复显示打开的窗口，只需再次单击"显示桌面"按钮即可。

二、鼠标的基本操作

鼠标是计算机的输入设备，它的左键和右键及其移动都可以配合起来使用，以完成一些特定的操作，最基本的鼠标操作方式有以下几种，如图1—18所示。

图1—18 基本鼠标操作方式

1. 移动操作

操作要领：不按键移动鼠标；作用：指向将要操作的对象。

2. 单击操作

操作要领：单击鼠标左键；作用：选定对象或进行操作确认。

3. 双击操作

操作要领：快速连续地点击鼠标左键两次；作用：启动程序或打开窗口。

4. 拖放操作

操作要领：选定对象后，按住左键不放并同时移动鼠标；作用：移动对象的位置。

5. 右击操作

操作要领：单击鼠标右键；作用：弹出对象的快捷菜单。

三、窗口操作

1. 窗口的组成

当用户启动应用程序或打开文档时，屏幕上将出现已定义的工作区，即为窗口，每个应用程序都有一个窗口，每个窗口都有很多相同的元素，但并不一定完全相同，下面以"库"窗口为例介绍窗口组成，如图1—19所示。

(1) 菜单栏。菜单栏默认状态下是隐藏的，用户可以通过单击"组织"下拉菜单中的"布局"下的"菜单栏"选项将其显示出来，如图1—20所示。菜单栏由多个包含命令的菜单组成，每个菜单又由多个菜单项组成。单击某个菜单按钮便会弹出相应的菜单，用户从中可以选择相应的菜单项完成需要的操作。大多数应用程序菜单都包含"文件""编辑"以及"帮助"等菜单。

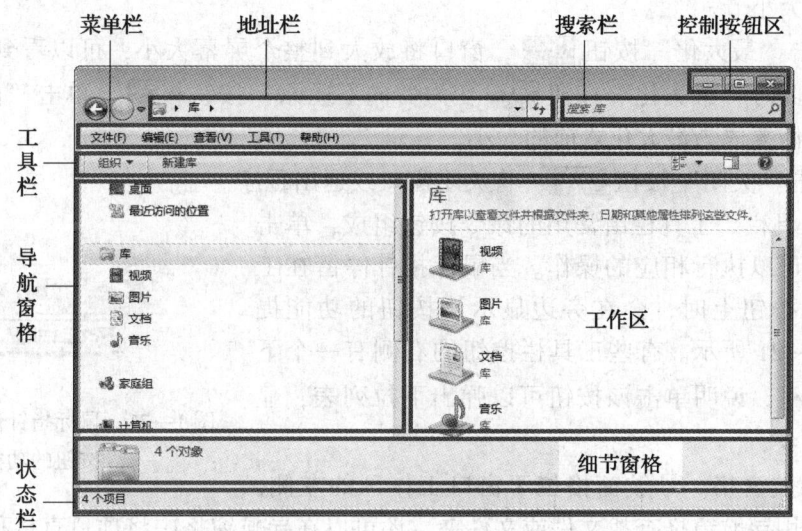

图 1—19 窗口界面

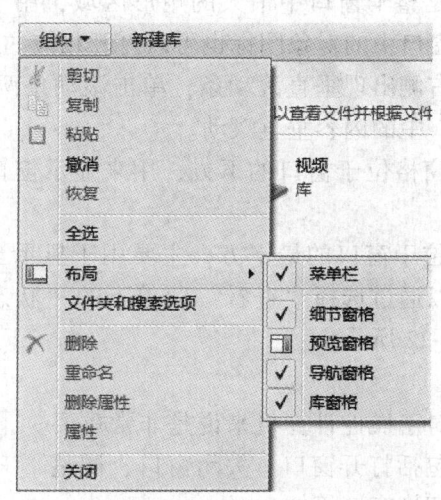

图 1—20 显示菜单栏

（2）地址栏。显示文件和文件夹所在的路径，通过它还可以访问互联网中的资源。

（3）搜索栏。将所要查找的目标名称输入"搜索"文本框中，按回车键或者单击"搜索"按钮进行查找。

（4）控制按钮区。控制按钮区有三个控制按钮，分别为"最小化"按钮 ▬ 、"最大化"按钮 ▭ （当窗口最大化时，该按钮变为"向下还原"按钮 ▭ ）和"关闭"按钮 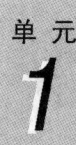 。

1）单击"最小化"按钮 ▬ ，窗口以图标按钮的形式缩放到任务栏的程序按钮区中。窗口"最小化"后，程序仍继续运行，单击程序按钮区的图标按钮可以将窗口恢复到原始大小。

2）单击"最大化"按钮 ▭，窗口将放大到整个屏幕大小，可以看到窗口中更多的内容，此时"最大化"按钮 ▭ 变为"向下还原"按钮 ▭，单击"向下还原"按钮，窗口恢复成为最大化之前的大小。

3）单击"关闭"按钮 ▭，将关闭窗口或退出程序。

（5）工具栏。工具栏由常用的命令按钮组成，单击相应的按钮可以执行相应的操作。当鼠标指针停留在工具栏的某个按钮上时，会在旁边显示该按钮的功能提示，如图1—21所示。有些工具栏按钮的右侧有一个下箭头按钮 ▾，说明单击该按钮可以弹出下拉列表，显示更多的命令。

图1—21 鼠标指针停留显示按钮的功能提示

（6）导航窗格。导航窗格位于窗口工作区的左侧，用户可以使用导航窗格查找文件或文件夹，还可以在导航窗格中将项目直接移动或复制到新的位置。

（7）工作区。工作区是整个窗口中最大的矩形区域，用于显示窗口中的操作对象和操作结果。另外，双击窗口中的对象图标也可以打开相应的窗口。当窗口中显示的内容太多时，就会在窗口的右侧出现垂直滚动条，单击滚动条两端的向上/向下按钮，或者拖动滚动条都可以使窗口中的内容垂直滚动。

（8）细节窗格。细节窗格位于窗口的下方，用来显示窗口的状态信息或被选中对象的详细信息。

（9）状态栏。状态栏位于窗口的最下方，主要用于显示当前窗口的相关信息或被选中对象的状态信息。可以通过选择"查看"菜单下的"状态栏"菜单项来控制状态栏的显示和隐藏，如图1—22所示。

2. 窗口的基本操作

熟悉窗口的基本操作对于操控计算机来说是非常重要的，窗口的基本操作主要包括打开窗口、关闭窗口、调整窗口的大小、移动窗口及切换窗口等。

（1）打开窗口。在Windows 7系统中，打开窗口的方法有很多种，以"计算机"窗口为例进行介绍。

1）双击桌面上的"计算机"图标，打开"计算机"窗口。

2）单击"开始"按钮，从弹出的"开始"菜单中选择"计算机"菜单项，打开"计算机"窗口。

3）单击任务栏"Windows 资源管理器"图标，打开"库"窗口，单击左侧导航窗格中的"计算机"按钮，打开"计算机"窗口。

（2）关闭窗口。当某些窗口不再使用时，可以及时关闭这些窗口，以免占用系统资源。

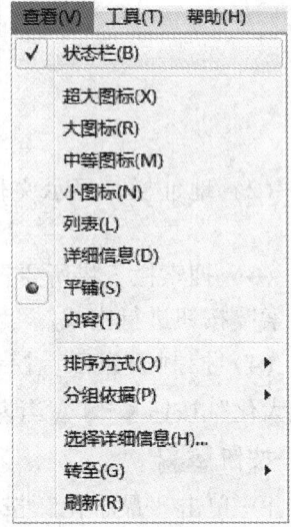

图1—22 显示状态栏

1）单击"关闭"按钮 ![x]。
2）在菜单栏中选择"文件"菜单下的"关闭"菜单项。
3）在窗口标题栏的空白区域单击鼠标右键，从弹出的控制菜单中选择"关闭"菜单项，如图1—23所示。

（3）调整窗口的大小。在对窗口进行操作的过程中，用户可以根据需要对窗口的大小进行调整。除了使用上文介绍的控制按钮之外，还可以通过手动调整，当窗口没有处于最大化或者最小化状态时，用户可以通过手动的方式随意地调整窗口的大小，将鼠标指针

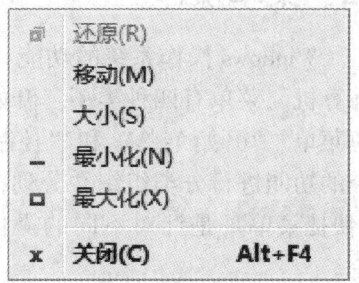

图1—23　控制菜单

移至窗口四周的边框，当指针呈现双向箭头显示时，用鼠标拖动上下左右4条边界的任意一条，可以随意改变窗口及工作区的大小，用鼠标拖动4个窗口对角中的任意一个，可以同时改变窗口的两条邻边的大小。

提示：
双击标题栏，也可以使窗口在"最大化"与"还原"之间转换。

（4）移动窗口。窗口的位置是可以根据需要随意移动的，当用户要移动窗口的位置时，只需将鼠标指针移至窗口的标题栏上，按住鼠标左键不放并拖曳到合适的位置再松开鼠标即可。

提示：
除了可以使用调整和移动的方法来排列窗口之外，用户也可以使用命令排列窗口：在任务栏的空白处单击鼠标右键，在弹出的快捷菜单中选择符合用户需求的"层叠窗口""堆叠显示窗口"或"并排显示窗口"其中之一的排列方式即可，最小化的窗口是不参与排列的。

（5）切换窗口。虽然在Windows 7中可以同时打开多个窗口，但是当前活动窗口只能有一个。因此用户在操作过程中经常需要在当前活动窗口和非活动窗口之间进行切换。

1）利用〈Alt〉+〈Tab〉组合键。按住〈Alt〉键不放，再按〈Tab〉键逐一挑选窗口图标方块，当方框移动到需要使用的窗口图标方块时松开按键，即可打开相应的窗口，使用这种方式可以在众多程序窗口中快速地切换到需要的窗口。

2）利用〈Alt〉+〈Esc〉组合键。使用这种方法可以直接在各个窗口之间切换，但不会出现窗口图标方块。

3）利用程序按钮区。每运行一个程序，就会在任务栏上的程序按钮区中出现一个相应程序的图标按钮。通过单击其中的程序图标按钮，即可在各个程序窗口之间进行切换。

四、菜单操作

Windows 操作系统的功能和操作基本体现在菜单中,只有正确地使用菜单才能用好计算机。菜单有四种类型:开始菜单、标准菜单(指菜单栏中的菜单)、控制菜单和快捷菜单。"开始菜单"和"控制菜单"在前面已经介绍过,"标准菜单"是按照菜单命令的功能进行分类组织并分列在菜单栏中的项目,包括应用程序所有可以执行的命令;"快捷菜单"是针对不同的操作对象进行分类组织的项目,包含操作该对象的常用命令。

下面介绍一些有关菜单的约定。

(1) 灰色的菜单项表示当前菜单命令不可用。

(2) 后面有三角形的菜单表示该菜单后还有子菜单。

(3) 后面有"…"的菜单表示单击它会弹出一个对话框。

(4) 后面有组合键的菜单表示可以用键盘按组合键的方式来完成相应的操作。

(5) 菜单之间的分组线表示这些命令属于不同类型的菜单组。

(6) 前面有"√"的菜单表示该选项已被选中,又称多选项,可以同时选择多项也可以不选。

(7) 前面有"·"的菜单表示该选项已被选中,又称单选项,只能选择且必须选中一项。

(8) 变化的菜单是指因操作情况不同而出现不同的菜单选项。

五、对话框操作

在 Windows 中,当选择后面带有"…"的菜单命令时,会打开一个对话框。"对话框"是 Windows 和用户进行信息交流的一个界面,用于提示用户输入执行操作命令所需要的更详细的信息以及确认信息,也用来显示程序运行中的提示信息、警告信息或解释无法完成任务的原因。对话框与普通的 Windows 窗口具有相似之处,但是它比一般的窗口更简洁、直观。对话框有很多形式,主要包括的组件有以下几种。

(1) 选项卡。把相关功能的对话框结合在一起形成一个多功能对话框,通常将每项功能的对话框称为一个"选项卡",单击选项卡标签可以显示相应的选项卡页面。

(2) 组合框。在选项卡中通常会有不同的组合框,用户可以根据这些组合框完成一些操作。

(3) 文本框。需要用户输入信息的方框。

(4) 下拉列表框。带下拉箭头的矩形框,其中显示的是当前选项,用鼠标单击右端的下拉箭头,可以打开供选择的选项清单。

(5) 列表框。显示一组可用的选项,如果列表框中不能列出全部选项,可通过滚动条使其滚动显示。

(6) 微调框。文本框与调整按钮组合在一起组成了微调框 ,用户既可以输入数值,也可以通过调整按钮来设置需要的数值。

(7) 单选钮。即经常在组合框中出现的小圆圈 ,通常会有多个,但是用户只能选择其中的某一个，通过鼠标单击就可以在选中、非选中状态之间进行切换，被选中的单选按钮中间会出现一个实心的小圆点 ⦿ 。

（8）复选框。即经常在组合框中出现的小正方形 ☐ ，与单选按钮不同的是，在一个组合框中用户可以同时选中多个复选框，各个复选框的功能是叠加的，当某个复选框被选中时，在其对应的小正方形中会显示一个勾 ☑ 。

（9）命令按钮。单击对话框中的命令按钮将执行一个命令。单击"确定"或"保存"按钮，执行在对话框中设定的内容然后关闭对话框；单击"取消"按钮表示放弃所设定的选项并关闭对话框；单击带省略号的命令按钮表示将打开一个新的对话框。

提示：
对话框与窗口的区别在于对话框的大小不能调整，而窗口的大小可以调整。

第4节　Windows 7 系统设置

→ 了解控制面板的功能
→ 能够设置 Windows 7 桌面
→ 能够设置用户账户
→ 能够设置日期和时间
→ 能够设置区域和语言选项

一、认识控制面板

安装 Windows 7 后，系统将使用安装时的默认设置进行工作，为了使 Windows 工作环境更加符合工作需要，用户可以对 Windows 7 的各项默认设置进行调整。Windows 提供了"控制面板"，"控制面板"中集成了多个控制选项，专门用于设置系统的工作环境。通过它可以灵活地配置计算机，使计算机工作起来效率更高，更符合用户的工作习惯。

在 Windows 7 桌面上，单击"开始"按钮，选择"控制面板"命令，即可打开"控制面板"窗口，如图 1—24 所示。

初次打开"控制面板"，Windows 7 默认打开的是按照"类别"展示的窗口，如果打开"控制面板"时没有看到所需的项目，可将窗口右上角的查看方式切换为"图标"，如图 1—25 所示。

在"控制面板"窗口中所显示的内容是设置系统各项设置的工作图标，由于用户的计算机配置和安装 Windows 时使用的安装选项不同，所有不同的计算机其"控制面板"窗口的显示内容也不尽相同。

"控制面板"中的常用选项及其功能见表 1—1。

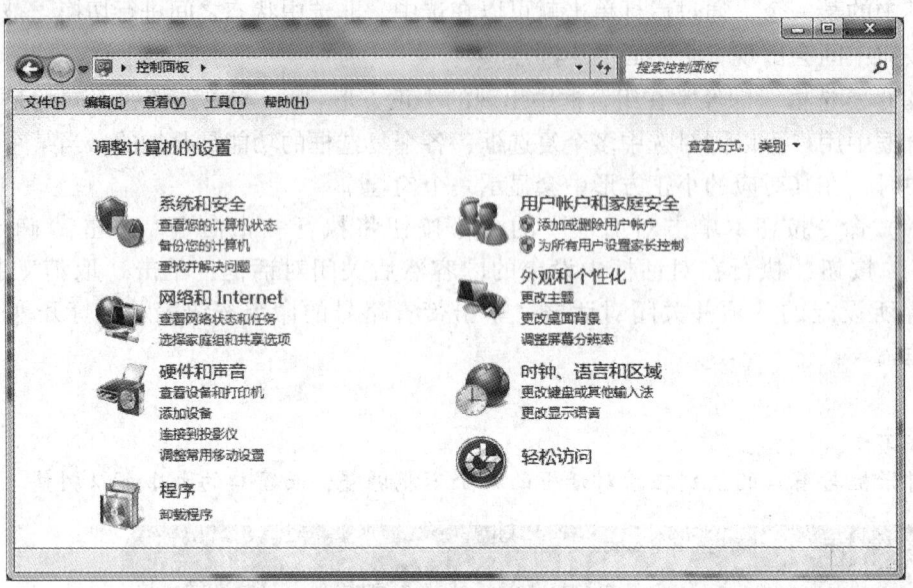

图1—24 "控制面板"窗口

图1—25 "控制面板"按照图标的展示方式

表1—1 "控制面板"中的常用选项图标及其功能

图标名称	功　　能
键盘	该选项设置键盘重复速率,指定连在计算机上的键盘类型,设置光标的闪烁频率等
鼠标	用于设置一些与鼠标使用相关的参数,可以设置双击速度,交换左、右按钮以及其他设置项

续表

图标名称	功　能
显示	设置显示器工作参数，其中包括调整分辨率、调整亮度、更改显示器设置、连接到投影机、设置自定义字体大小等
日期和时间	设置系统的时间和日期
设备和打印机	安装及配置打印机和传真机的工作参数
区域和语言	设置日期、时间、数字格式、货币格式及其他与地域有关的参数
设备管理器	Windows 的设备管理器是一种管理工具，可用它来管理计算机上的设备。可以使用"设备管理器"查看和更改设备属性、更新设备驱动程序、配置设备设置和卸载设备
用户帐户	用于创建账户、删除账户和更改账户信息等
网络和共享中心	用于设置网卡、更改网络设置和共享设置
字体	安装和管理计算机中所使用的字体
系统	用于配置和管理整个计算机系统的资源
程序和功能	卸载或更改程序

二、设置桌面

在"控制面板"中，单击"个性化"选项，切换到"个性化"窗口，如图 1—26 所示，在这里可以设置计算机主题、桌面背景、屏幕保护程序、桌面图标、鼠标指针等。

1. 更换主题

在"个性化"窗口中的列表框中选择不同的主题，可以使 Windows 按不同的风格呈现。

2. 更换桌面背景

在"个性化"窗口中，单击"桌面背景"选项，打开"桌面背景"对话框，如图 1—27 所示，从"图片位置"下拉列表中选择图片的位置，然后在下方的列表框中选择喜欢的背景图片，在 Windows 7 中桌面背景有 5 种显示方式，分别是填充、适应、拉伸、平铺和居中，用户可以在窗口左下角的"图片位置"下拉列表中选择合适的选项，设置完成后单击"保存修改"按钮进行保存。

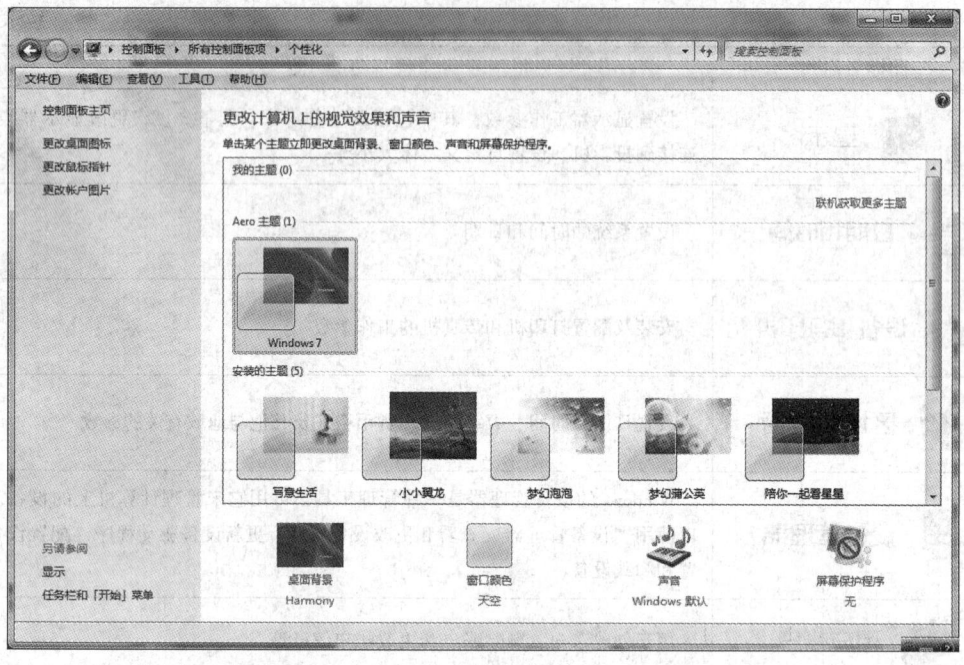

图1—26 "个性化"窗口

图1—27 "桌面背景"对话框

提示：

在还有一种更加方便的设置桌面背景的方法，选择自己喜欢的图片，在图片上单击鼠标右键，从弹出的快捷菜单中选择"设置为桌面背景"菜单项。

3. 设置屏幕保护程序

如果在较长时间内不对计算机进行任何操作，屏幕上显示的内容没有变化，会使显示器局部持续显示强光造成屏幕的损坏，使用屏幕保护程序可以避免这类情况的发生。屏幕保护程序是在一个设定的时间内，当屏幕没有发生任何变化时，计算机自动启动一段程序来使屏幕不断变化或仅显示黑色。当用户需要使用计算机时，只需要单击鼠标或按任意键就可以恢复正常使用。

在"个性化"窗口中，选择"屏幕保护程序"选项，如图1—28所示，单击"屏幕保护程序"下方的下拉列表框箭头，选择一种屏幕保护程序，在"等待"框中键入或选择用户停止操作后经过多长时间激活屏幕保护程序，然后单击"确定"按钮。

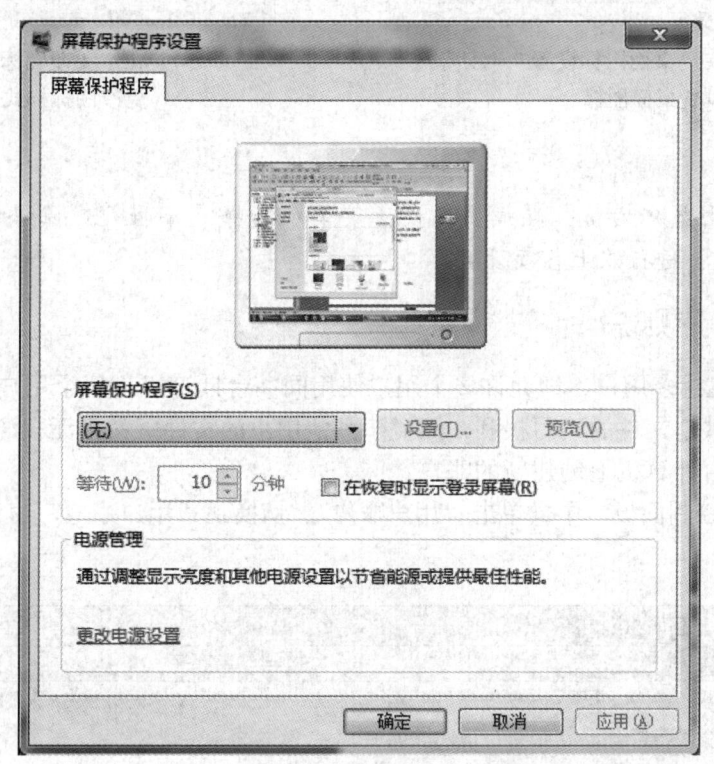

图1—28 在"屏幕保护程序设置"对话框中设置屏保

4. 设置桌面图标

在"个性化"对话框中，单击左侧的"更改桌面图标"链接，打开"桌面图标设置"对话框，如图1—29所示，在"桌面图标"组合框中选中相应的复选框，可以将该复选框对应的图标在桌面上显示出来。如果对系统默认的图标样式不满意，还可以进行更改，选择想要修改的图标，单击"桌面图标设置"对话框中的"更改图标"按钮，打开"更改图标"对话框，如图1—30所示，在列表中选择喜欢的图标或者单击"浏览"按钮，重新选择图标。

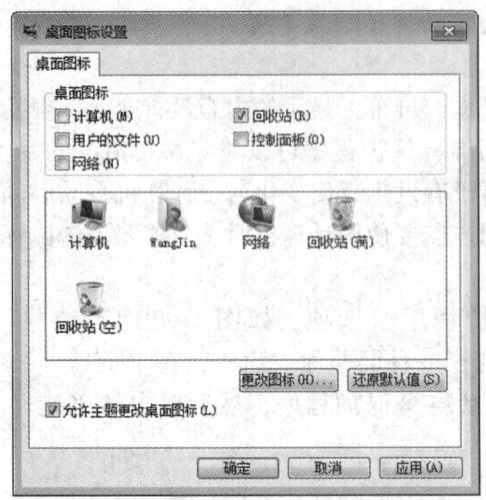
图1—29 在"桌面图标设置"对话框中设置桌面图标

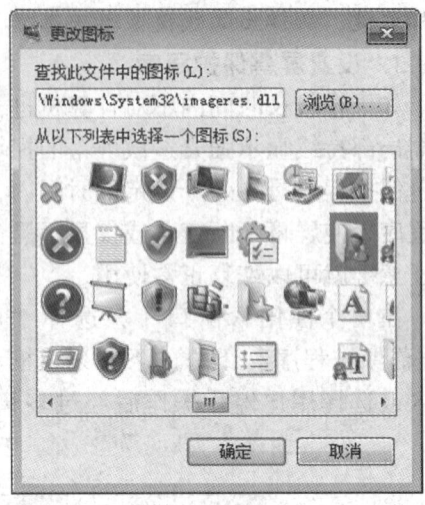
图1—30 在"更改图标"对话框中更改图标样式

提示:

在桌面单击鼠标右键,在弹出的快捷菜单中选择"个性化"命令,也可以打开"个性化"窗口,进行以上各项设置。

三、设置用户账户

Windows 支持多用户,即允许多个用户使用同一台计算机,每个用户只拥有对自己建立的文件或共享文件的读写权利,而对于其他用户的文件资料则无权访问。可以通过如下步骤在一台计算机上创建新的账户:

(1) 在"控制面板"中,单击"用户账户",切换到"用户账户"窗口,如图1—31所示。

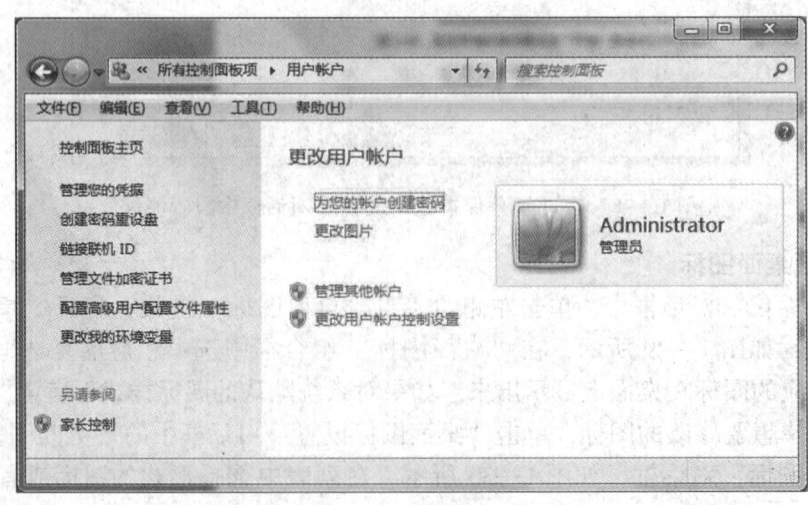
图1—31 "用户账户"窗口

（2）单击"管理其他账户"选项，打开"管理账户"窗口，如图1—32所示。

图1—32 "管理账户"窗口

（3）单击"创建一个新账户"选项，打开"命名账户并选择账户类型"窗口，如图1—33所示。为新账户键入一个名字，选择"管理员"或"标准用户"账户类型。"管理员"账户拥有最高权限，可以查看计算机中的所有内容，如果设置为"标准用户"账户，有些功能将限制使用。

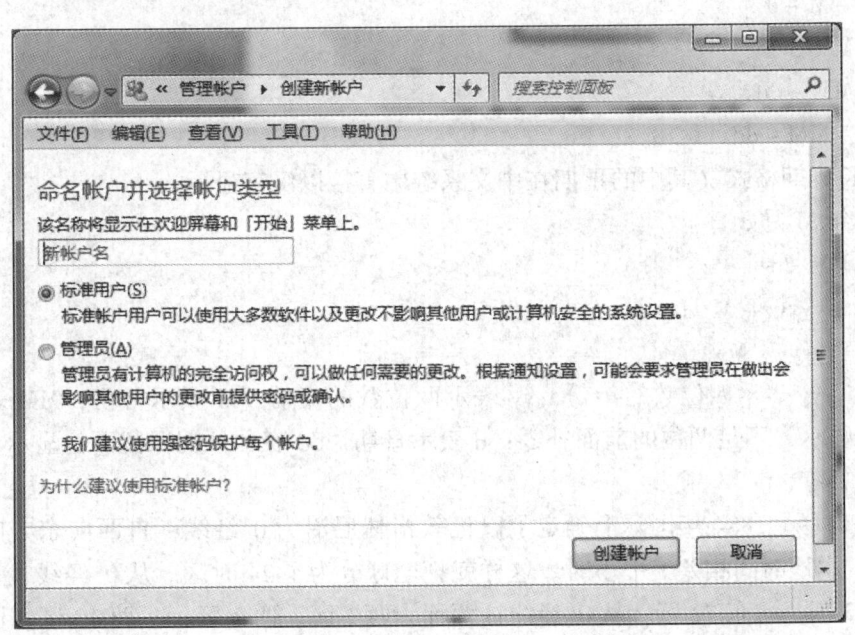

图1—33 在"命名账户并选择账户类型"窗口中创建新账户

(4) 单击"创建账户"按钮即可完成账户设置。

四、设置系统时间和日期

1. 时间和日期的格式

时间和日期是日常生活中重要的计量单位。计算机是靠主板上的电池驱动晶振工作来记录时间的。其初始时间由系统默认,也可以人工设定。由于生活习惯和地域的差异,各个地区或国家的时间和日期的格式都有所不同,而 Windows 系统默认的时间和日期格式是按照美国人的习惯来设置的。

(1) 时间格式。在 Windows 系统中共有四种时间格式:

H:mm:ss

HH:mm:ss

tt h:mm:ss

tt hh:mm:ss

其中,H 表示 24 小时制的时间,HH 表示保持两位数字显示,不足 10 显示数字前面补零;h 表示 12 小时制的小时,hh 表示保持两位数显示,采用 12 小时制的显示,前面要加 tt(表示"上午"或"下午",用 AM、PM 或直接用"上午""下午"的汉字显示);mm 表示分钟;ss 表示秒钟。

(2) 日期格式。日期格式分为短日期格式和常日期格式(可包括星期的显示)两类若干种:

1) 短日期格式(其中的 "-" 也可以用 "/" 代替)

yyyy - M - d

yy - M - d

yy - MM - dd

yyyy - MM - dd

2) 长日期格式(其中的星期在中文系统中直接以汉字显示)

yyyy 年 M 月 d 日

yyyy MM dd

星期 yyyy 年 M 月 d 日

星期 yyyy MM dd

其中 yyyy 表示四位数的年份,yy 表示两位数的年份;M 表示月份,MM 表示月份保留两位显示,不足两位的前面补零;d 表示日期,dd 表示日期保留两位显示,不足两位的前面补零。

(3) 时区。1884 年国际上确定了以伦敦格林尼治为 0°经线,自西向东方向,每隔 15°经线,本地时间相差 1 个小时。这样就把全球分为了 24 时区。从 0°经线往东称为东 1 区、东 2 区……东 12 区;从 0°经线往西称为西 1 区、西 2 区……西 12 区。因此,格林尼治的时间就可以作为全世界的时间标准,称为格林尼治标准时间(Greenwich Mean Time,GMT)。

2. 设置时间、日期和时区

如果要更改系统的时间和日期，可以单击"控制面板"窗口中的"日期和时间"图标，打开"日期和时间"对话框，如图1—34所示。

单击"更改日期和时间"按钮，打开"日期和时间设置"对话框，如图1—35所示。在"日期"列表中，选择日期；在"时间"文本框中直接输入时间，单击"确定"按钮，完成日期和时间设置。

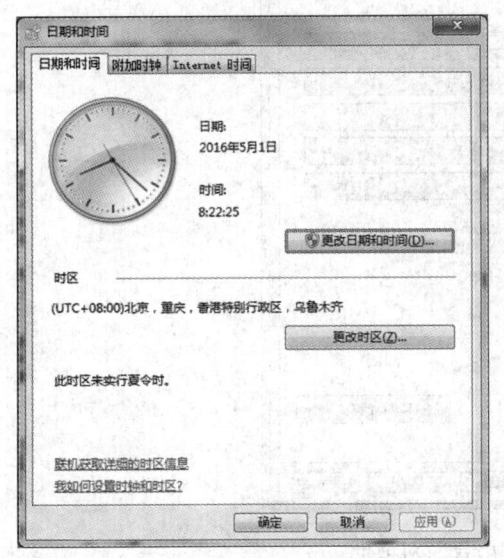

图1—34 "日期和时间"对话框

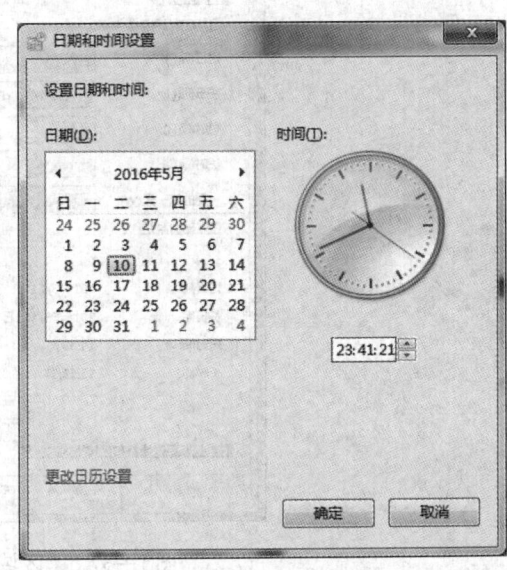

图1—35 "日期和时间设置"对话框

如果要设置时区，在图1—34所示的"日期和时间"对话框中，单击"更改时区"按钮，打开"时区设置"对话框，如图1—36所示，在"时区（T）"下拉列表中，选择不同的地区即可。

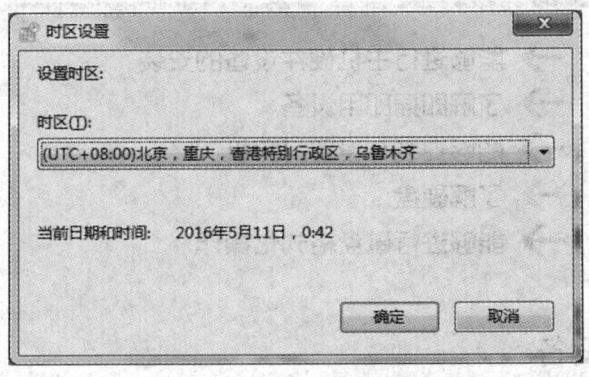

图1—36 "时区设置"对话框

3. 设置时间、日期的格式

如果用户不习惯这种默认的时间日期格式，可以根据自己的习惯进行设置，操作步骤如下：

（1）在"控制面板"中，双击选择"区域和语言"选项，打开"区域和语言"对话框，如图1—37所示。

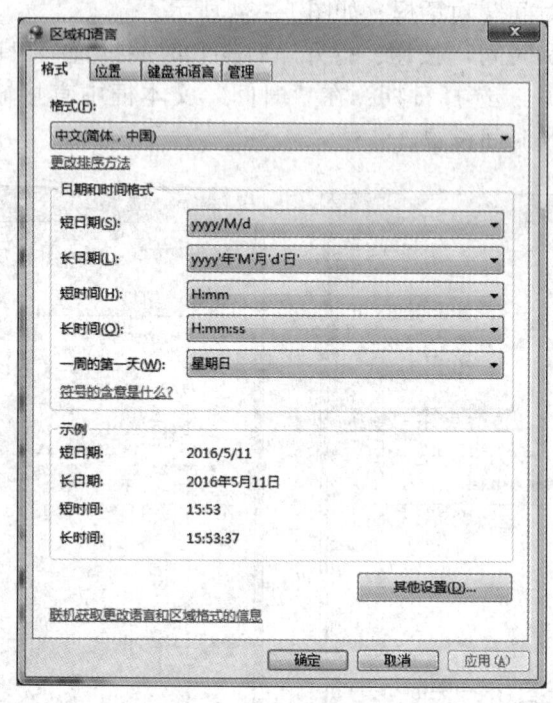

图1—37 "区域和语言"对话框

（2）在"短日期""长日期""短时间""长时间"和"一周的第一天"下拉列表中，选择用户喜欢的格式，单击"确定"按钮，完成设置。

第5节 硬件设备安装与应用

→ 能够进行主机硬件设备的安装
→ 了解即插即用设备
→ 能够安装与设置打印机
→ 了解硬盘
→ 能够进行磁盘格式化操作

一、安装硬件设备

1. 关于即插即用设备

计算机装上一些新硬件以后，必须安装相应的驱动程序及配置相应的中断、分配资源等操作才能使新硬件正常使用。因为多媒体技术的发展，接入的硬件越来越多，安装新硬件后的配置工作就成了让人头痛的事，为了解决这一问题，于是出现了"即插即用"技术（翻译为英文即为"plug and play"）。

"即插即用"技术取消了跳线和软件配置程序，当用户插入一个即插即用适配卡后，即插即用功能就可以在运行过程中动态进行检测和配置。为了符合"即插即用"标准，必须具备以下三个条件：

（1）支持即插即用的硬件设备和驱动程序。
（2）支持即插即用的操作系统。
（3）支持即插即用的基本输入/输出系统（BIOS）。

一个符合即插即用规范的硬件设备添加到系统后，在启动计算机时，系统 BIOS 会自动对新设备进行检测，并为新设备分配所需的资源。

2. 硬件设备安装与配置规范

安装和使用硬件时，应该遵循如下规范：

（1）将设备正确连接到计算机上。对于非即插即用设备，首先应该关闭计算机电源，正确连接设备后，再启动计算机。
（2）安装该设备的驱动程序。硬件设备只有正确安装了驱动程序才可以使用。安装硬件设备时，对于符合即插即用规范的硬件，Windows 7 能够自动识别和安装驱动程序，如果无法自动安装，则需要用户手动安装驱动程序。
（3）设置设备的属性。只有正确设置设备的属性，才可以充分发挥设备的功能。

二、安装硬件驱动程序

对于多数硬件设备，购买时会附送该设备的驱动程序光盘，用户通常可以通过运行该光盘中的驱动安装程序进行安装。另外，该硬件设备厂商的网站上一般会提供最新版本的硬件驱动程序，可以下载后安装，新版本一般代表着更好的性能和更高的稳定性。

下面以佳能 2900 打印机为例，介绍硬件驱动程序的安装过程：

（1）用 USB 连接线将打印机连接到计算机，双击运行打印机驱动盘中"Setup"程序，打开"CAPT 打印机驱动程序 – 安装向导"，如图 1—38 所示。

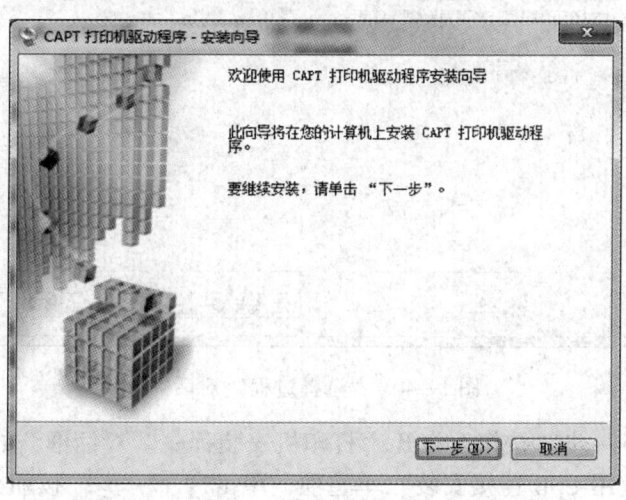

图 1—38 "CAPT 打印机驱动程序 – 安装向导"

提示：

不同版本的操作系统驱动程序也不同，例如本地安装的是64位Windows 7，则应运行支持64位Windows 7的驱动程序。

（2）单击"下一步"按钮，打开"许可协议"对话框，如图1—39所示。

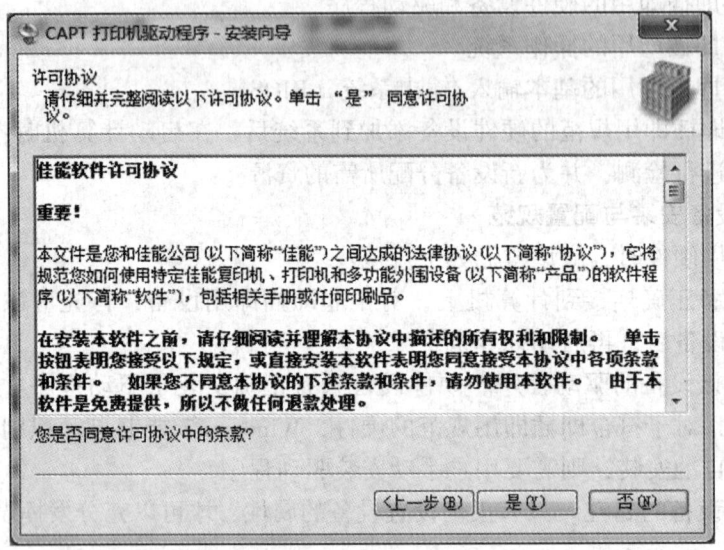

图1—39 "许可协议"对话框

（3）单击"是（Y）"按钮，打开"选择过程"对话框，如图1—40所示。

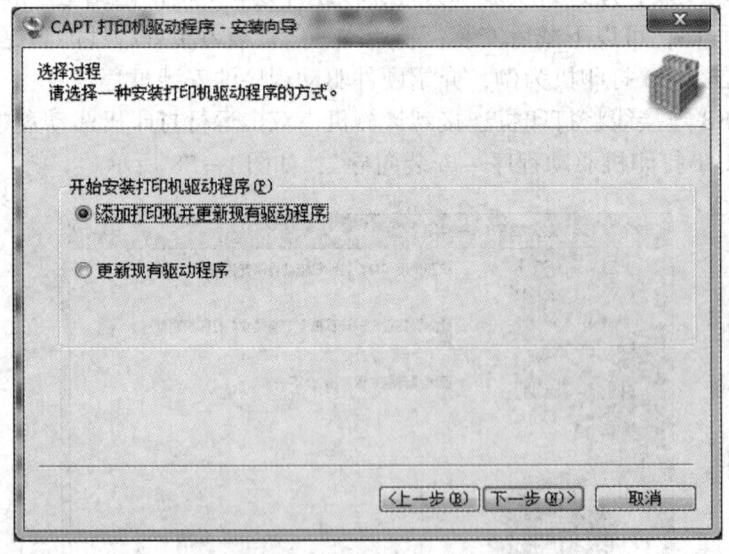

图1—40 "选择过程"对话框

（4）单击"下一步"按钮，打开"打印机安装程序"对话框，如图1—41所示。

（5）选择"使用USB连接安装"单选项，单击"下一步"按钮，开始安装打印机驱动程序，直到安装完成，打开"安装完成"对话框，如图1—42所示。

计算机的安装、连接与调试

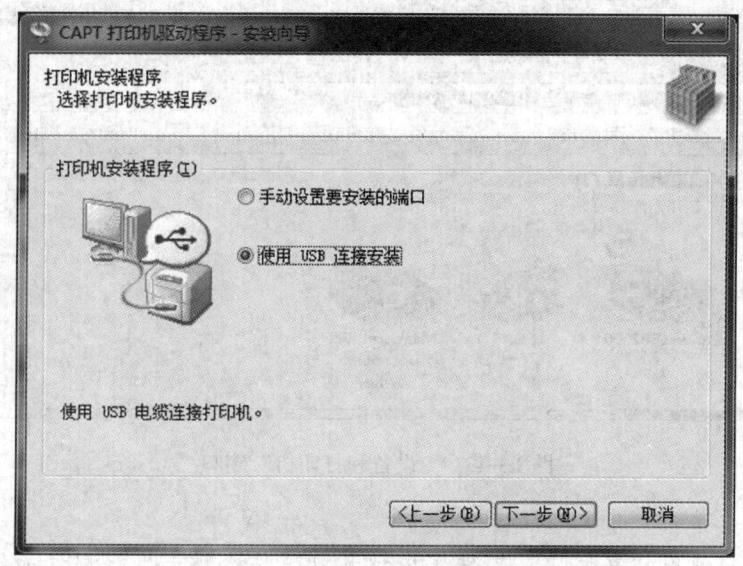

图1—41 "打印机安装程序"对话框

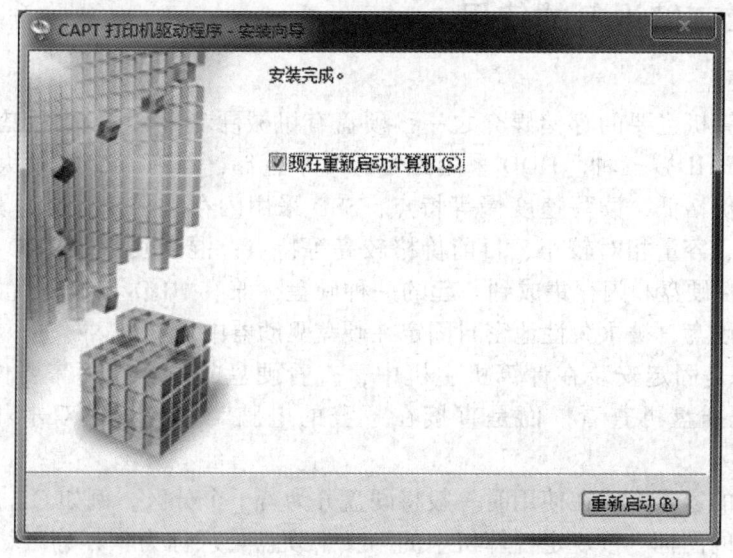

图1—42 "安装完成"对话框

（6）选中"重新启动"选项，重新启动计算机。

（7）在"控制面板"中，双击"设备和打印机"图标，打开"设备和打印机"窗口，如图1—43所示。

（8）用鼠标右键单击"Canon LBP2900"图标，在快捷菜单中选择"设置为默认打印机"选项，打印机即可使用。

图1—43 "设备和打印机"窗口

提示：

用户也可以使用"鲁大师"软件完成计算机硬件检测、性能测试和硬件驱动程序安装等工作。

三、硬盘及存储设备的使用

1. 了解硬盘

硬盘是计算机主要的存储媒介之一，硬盘有机械硬盘（HDD）、固态硬盘（SSD）和混合硬盘（HHD）三种。HDD采用磁性碟片来存储，具有存储容量大、工作稳定、单元存储容量价格低、读写速度慢等特点；SSD采用闪存颗粒来存储，具有读写速度快、不怕振动、容量相对较小、目前价格较高等特点；混合硬盘（HHD：Hybrid Hard Disk）是把磁性硬盘和闪存集成到一起的一种硬盘，兼有HDD和SSD优点。绝大多数硬盘都是固定硬盘，被永久性地密封固定在硬盘驱动器中。

由于硬盘是固定安装在计算机主机中，查看硬盘的内容就不需要像U盘和光盘一样，需要先插盘再查看，而是直接在"我的电脑"中，直接双击相应的图标即可。

由于硬盘的容量大，在使用时一般将硬盘分为若干个分区。例如C、D、E、F就是不同硬盘分区的图标，按规定计算机中的第一个硬盘分区称为"C分区"，可以通俗地叫作"C盘"；第二个硬盘分区称为"D分区"或"D盘"，依此类推。

2. 硬盘格式化要点

格式化就是为磁盘做初始化的工作，以便用户能够按部就班地往磁盘上记录资料。好比有一所大房子要用来存放书籍，那么用户不会搬来书往屋里地上一扔了事，而是要先在里面支起书架，标上类别，把书分门别类地放好。

（1）新购买的硬盘需要格式化才能使用，硬盘的格式化分为物理格式化和逻辑格式化。物理格式化又称低级格式化，是对磁盘的物理表面进行处理，在磁盘上建立标准的磁盘记录格式，划分磁道（track）和扇区（sector）。逻辑格式化又称高级格式化，是在磁盘上建立一个系统存储区域，包括引导记录区、文件目录区 FCT、文件分配表 FAT。

（2）硬盘格式化后，其中保存的数据将完全删除，所以格式化硬盘设备前应该备份需要的数据，然后再进行格式化操作。

（3）无法格式化当前正在使用的系统盘。例如，用户计算机的操作系统安装在 C 盘，则计算机启动后，无法对 C 盘进行格式化。如果要格式化 C 盘，则需要使用其他驱动器下的操作系统（例如，光盘或 U 盘）启动计算机，然后再进行格式化操作。

3. 格式化操作

对硬盘进行格式化的操作步骤如下：

（1）单击"我的电脑"图标，打开"我的电脑"窗口，如图 1—44 所示。

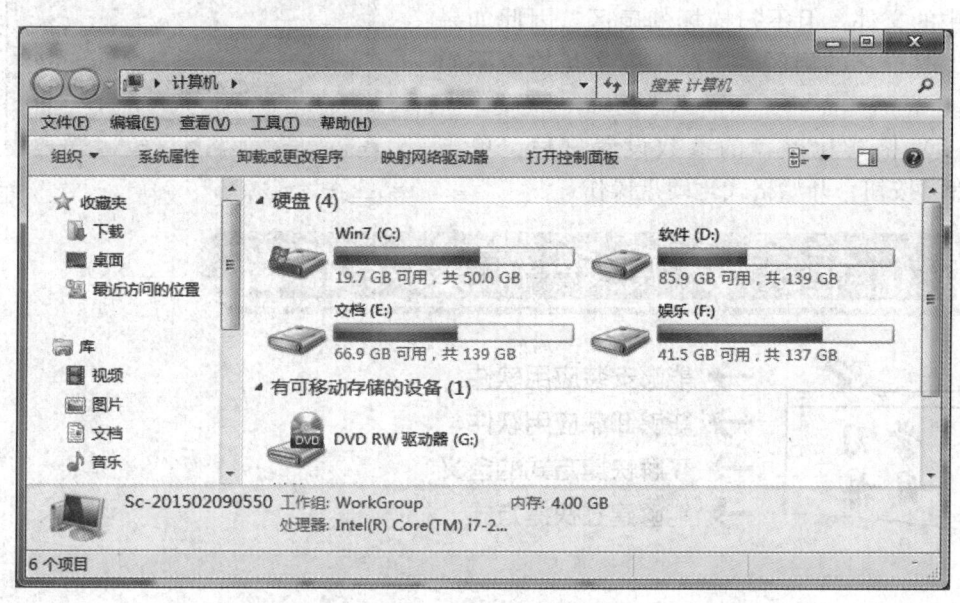

图 1—44 "我的电脑"窗口

（2）选择需要格式化的硬盘图标，单击"文件"菜单中"格式化"命令，打开"格式化"对话框，如图 1—45 所示。

在"格式化"对话框中，可以设置格式化的参数。

1）容量。打开下拉列表，可以选择格式化磁盘的容量。

2）文件系统。选择需要的文件系统进行格式化操作。常用的文件系统有 FAT16、FAT32 和 NTFS 等三种。FAT16 是早期操作系统使用的文件系统，它最大可以管理大到 2 GB 的分区；FAT32 文件系统是 FAT16 的增强版本，可以支持大到 2 TB（2 048 G）的分区；NTFS 文件系统提供了诸如权限、加密、压缩和可恢复性等功能，支持超大文件的存储，在 Windows 7 以上的操作系统推荐使用 NTFS 文件系统。

3）分配单元大小。指定磁盘分配单元的大小或簇的大小，如果是常规使用，推荐使用默认设置。

4）卷标。在该文本框内可以为待格式化的磁盘指定一个卷标。

硬盘的卷标就是为了用户方便使用设立的一个别名。例如硬盘有 3 个区，C、D、E。C 盘是系统盘，可以给它加上 SYSTEM 的卷标，那么打开"我的电脑"后就会发现 C 盘的前面多了 SYSTEM 这个单词，同样，D 盘和 E 盘都可以加卷标，这样可以方便用户将文件分类放入不同的分区内。

5）快速格式化。选择此复选框后，格式化磁盘时将进行快速格式化。快速格式化只删除磁盘中的文件，但不扫描坏的扇区，因此如果磁盘上有损坏的扇区，用这种方法是检查不出来的。

（3）格式化磁盘的参数设置好后，单击"开始"按钮，开始格式化硬盘操作。

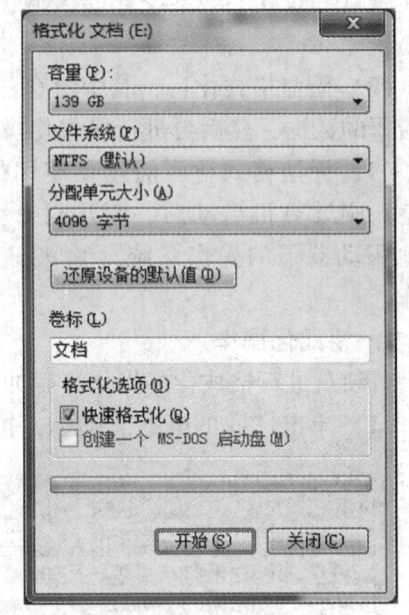

图 1—45　"格式化　文档（E:）"对话框

第 6 节　应用软件基本操作

学习目标
→ 能够安装应用软件
→ 能够卸载应用软件
→ 了解快捷方式的含义
→ 能够建立快捷方式

一、安装和卸载应用软件

Windows 系统下的应用软件十分丰富，例如 Office、WPS、Auto CAD、腾讯 QQ、360 安全卫士等都是常用的应用软件。应用软件的安装和卸载可以通过双击安装程序和使用软件自带的卸载程序完成。由于现在的软件系统规模庞大、结构复杂，在 Windows 7 的"控制面板"中也提供了一个专门的程序管理工具（"程序和功能"）来管理这些应用软件。

1. 应用软件的安装

在 Windows 中安装应用软件的方法非常简单，绝大多数应用软件都提供了安装程序，只要运行应用软件的安装程序即可将应用软件按部就班地安装到用户的计算机中。一般情况下，安装程序的文件名为 Setup.exe 或 Install.exe，当然也有例外的情况，用户可以参考应用软件的说明文件。

通常用户可以按照下述步骤安装应用软件：

第一步：将应用软件的载体插入计算机的驱动器中，存放应用软件的载体一般是光盘、U 盘或者是通过网络下载到本地硬盘。

第二步：打开应用软件安装程序所在的文件夹，双击安装程序的图标，正常情况下安装程序会自动运行，将应用软件安装到计算机中。

这里以安装 Office 2010 为例介绍应用软件的安装过程。

（1）在保存 Office 2010 安装文件的文件夹中，双击"Setup"图标，打开"输入您的产品密钥"对话框，如图 1—46 所示。

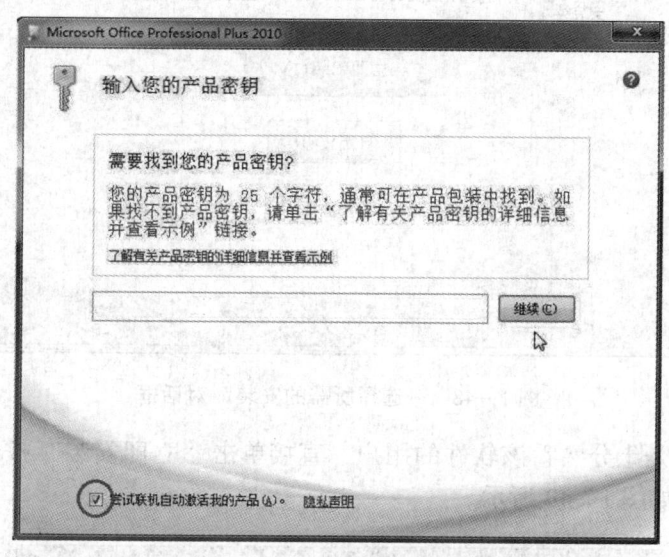

图 1—46 "输入您的产品密钥"对话框

（2）在"密钥"文本框中，输入购买该软件提供的密钥，单击"继续"按钮，打开"阅读 Microsoft 软件许可证条款"对话框，如图 1—47 所示。

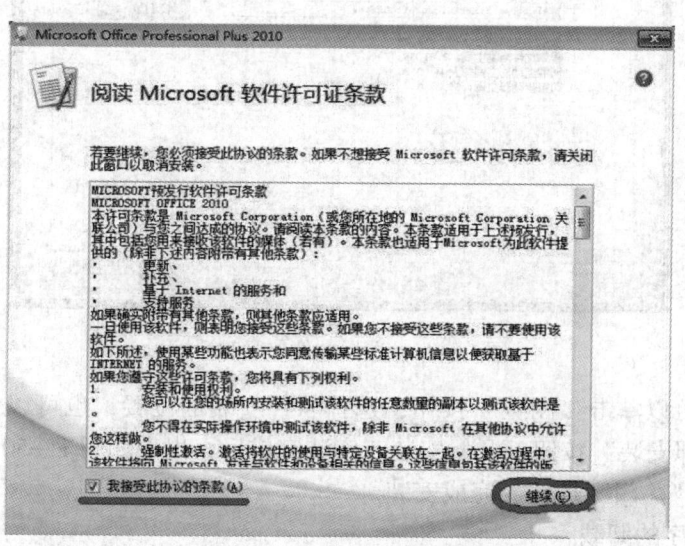

图 1—47 "阅读 Microsoft 软件许可证条款"对话框

(3) 勾选"我接受此协议的条款"复选框，单击"继续"按钮，打开"选择所需的安装"对话框，如图1—48所示。

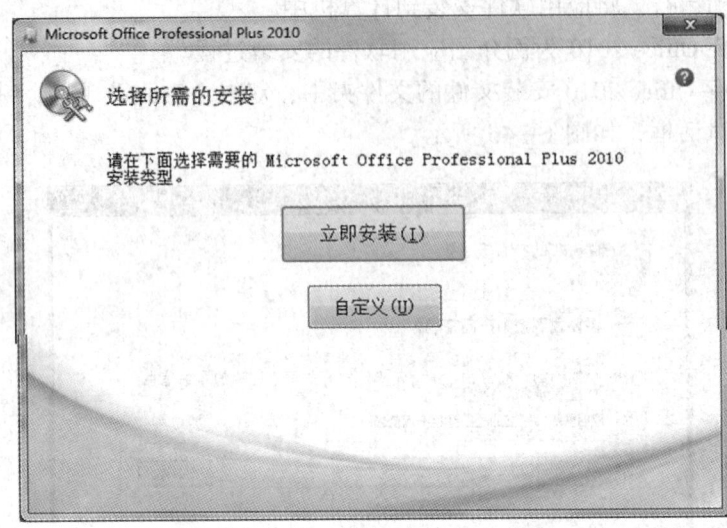

图1—48　"选择所需的安装"对话框

　　(4) 对于不是十分熟悉该软件的用户，直接单击"立即安装"按钮，打开选择文件位置对话框，如图1—49所示。

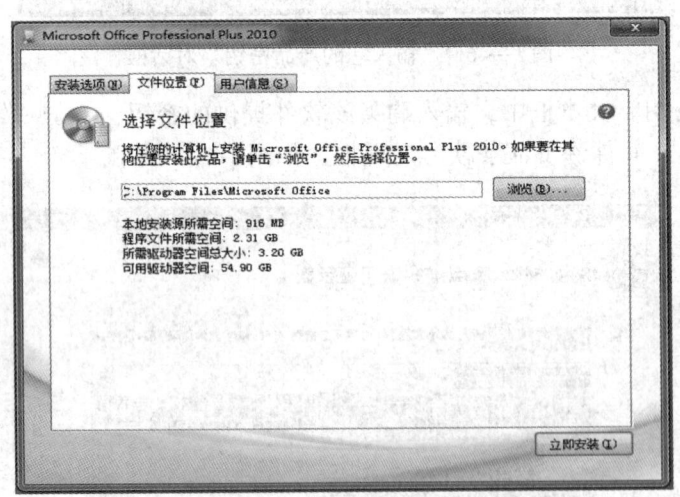

图1—49　选择文件位置对话框

　　(5) 用户可以单击"浏览"按钮，选择软件安装的位置，也可以使用默认安装位置，单击"立即安装"按钮，开始安装，安装完成后，出现如图1—50所示的对话框。
　　(6) 单击"关闭"按钮，完成安装。
2. 应用程序的卸载
　　应用软件安装到系统中时会在注册表中自动注册应用程序信息，比较完备的应用软件还带有卸载程序，卸载程序一般名称为"卸载×××"或"Uninstall"。如果需要将

图1—50　安装完成对话框

应用软件从系统中清除，可以通过运行软件提供的卸载程序来完成操作。如果应用软件没有提供卸载程序，还可以使用"控制面板"中的"程序和功能"进行卸载操作。

（1）删除应用软件的错误方法。删除应用软件时，应该使用卸载程序，或者使用"控制面板"中的"程序和功能"进行卸载操作，下列删除应用软件的方法是错误的：

1）直接删除应用程序的快捷方式。因为删除快捷方式的图标时，不会删除该图标所链接的程序文档。

2）直接删除应用程序所在的文件夹。因为安装程序时，一般还会在注册表中注册应用程序信息，以及复制一些文件到Windows的系统文件中，这些信息并未保存在安装文件夹下。如果仅仅删除应用程序的安装文件夹，将会出现删除不彻底、留下一堆无用的垃圾文件的现象，甚至导致系统性能降低乃至崩溃。

（2）卸载应用程序的步骤。使用"控制面板"中的"程序和功能"进行卸载的操作步骤如下：

1）在"控制面板"中，单击"程序和功能"图标，打开"程序和功能"窗口，如图1—51所示。

2）在"卸载或更改程序"列表中列出了当前安装的所有程序。如果要卸载这些应用程序，例如要卸载"ACDSee 5.0"应用软件，单击选择"ACDSee 5.0"，出现"卸载""更改"或"修复"按钮，单击"卸载"按钮，打开"ACDSee 5.0 卸载"对话框，如图1—52所示。

3）单击"是（Y）"按钮，开始卸载ACDSee 5.0及其组件。

4）应用软件卸载完成后，屏幕出现"卸载完成"对话框，单击"完成"按钮，完成卸载。

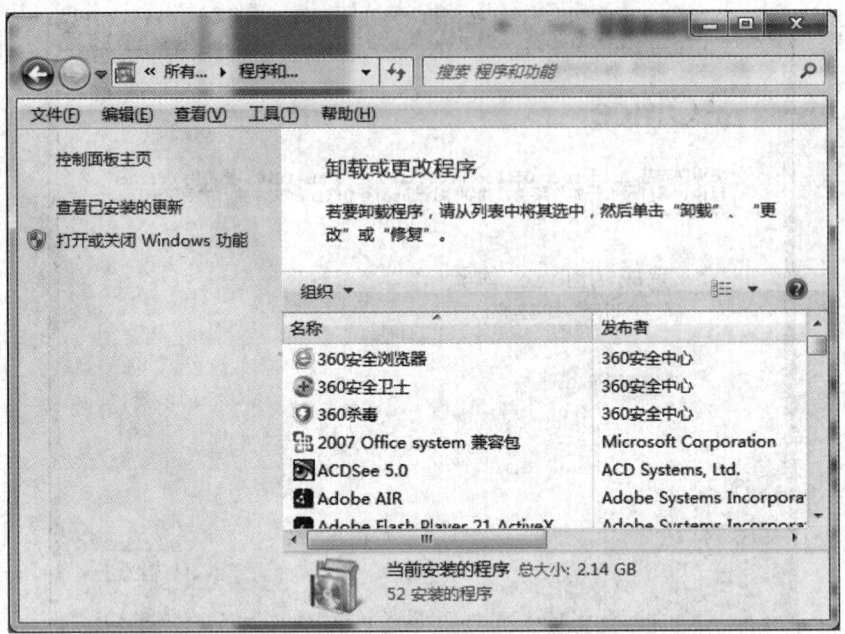

图1—51 "程序和功能"窗口

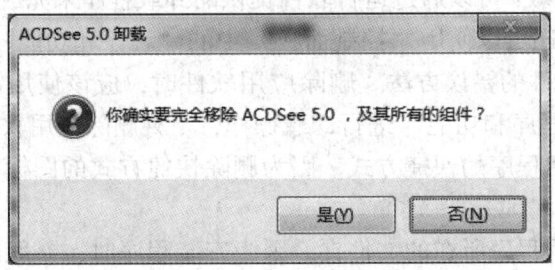

图1—52 "ACDSee 5.0 卸载"对话框

二、建立快捷方式

1. 快捷方式的含义

快捷方式是一种特殊的文件,它可以为驱动器、打印机、文件夹、程序或文件等项目建立一个启动图标,这个图标指向驱动器、打印机、文件夹、程序或文件及其他项目。用户只需要双击该快捷方式图标,即可以启动与该快捷方式对应的项目,或者启动与文档关联的应用程序并载入快捷方式对应的文档。

快捷方式是快速启动程序、打开驱动器或文件夹等的一种常用方法,对于那些经常用到的程序、驱动器或文件夹都可以为其建立快捷方式,并可将建立的快捷方式放置到桌面上,这样可大大方便用户的操作。

快捷方式的左下角有一个箭头,这是它与普通图标最明显的区别。如果不需要某个快捷方式的图标,可以用鼠标单击该图标,然后按〈Del〉键。

提示：

删除快捷方式的图标与删除普通图标是不同的，删除快捷方式图标时，不会删除该图标所链接的程序或文档。但是删除一个普通文件的图标，则该程序文档将被一起放入回收站。

2. 创建快捷方式的方法

在"新建"子菜单中选择"快捷方式"命令，可以为某一项目创建快捷方式。其操作步骤如下：

（1）在要建立快捷方式的文件夹窗口中，选择"文件"菜单中"新建"子菜单下的"快捷方式"命令；或在空白位置单击鼠标右键，在快捷菜单中选择"新建"子菜单下的"快捷方式"命令，如图1—53所示。

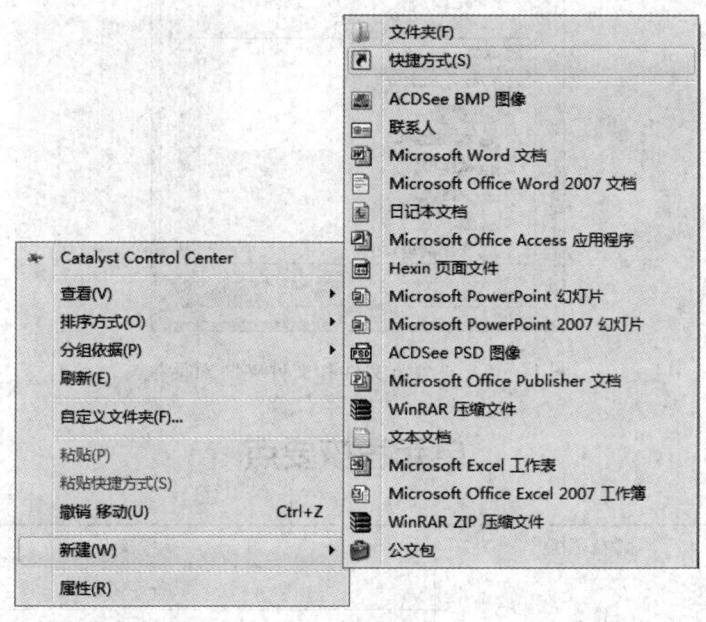

图1—53 选择"新建"子菜单下的"快捷方式"命令

（2）屏幕弹出"创建快捷方式"对话框，如图1—54所示。

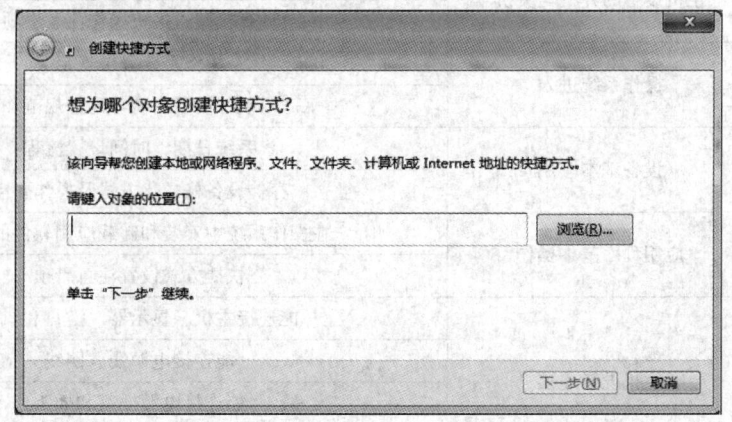

图1—54 "创建快捷方式"对话框

（3）在"请键入对象的位置"文本框中输入要创建快捷方式项目的位置名称。如果不知道位置或名称可以按下"浏览"按钮，打开"浏览文件和文件夹"对话框，如图1—55所示。

（4）选择需要建立快捷方式的项目，查找到之后，选中该文件，并单击"确定"按钮，回到"创建快捷方式"对话框。

（5）单击"下一步"按钮，再单击"完成"按钮，这时会发现在窗口中多出了一个快捷方式的图标。

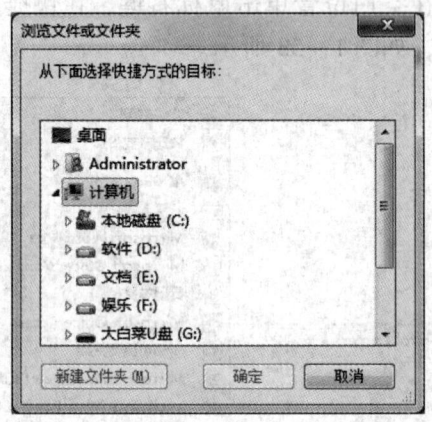

图1—55 "浏览文件和文件夹"对话框

单元考核要点

考核类型	考核范围	考核点
理论知识	主机设备连接	设备连接要求
		硬件设备类型
		接口种类与特点
	主机设备的开机与关机	计算机开、关机操作流程
		计算机开、关机操作注意事项
	操作系统进入	操作系统登录规定
		硬件设备安装与配置规范
	设备基本应用	系统日期、时间设置流程
		存储设备格式化方式及操作要点
	应用程序基本操作	在操作系统中安装和卸载应用软件的规定
		快捷方式设置注意事项
技能操作	主机设备连接	能连接主机、显示器、键盘和鼠标
		能连接电源线、网线
		能连接电源插座和插头
		能拔插 USB 设备

续表

考核类型	考核范围	考核点
技能操作	主机设备的开机与关机	能冷启动、热启动计算机
		能进行用户切换、注销、待机、休眠和关机操作
	操作系统进入	能进入操作系统界面
		能进行主机硬件设备安装与配置
	设备基本应用	能设置系统日期和时间
		能进行存储设备格式化操作
	应用程序基本操作	能安装和卸载应用软件
		能设置应用软件的快捷方式

单元测试题

一、单项选择题（下列每题有4个选项，其中只有一个是正确的，请将正确答案的代号填在括号内）

1. 一台计算机功能的强弱、（　　）能力的大小主要由 CPU 决定。
   A. 存储　　　　B. 运算　　　　C. 扩展　　　　D. 兼容

2. 内存（　　）。
   A. 容量大、速度快　　　　　　B. 容量小、速度慢
   C. 容量大、速度慢　　　　　　D. 容量小、速度快

3. ROM 中存放着计算机运行必要的程序，关机后（　　）。
   A. 内容不会保存　　　　　　　B. 内容立刻丢失
   C. 内容不会丢失　　　　　　　D. 内容只会保存一部分

4. （　　）是计算机与用户通信的桥梁。
   A. 输入设备　　B. 输出设备　　C. 打印设备　　D. 路由设备

5. 热启动是在系统（　　）的情况下重新启动计算机系统。
   A. 已断电　　　B. 仍通电　　　C. 快断电　　　D. 还原

6. 计算机进入休眠状态时，会将（　　）中的所有内容保存到硬盘。
   A. 硬盘　　　　B. 内存　　　　C. U 盘　　　　D. 光盘

7. （　　）时，即使另一个用户登录到了计算机，原用户的程序仍然继续运行。
   A. 切换用户　　B. 休眠　　　　C. 待机　　　　D. 关机

8. 正确的开机顺序是（　　）。
   A. 主机→显示器→电源　　　　B. 主机→电源→显示器
   C. 电源→显示器→主机　　　　D. 电源→主机→显示器

9. （　　）是一个单用户多任务的操作系统。
   A. DOS　　　　B. Windows　　C. UNIX　　　　D. Linux

10. 将鼠标指针放到窗口标题栏上，（　　）可以最大化窗口。

A. 单击　　　　B. 双击　　　　C. 拖动　　　　D. 右击

11. Windows 中（　　）菜单项以灰色显示。
    A. 可操作　　　B. 不可操作　　C. 所有　　　　D. 没有
12. "剪切"命令的组合键为（　　）。
    A. 〈Ctrl + A〉　B. 〈Ctrl + X〉　C. 〈Ctrl + C〉　D. 〈Ctrl + V〉
13. 通过控制面板可以灵活地配置计算机，不能（　　）。
    A. 使计算机工作起来更有效率　　B. 更符合用户的工作习惯
    C. 使计算机工作得更快　　　　　D. 使计算机磁盘空间变大
14. 一个完全的即插即用系统组件由（　　）部分组成。
    A. 2　　　　　B. 3　　　　　C. 4　　　　　D. 5
15. Windows 的墙纸文件格式支持（　　）后缀的图形文件。
    A. .wav　　　 B. .rm　　　　C. .exe　　　　D. .jpg
16. 与显示器一样能决定系统可以使用的最高屏幕分辨率的是（　　）。
    A. U 盘　　　 B. 键盘　　　 C. 显示卡　　　D. 硬盘
17. 在开始菜单中选择（　　），可以打开应用程序。
    A. "搜索"　　 B. "运行"　　 C. "设置"　　　D. "帮助"
18. 通过（　　）菜单可以在打开的文档之间切换。
    A. 视图　　　 B. 格式　　　 C. 编辑　　　　D. 窗口
19. 按〈Alt + F4〉键能（　　）当前应用程序。
    A. 打开　　　 B. 关闭　　　 C. 最小化　　　D. 锁定
20. 可以根据窗口的（　　）栏颜色来判断它是否为当前活动窗口。
    A. 菜单　　　 B. 工具　　　 C. 状态　　　　D. 标题

二、判断题（下列判断正确的请打"√"，错误的请打"×"）

（　）1. 内存是计算机运算过程中主要使用的存储器。
（　）2. 外部存储器是计算机运算过程中主要使用的存储器。
（　）3. 内存包括 ROM 和 RGM 两部分。
（　）4. 显示器不是输入设备。
（　）5. 注销将清除内存中的系统信息，并重新装载操作系统。
（　）6. 计算机进入休眠状态时，内存中的所有内容将丢失。
（　）7. Windows 7 是一个单用户单任务的操作系统。
（　）8. 将鼠标指针放到窗口标题栏上，双击可以最大化窗口。
（　）9. Windows 的三类窗口中不包括操作窗口。
（　）10. 通过我的电脑可以灵活地配置计算机，使计算机工作起来更有效率。
（　）11. 支持即插即用的 DOS 操作系统不是组成一个完全的即插即用系统组件。
（　）12. 设置屏幕保护程序时，在"等待"框中，用户可以输入一个等待时间，其单位是分钟。
（　）13. 双击桌面上的应用程序快捷方式图标可以打开应用程序。

(   ) 14. Office 系列软件中，最近使用过的文档在文件菜单中显示。

(   ) 15. 按〈Ctrl + F4〉组合键可关闭当前应用程序窗口。

三、技能题

第一题　主机设备连接与启动

正确连接计算机主机、显示器、键盘、鼠标和打印机等外部设备，启动计算机。

第二题　设备管理

正确连接打印机，安装惠普打印机驱动程序（型号：HP 1020 plus）。

第三题　系统设置

设置系统日期为 2016 年 11 月 24 日，时间：16：30。

第四题　应用程序操作

安装 RAR 压缩文件管理器；安装金山打字通软件（安装程序存放在本书附送的参考资料"soft"文件夹中）。

单元测试题答案

一、单项选择题

1. B　　2. D　　3. C　　4. A　　5. B　　6. B　　7. A　　8. C
9. B　　10. B　　11. B　　12. B　　13. D　　14. B　　15. D　　16. C
17. B　　18. D　　19. B　　20. D

二、判断题

1. √　　2. ×　　3. ×　　4. √　　5. ×　　6. ×　　7. ×　　8. √
9. ×　　10. ×　　11. √　　12. √　　13. √　　14. √　　15. ×

三、技能题

答案略。

第 2 单元

文件管理

- 第 1 节　文件与文件夹的概念/46
- 第 2 节　文件和文件夹的基本操作/48

第1节 文件与文件夹的概念

→ 了解文件的概念
→ 了解文件夹的概念
→ 掌握文件和文件名的命名规则
→ 了解路径的概念

一、文件的概念

计算机处理的信息都是以文件的形式存放在存储器中，文件是数据、程序、文档、图片、视频等信息在计算机系统中的一种重要的存在形式，Windows 通过文件对各种信息进行操作。为了区分这些各不相同的文件，便于系统对它们进行管理和操作，每一个文件都有一个名字，称为文件名。文件名由主文件名和扩展名组成。主文件名用于标识文件，文件的扩展名用于说明文件的类型。

文件名的一般形式是：主文件名.扩展名

例如："计算机操作员培训教程书稿.docx"文件，其中"计算机操作员培训教程书稿"是主文件名，用来描述该文件是什么文件；"."是分隔符，将主文件名与扩展名分离开来；"docx"是文件的扩展名，说明该文件是 Word 文档。

文件名一般由用户定义，而扩展名由创建文件的应用程序自动创建，表2—1列出了常用文件的扩展名及含义。

表2—1　　　　　　　　　　　Windows 的主要文件类型

文件类型（扩展名）	含　　义
.exe 和 .com	程序文件：它是由程序员编写的计算机能够识别的一连串指令，用户双击该文件，可启动其对应的程序
.bat	批处理文件：它是由许多程序文件命令行组合而成的，可以成批执行的命令集合
.txt	文本文件：它是由标准的 ASCII 字符所组成的数据，并且不包含任何特殊的格式码
.bmp、.jpg 和 .tif	图片文件：它包含了可视信息和图片信息。图像文件的存储格式有很多种，一般图像文件通常需要占据较大的磁盘空间
.rar 和 .zip	压缩文件：压缩存储文件能够节约存储空间，计算机中最常用的压缩文件有 .rar 和 .zip 两种格式。
.html 和 .htm	网页文件：用来存储可在 Internet 网上显示的网页中的相关数据的文件
.hlp	帮助文件：提供帮助的文件
.docx	Word 文档：Word 2010 以上版本默认文件
.xslx	Excel 文档：Excel 2010 以上版本默认文件
.pptx	PowerPoint 文档：PowerPoint 2010 以上版本默认文件

1. 文件名命名规则

（1）Windows 规定文件名长度不能超过 255 个字符。

（2）文件名可以包含英文字母、数字、汉字（汉字占两个字符长度）和一些特殊符号，甚至文件名中还可以包含空格，但不能包含下列的字符：／ ＼ ： * ？〈 〉｜等。

（3）Windows 文件名可以使用大写字母也可以是小写字母，但是它们表示的是同一个文件。例如，OYG.doc 与 oyg.doc 是同一个文件。

提示：

给文件命名时，不要使用复杂的文件名。建议文件名应该与文件的内容对应，以便记忆和识别。

2. 文件名的通配符

在搜索和列表文件时，可在文件名或扩展名的某些位置上使用通配符，用来一次指定多个文件。文件通配符有两个，一个是"？"，表示其所处位置为任意一个字符；另一个通配符是"＊"，表示从其所在位置开始到下一个间隔符（如"."或空格）止的多个字符可以是任意字符。

二、文件夹的概念

1. 文件夹

磁盘中存放着大量的文件，为了更好地管理这些文件可以按照文件的类别和内容，分别把它们存放在一起，存放这些同类信息的地方，叫作文件夹，就像在日常工作中把不同的文件资料保存在不同的文件夹中一样。在计算机中，文件夹是放置文件的一个逻辑空间，其中可以存放各种文档、程序，也可以存放文件夹。

文件夹的命名规则与文件的命名规则相同，但是文件夹没有扩展名。

2. 文件夹的树型结构和文件的存储路径

对于磁盘上存储的文件，Windows 是通过文件夹进行管理的。Windows 采用了多级层次的文件夹结构。对于同一个磁盘而言，它的最高级文件夹被称为根文件夹。根文件夹的名称是系统规定的，统一用反斜杠"＼"表示。根文件夹中可以存放文件，也可以建立子文件夹。子文件夹的名称由用户指定，子文件夹下又可以存放文件和再建立子文件夹。这就像一棵倒置的树，根文件夹是树根，各个子文件夹是树的枝权，而文件则是树的叶子。这种多级层次文件夹结构被称为"树型文件夹结构"，如图 2—1 所示。

访问一个文件时，必须要有三个要素，即文件所在的驱动器、文件在树型文件夹结构中的位置和文件的名字。文件在树型文件夹中的位置可以从根文件夹出发，到达该文件所在的子文件夹之间依次经过一连串用反斜线隔开的文件夹名的序列来表示，这个序列称为"路径"。

（1）磁盘驱动器名（盘符）。磁盘驱动器名是操作系统分配给驱动器的符号，用于指明文件的位置。用"C:""D:"……"Z:"表示硬盘驱动器和光盘驱动器名称，称为 C 盘、D 盘……Z 盘。

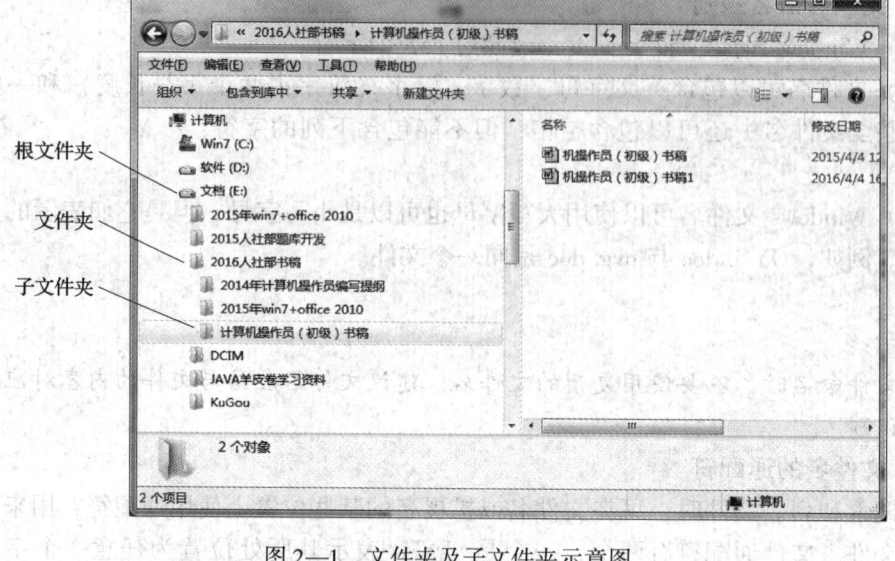

图 2—1 文件夹及子文件夹示意图

（2）路径。为了指明某个文件的存放位置，通常将盘符、各级文件夹名称、文件名和扩展名之间用"\"隔开，写成一个整体，称为"文件的路径名"。

路径名的格式如下：

［盘符:］\［文件夹名1］［\］［子文件夹名2］［\］…［子文件夹名n］［\］［文件名］［.］［扩展名］

路径名（Path）可以理解为从根目录或当前目录出发，一直到所要找的文件，把途径的文件夹名字连接在一起而形成的文件夹表。子文件夹名之间，以及子文件夹与文件名之间使用分隔符反斜杠"\"分隔，并且路径中不可留有空格。

例如：C：\ WINDOWS \ Help \ apps. chm 表示在 C 盘根文件夹下有一个"WINDOWS"文件夹，在"WINDOWS"文件夹中有一个"Help"子文件夹，在"Help"子文件夹中存放着一个"apps. chm"文件。

第2节 文件和文件夹的基本操作

→ 能够使用计算机窗口
→ 能够使用资源管理器
→ 能够新建文件和文件夹
→ 能够复制、移动文件和文件夹
→ 能够删除、恢复和重命名文件和文件夹
→ 能够压缩文件和解压缩文件

一、计算机中文件和文件夹的管理

在 Windows 7 中，主要是通过"计算机"和"资源管理器"来管理文件和文件夹。

1. 计算机

要使用磁盘和文件等资源，最方便的方法就是双击桌面上"计算机"图标，打开"计算机"窗口，如图2—2所示。

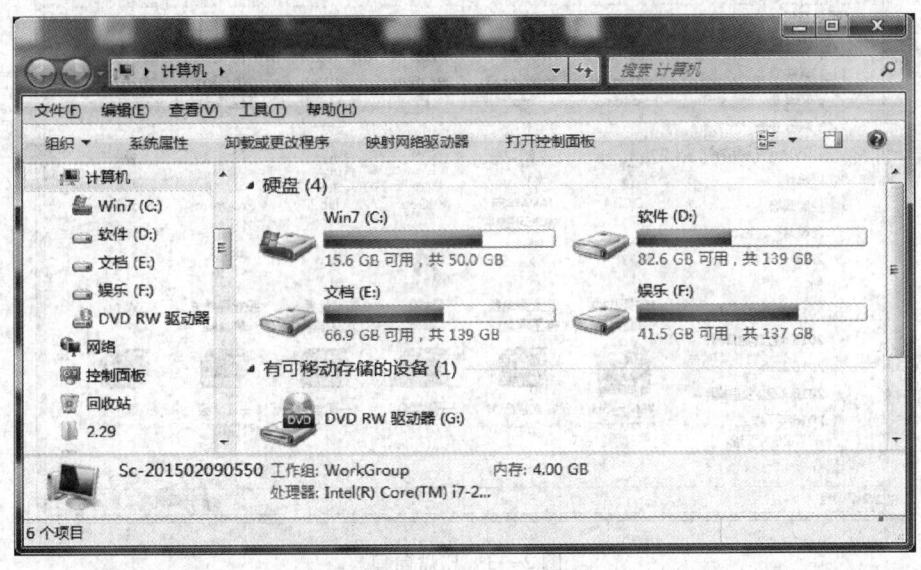

图2—2　"计算机"窗口

"计算机"的窗口组成，在 Windows 7 使用中的"窗口操作"部分已详细介绍，主要包括菜单栏、工具栏、地址栏、导航窗格、细节窗格、状态栏、工作区等部分。

Windows 7 在窗口工作区域列出了计算机中各个磁盘的图标，下面以 E 盘为例说明磁盘的基本操作。

（1）查看磁盘中的内容。在"计算机"窗口中双击 E 盘图标，打开 E 盘窗口，如图2—3所示。窗口的状态栏上显示出该磁盘中共有多个项目，如果要打开某一个文件或文件夹，只要双击该文件或文件夹的图标即可。

1）改变显示方式。可以根据需要使用几种不同的图标方式显示磁盘内容，单击窗口菜单栏中的"查看"菜单中的"超大图标""大图标""中等图标""小图标""列表""详细资料""平铺""内容"命令，可以切换不同的显示方式，也可以通过单击工具栏上的"查看"按钮，在弹出菜单中选择相应的显示方式，如图2—4所示。

2）改变排列方式。为了方便地查看磁盘上的文件，可以对窗口中显示的文件和文件夹按照一定的方式进行排序。单击窗口菜单栏中的"查看"菜单中的"排列方式"下的"名称""修改日期""类型"或"大小"等进行设置，如图2—5所示。

（2）查看磁盘属性。在"计算机"窗口中，磁盘下方显示磁盘的可用空间和总容量。如果要更加详细地查看磁盘属性，可以用鼠标右键单击该磁盘的图标，在弹出的快捷菜单中选择"属性"命令，打开"文档（E：）属性"对话框，如图2—6所示，选择"常规"选项卡，就能够详细了解该磁盘的类型、已用空间和可用空间、总容量等属性，同时还可以设置磁盘卷标。

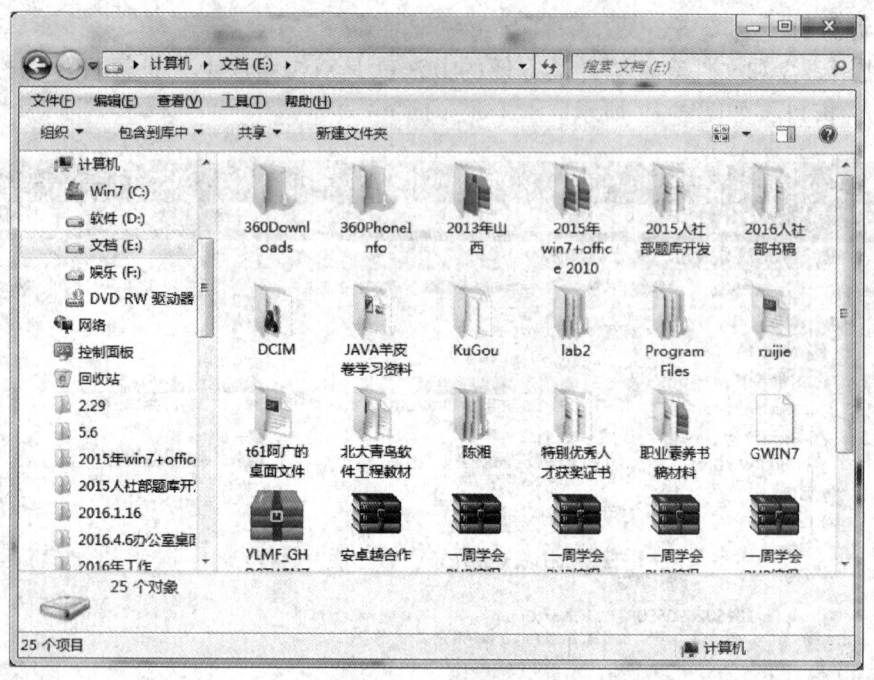

图2—3 E盘窗口

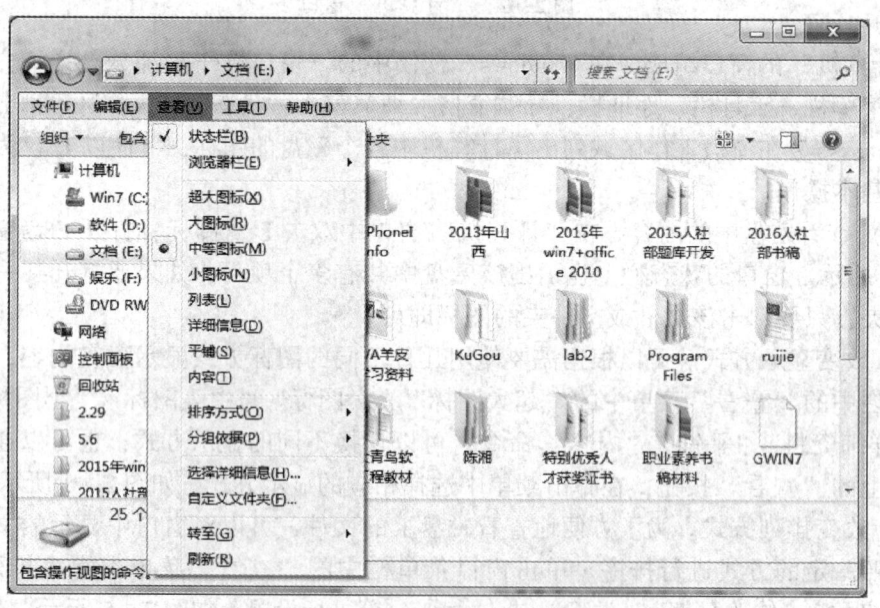

图2—4 通过"查看"菜单和"查看"按钮改变显示方式

2. 资源管理器

资源管理器是 Windows 系统提供的资源管理工具，用户可以用它查看本计算机的所有资源，特别是它提供的树形文件系统结构，使用户能更清楚、更直观地认识计算机的文件夹结构，同时能快速地找到文件保存的位置。另外，在资源管理器中还可以对文件和文件夹进行各种操作，如打开、复制、移动等。

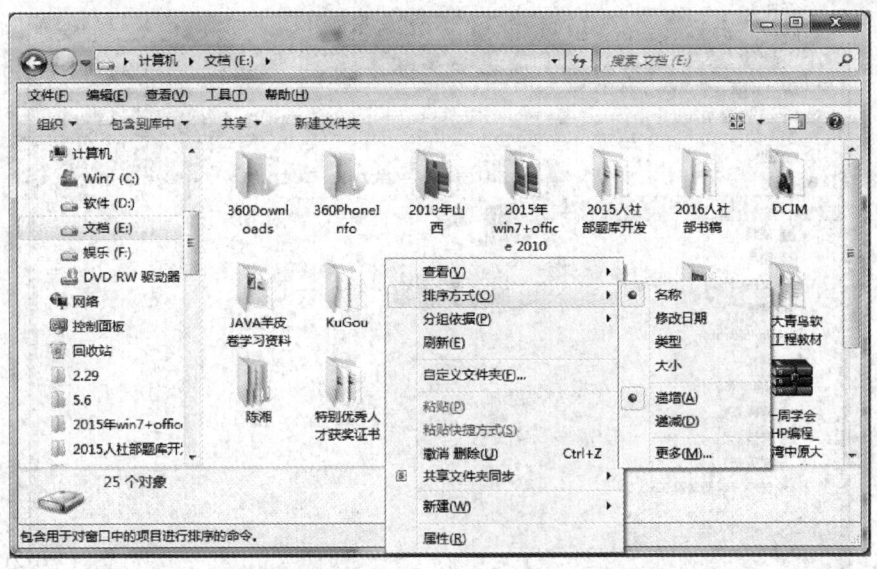

图 2—5　通过"查看"菜单改变排列方式

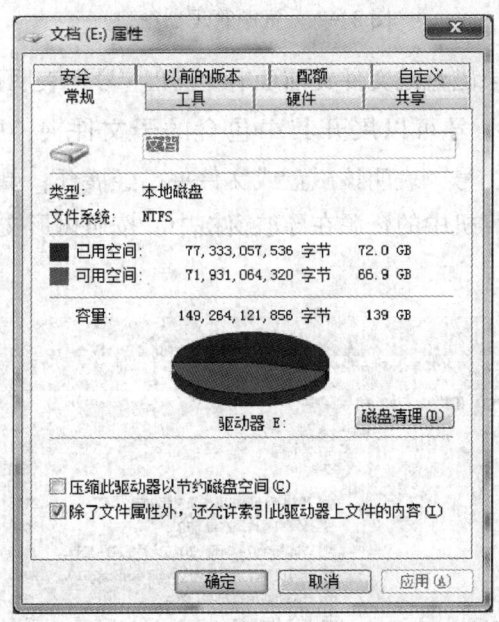

图 2—6　通过"文档（E:）属性"对话框查看磁盘空间

(1) 启动资源管理器。常用以下两种方法启动 Windows 资源管理器：

1) 用鼠标右键单击"开始"按钮，在弹出的快捷菜单中选择"打开 Windows 资源管理器"。

2) 使用〈Windows＋E〉组合键。

(2) "Windows 资源管理器"窗口及操作。打开的资源管理器窗口，如图 2—7 所示。Windows 资源管理器窗口左侧的导航窗格用于显示磁盘和文件夹的树型分层结构，包含收藏夹、库、家庭组、计算机和网络五大类资源。

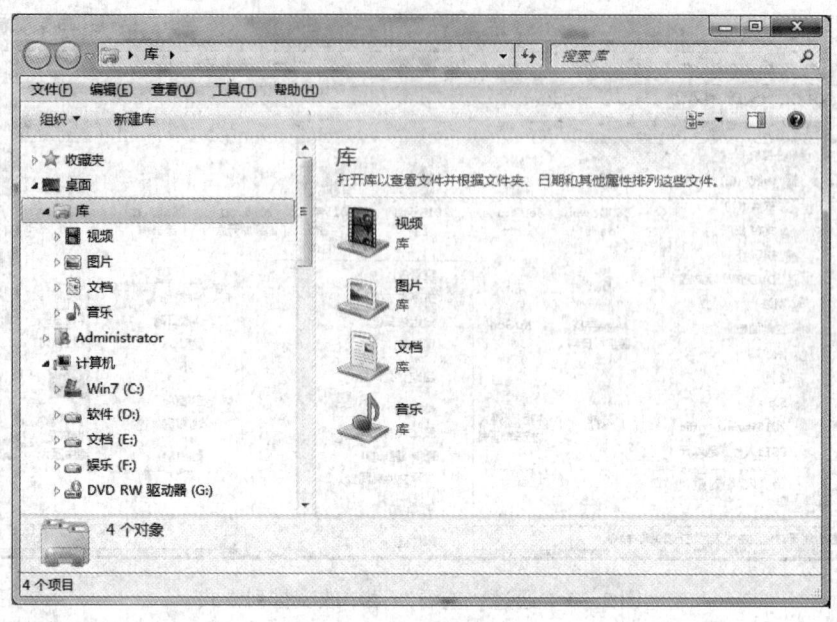

图 2—7　资源管理器窗口

在导航窗格中，如果磁盘或文件夹前面有"▷"号，表明该磁盘或文件夹下有子文件夹，单击该"▷"号可以展开其中包含的子文件夹，展开磁盘或文件夹后，"▷"号会变成"◢"号，表明该磁盘或文件夹已经展开，单击"◢"号，可以折叠已经展开的内容。计算机中的资源在导航窗格中，按照树形文件系统结构形象地展现出来，如图 2—8 所示。

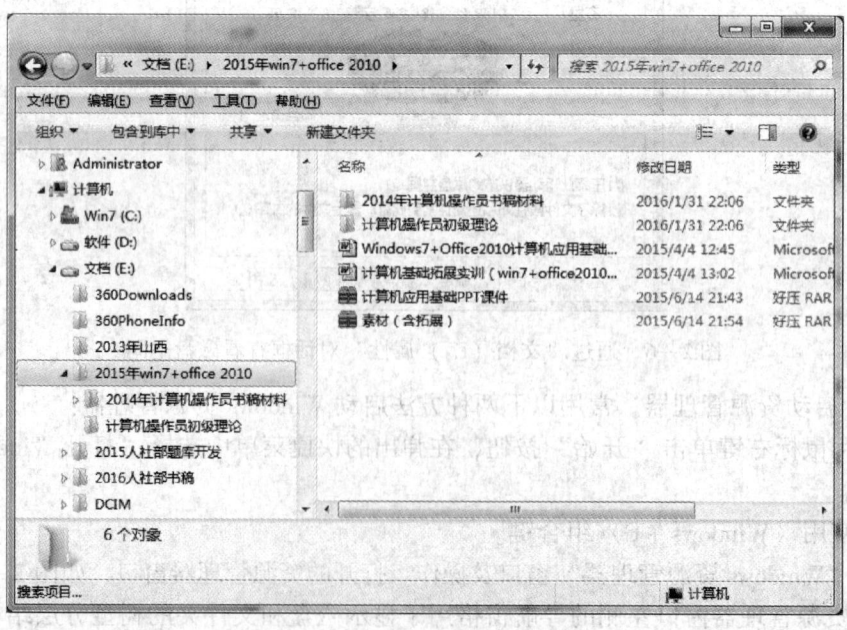

图 2—8　文件夹的树形目录结构

右侧工作区用于显示导航窗格选中的磁盘或文件夹所包含的子文件夹及文件,双击其中的文件或文件夹可以打开相关内容。

用鼠标拖动导航窗格和工作区之间的分隔条,可以调整两个窗格的大小。

在资源管理器中单击右上角的"显示预览窗格"按钮时,可以在资源管理器中浏览文件,比如文本文件、图片和视频等。

二、新建文件或文件夹

在计算机系统的硬盘中创建一个文件或文件夹,称为新建文件或文件夹。文件或文件夹建立后,系统即为该文件或文件夹建立目录索引、分配存储空间。

1. 新建文件夹

要建立一个新的文件或文件夹,其操作步骤如下:

(1) 在"资源管理器"窗口的"工作区"窗格,中,选择需要建立新文件夹的位置。

(2) 用鼠标右键单击"工作区"窗格空白处,在弹出的快捷菜单中,单击"新建"命令,打开"新建"子菜单,如图2—9所示。

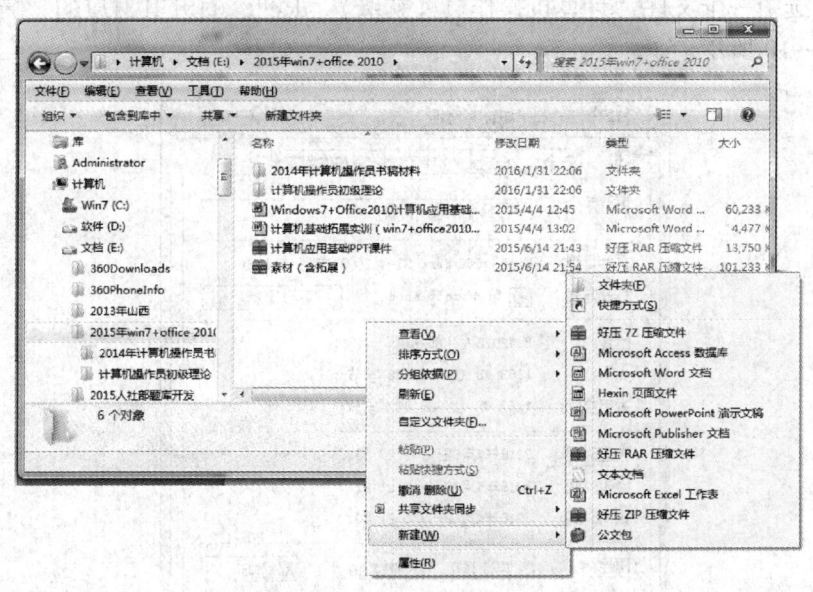

图2—9 打开"新建"菜单

(3) 选择对应的命令。例如,选择"文件夹"命令,则在"工作区"窗格中将出现一个名为"新建文件夹"的文件夹。

(4) 用户可以为新建的文件夹键入一个名称。

(5) 按下回车键或单击鼠标确认操作。

这样,在当前窗口中就新建了一个文件夹,用户可以打开该文件夹进行操作。

2. 新建文件

新建文件的操作与新建文件夹的操作步骤基本相同,不同之处在于,在如图2—9所示的"新建"菜单中,选择需要新建的文件类型,即可在当前文件夹中创建一个新文件。

提示：

用户也可以在应用软件中新建文件，然后保存到文件夹中。

3. 文件和文件夹属性管理

（1）文件和文件夹的属性

1）只读。该文件或文件夹只能读取，不能被修改或意外删除。

2）隐藏。表示隐藏该文件或文件夹，即在默认的状态下，该文件或文件夹的图标将隐藏不显示出来，隐藏后虽然该文件或文件夹仍然存在，但是如果不知道其名称就无法查看或使用此文件或文件夹了。

3）存档。表示文件或文件夹是否含有存档属性，系统的某些备份程序将根据该属性来确定是否为其建立一个备份。

（2）查看文件属性。要查看某一文件的属性有如下两种方法：

第一种方法：单击要查看的文件，然后从窗口内的"文件"菜单中，选择"属性"命令。

第二种方法：鼠标右击要查看的文件，然后从快捷菜单中选择"属性"命令。

例如：选中一个文件"计算机操作员（初级）.doc"，打开其对应的"属性"对话框，如图2—10所示。

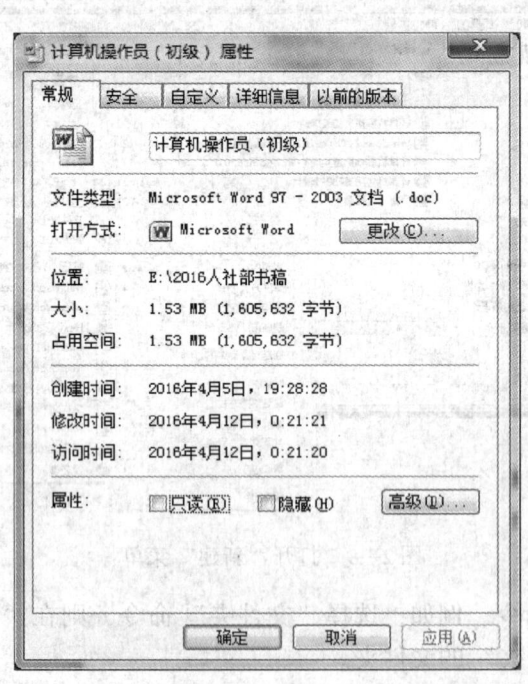

图2—10 "计算机操作员（初级）属性"对话框

1）在该对话框的第一栏，显示该文件的名称及图标，用户可以在名称框中改变文件的名称。

2）第二栏显示文件的"类型"和"打开方式"。文件类型一般由文件扩展名决定，它决定了用户能够对该文件进行何种操作。打开方式则决定了系统默认使用哪个应用程序来打开该文件,如果要改变该文件的打开方式,可以单击其右边的"更改"按钮,打开"打开方式"对话框,如图2—11所示。

图2—11 "打开方式"对话框

在"其他程序"列表中,选择希望用来打开这种文件的应用程序。如果列表中没有想要的程序名,可以单击"浏览"按钮,手动寻找。如果希望一直使用该应用程序打开此类文件,可以勾选"始终使用选择的程序打开这种文件"复选框,单击"确定"按钮,以后Windows将用选中的应用程序打开此类文件。

3)第三栏内显示文件的"位置""大小"和"占用空间"。其中的位置是文件在磁盘中存放的文件夹;大小表示文件的实际大小;占用空间表示文件在磁盘中实际占用的物理空间。因为在Windows中,某些文件可以以压缩的方式存放,所以它的占用空间可能小于文件的大小。

4)第四栏显示的是文件的"创建时间""修改时间"和"访问时间"等信息。

5)第五栏内列出了文件的属性,勾选复选框可以修改文件的属性。

(3)查看文件夹属性。查看文件夹属性的方法同查看文件属性的方法相同,鼠标右击要查看的文件夹,然后从快捷菜单中选择"属性"命令,如图2—12所示。

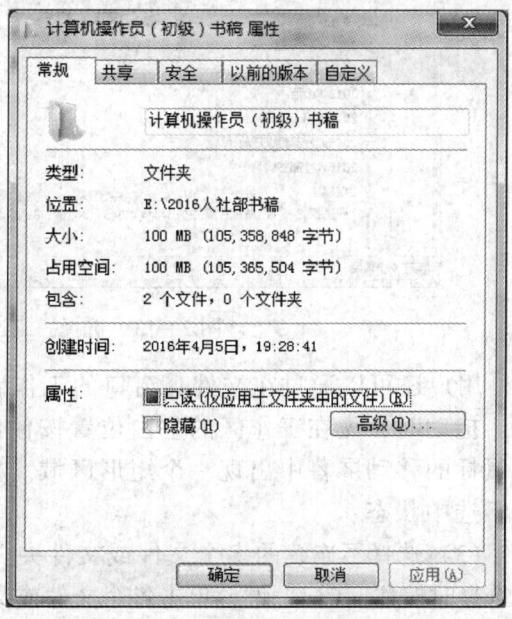

图2—12 "计算机操作员(初级)书稿属性"对话框

三、复制、移动文件和文件夹

计算机处理的数据是以文件的形式存放在磁盘上的，所以管理和使用文件是使用操作系统的重要内容。

1. 选择文件或文件夹

对文件进行操作之前一般要先选择文件，确定一个或一组文件或文件夹作为进行操作的对象，称为选择文件或文件夹。Windows 操作系统支持选择一个文件或文件夹、选择连续的一组文件或文件夹、选择不连续的多个文件或文件夹、选择全部文件或文件夹、反向选择、取消选择等操作。

（1）选择一个文件或文件夹。选定一个文件或文件夹只需将鼠标光标移到要选定的文件名或文件夹名上单击鼠标左键。

（2）选择一组连续的文件或文件夹。若要选择连续的一组文件或文件夹，首先用鼠标单击要选定的一组文件的第一个文件或文件夹，再按住〈Shift〉键，单击该组的最后一个文件或文件夹，则屏幕中将有一组文件或文件夹处于选中状态，被选中的内容反白显示，如图 2—13 所示。

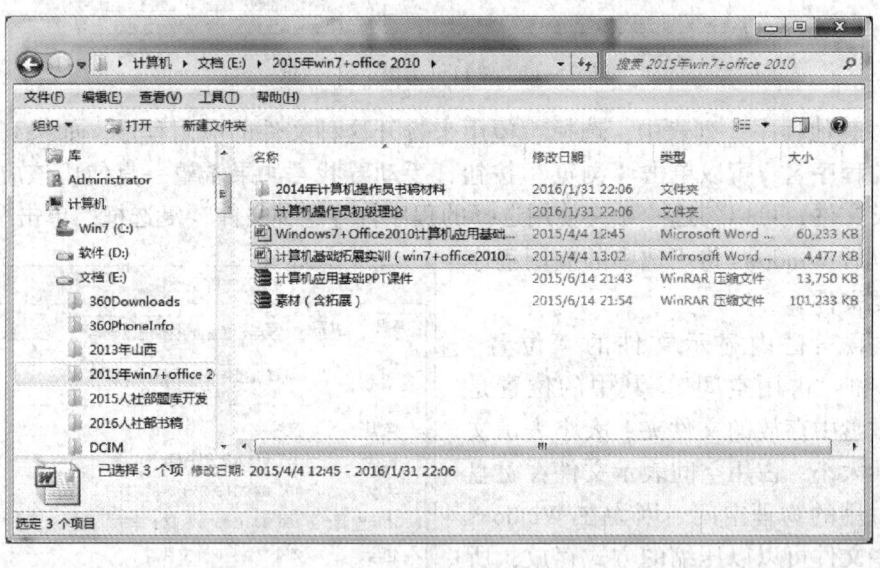

图 2—13　选择一组连续的文件或文件夹

用户还可以通过在文件夹窗口的工作区拖动鼠标的方法来选择多个文件或文件夹。拖动时，先在工作区的空白位置按住鼠标左键，接着移动鼠标到另一位置，随着鼠标的移动屏幕中出现一个矩形区域。松开鼠标后，该区域内的文件或文件夹将处于选中状态。

（3）选择不连续的多个文件或文件夹。如果需要选择的文件或文件夹分散分布，则选择时按住〈Ctrl〉键，单击各个文件或文件夹，则可以选择不连续的多个文件，如图 2—14 所示。

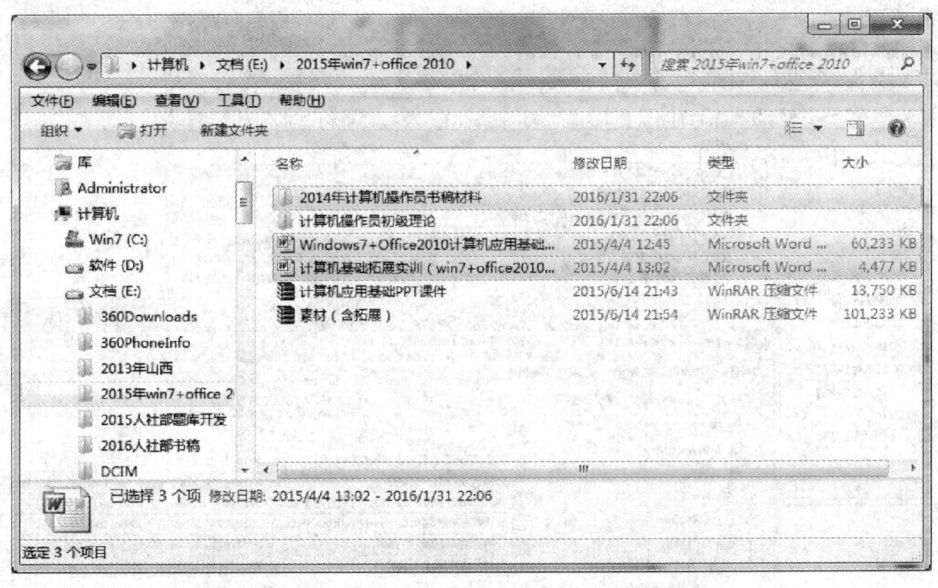

图 2—14　选择不连续的多个文件或文件夹

如果要选定多个不连续排列的文件或文件夹组，可以在第一组的第一个文件上单击鼠标左键，然后按住〈Shift〉键，同时在该组最后一个文件上单击鼠标左键，则第一组文件选定结束。选定下一个组时，按住〈Ctrl〉键，同时在该组中第一个文件名上单击鼠标左键，再按下〈Shift + Ctrl〉组合键，同时在该组最后一个文件上单击鼠标左键，该组选定结束。重复选定下一组的过程，直到完成所有组的选定。

(4) 选定全部文件（夹）。执行"编辑"菜单中的"全部选定"命令，可以选中当前窗口下所有的文件和文件夹。

提示：
用户也可以通过按〈Ctrl + A〉组合键来快速选择全部文件。

(5) 反向选择。"编辑"菜单中的"反向选择"命令可以将窗口中处于选中状态的文件或文件夹转换为非选中状态，而处于非选中状态的文件或文件夹变为选中状态。图 2—15 所示是执行"反向选择"命令后的操作结果。

(6) 取消选定的文件（夹）。当选错了文件时，可以取消选定。可以取消一个或全部选定的项目。

1) 取消选定的一个文件。如果取消一个文件，只需按住〈Ctrl〉键，同时单击要取消的项目。

2) 取消全部选定的文件。在窗口中的空白处单击鼠标左键，即可取消全部选定的文件。

2. 复制文件或文件夹

将一组文件或文件夹从源位置原样备份到目的位置，并在源位置保留该文件或文件夹的操作，称为复制文件或文件夹。

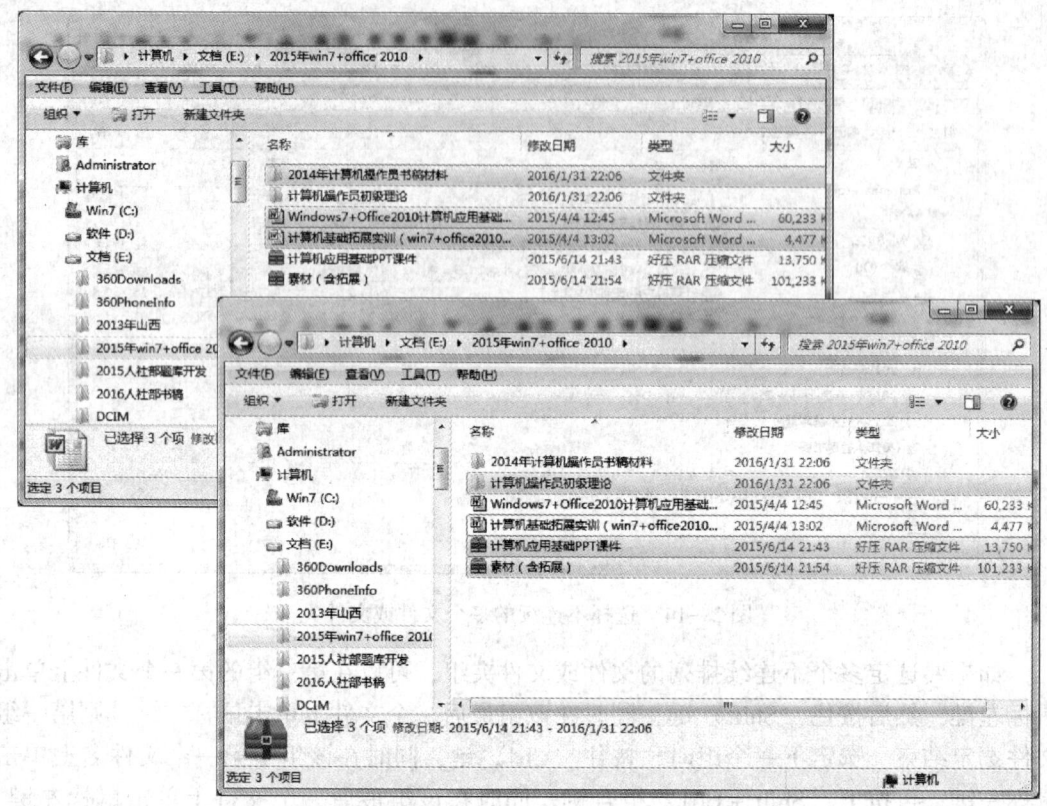

图 2—15 "反向选择"操作

复制文件或文件夹是计算机之间交流信息最基本的操作。

（1）使用拖动鼠标的方式复制。通过移动鼠标的方式用户可以轻松地完成复制的操作，其操作要领如下：

1）选定要复制的文件或文件夹，使其反白显示。

2）打开复制文件要放置的目标驱动器或文件夹窗口。

3）在选定要复制的文件上按下鼠标左键，不要松开，并拖曳鼠标，这时用户会发现所选文件图标的阴影随鼠标光标移动。

4）将光标拖拽到目的窗口中。如果目标文件夹与源文件夹是在同一驱动器中，拖拽的过程中还应按下〈Ctrl〉键，这时，会发现图标阴影中多了一个加号"＋"，表示在进行复制操作。

5）拖拽到目的窗口后，松开鼠标左键，即可完成复制操作。

提示：

如果在不同驱动器之间复制文件，拖曳时，不必按下〈Ctrl〉键。

复制文件时，如果目标盘上已存在同名的文件，系统将弹出一个"移动文件"对话框，如图2—16所示，要求用户确认是否进行复制。

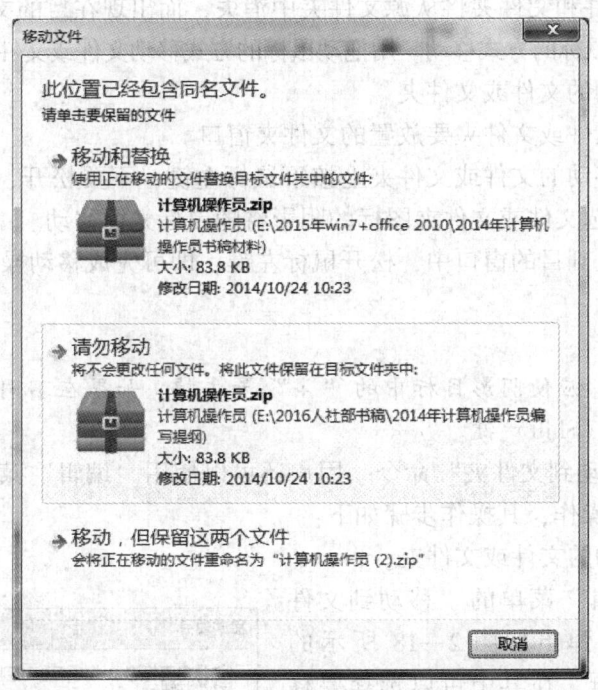

图 2—16 "移动文件"对话框

单击"移动和替换"图标,则复制操作继续执行,新文件将覆盖源文件。

(2)使用"复制到文件夹"命令。用户还可以使用"编辑"菜单中的"复制到文件夹"命令进行复制操作,其操作步骤如下:

1)选定要复制的文件或文件夹。

2)单击"编辑"菜单中的"复制到文件夹"命令,打开"复制项目"对话框,如图 2—17 所示,在其中可以选择要复制到的目的文件夹。

3)单击"复制"按钮,即可完成复制操作。

(3)使用复制和粘贴操作。用户也可以使用复制和粘贴操作来复制文件和文件夹,其操作步骤如下:

1)选定要复制的文件或文件夹。

2)单击"编辑"菜单的"复制"命令,或者按〈Ctrl + C〉组合键。

3)打开要复制到的目标文件夹窗口,单击其"编辑"菜单的"粘贴"命令,或者按〈Ctrl + V〉组合键,即可完成复制操作。

3. 移动文件或文件夹

移动文件或文件夹是将一个或者一批文件或文件夹从源位置移动到目的位置(可以是另一个驱动器的文件夹中),同时在源位置不再保留该文件或文件夹的操作。执行移动

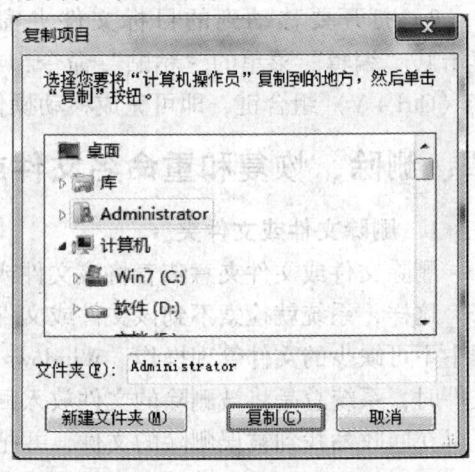

图 2—17 "复制项目"对话框

操作后，移动的文件和文件夹将从源文件夹中消失，而出现在目的文件夹中。

（1）使用拖动鼠标的方式移动。用拖动鼠标的方式移动文件或文件夹的操作步骤如下：

1）选定要移动的文件或文件夹。

2）打开移动文件或文件夹要放置的文件夹窗口。

3）在选定要移动的文件或文件夹上按下鼠标左键，不要松开，并拖曳鼠标，这时用户会发现几个所选文件或文件夹图标的阴影将随鼠标光标移动。

4）将光标拖曳到目的窗口中，松开鼠标左键，即可完成移动操作。

提示：

拖曳的过程中，应使阴影目标中的"+"号去掉。如果在不同驱动器之间复制文件，拖曳时要按下〈Shift〉键。

（2）使用"移动到文件夹"命令。用户还可以使用"编辑"菜单的"移动到文件夹"命令进行移动操作，其操作步骤如下：

1）选定要移动的文件或文件夹。

2）单击"编辑"菜单的"移动到文件夹"命令，屏幕将弹出如图2—18所示的"移动项目"对话框，在其中可以选择要移动到的目的文件夹。

3）单击"移动"按钮，即可完成移动操作。

（3）使用剪切和粘贴操作。用户也可以使用剪切和粘贴操作来移动文件和文件夹，操作步骤如下：

1）选定要移动的文件或文件夹。

2）单击"编辑"菜单的"剪切"命令，或者按〈Ctrl + X〉组合键。

3）打开要移动到的目标文件夹窗口，单击其"编辑"菜单的"粘贴"命令，或者按〈Ctrl + V〉组合键，即可完成移动操作。

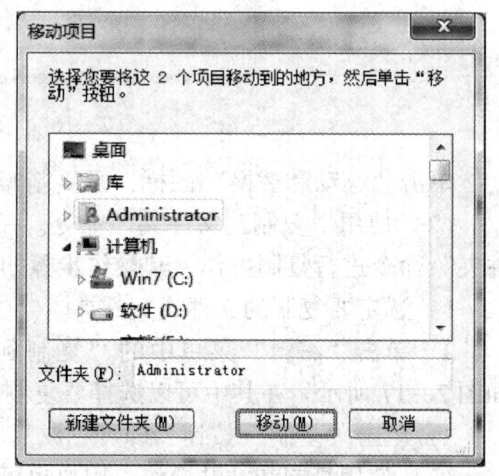

图2—18　"移动项目"对话框

四、删除、恢复和重命名文件或文件夹

1. 删除文件或文件夹

删除文件或文件夹意味着将该文件或文件夹的名字撤销，所占用的存储空间释放出来。这样，系统就检索不到该文件或文件夹了。将不需要的文件删除是使用计算机的过程中不可缺少的文件管理操作。Windows提供了一个叫作"回收站"的工具，用户删除文件时，系统总是将被删除的文件放入回收站中，这样，当进行了错误的删除操作时，可以在回收站找到被误删除的文件，并把它恢复过来。

可以使用"删除"命令进行文件或文件夹的删除操作，其操作步骤如下：

（1）选定要删除的文件或文件夹，使其反白显示。
（2）在"文件"菜单中，选择"删除"命令，或者按下〈Del〉键。
（3）系统弹出"删除文件"对话框，如图2—19所示。这时，可以选择"是"按钮确认将要删除的文件放入回收站；或者选择"否"按钮取消删除操作。

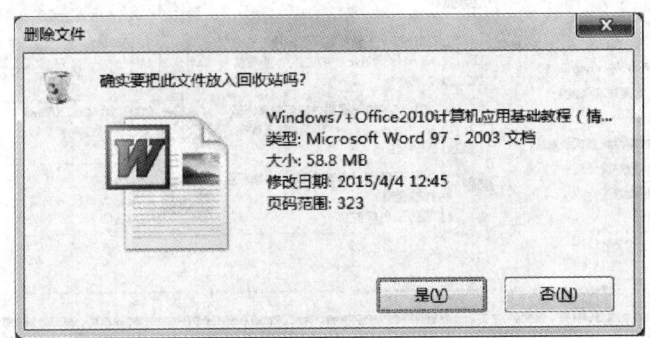

图2—19　"文件删除"对话框

提示：
用户也可以直接将选中的文件或文件夹图标拖曳到回收站的图标上来执行删除文件或文件夹操作。

2. 恢复被删除的文件或文件夹

将已经删除的文件或文件夹的名字重新进行登记，将其原来占用的空间重新指派给该文件或文件夹使用，称为恢复文件或文件夹。Windows提供了一个恢复删除文件的工具，即回收站，它总是放在桌面上。如果没有被删除的文件，则它显示为一个空纸篓的图标；如果有被删除的文件，则显示为装有纸的纸篓图标。

回收站可以恢复被删除的文件。回收站的工作机制是将被删除的文件或文件夹放到一个队列中，并把最近删除的文件或文件夹放到队列的最上面。如果队列满了，则最先删除的文件或文件夹将被永久地删除。只要队列足够大，就有机会把几天甚至几周以前删除的文件或文件夹恢复。

要恢复回收站中的文件或文件夹，使它出现在删除前的位置，操作步骤如下：
（1）双击"回收站"图标，打开"回收站"窗口，如图2—20所示，窗口列出了被删除的文件或文件夹。
（2）选择要恢复的文件或文件夹，使其反白显示。
（3）在"文件"菜单中，选择"还原"命令，或者单击工具栏的"还原选定的项目"命令，即可恢复选中的文件或文件夹。

提示：
用户也可以在"回收站"窗口中，在选中的文件或文件夹图标上右击鼠标，打开快捷菜单，选择"还原"命令恢复文件；或者直接在回收站拖拽选中的文件或文件夹到某一驱动器或文件夹窗口中恢复文件。

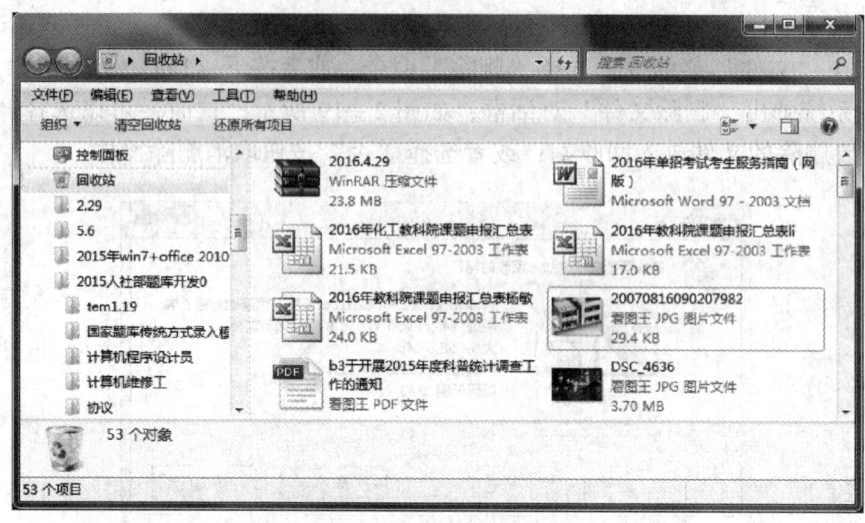

图 2—20 "回收站"窗口

3. 重命名文件或文件夹

要给某个文件或文件夹重新起一个名字，可以选中该文件或文件夹后，执行下列操作中的一种：

(1) 在"文件"菜单中，选择"重命名"命令。

(2) 单击鼠标右键，打开快捷菜单，选择"重命名"命令。

(3) 在选中的文件或文件夹的名字上，单击鼠标左键（注意：是在文件名上，而不是在图标上操作）。

这时会发现在文件名的周围出现一个方框，并且其中有光标在闪烁，如图 2—21 所示。键入要更改的文件名或文件夹名，输入完毕后，按回车键，或在窗口的任意空白处单击鼠标，完成重命名文件或文件夹工作。

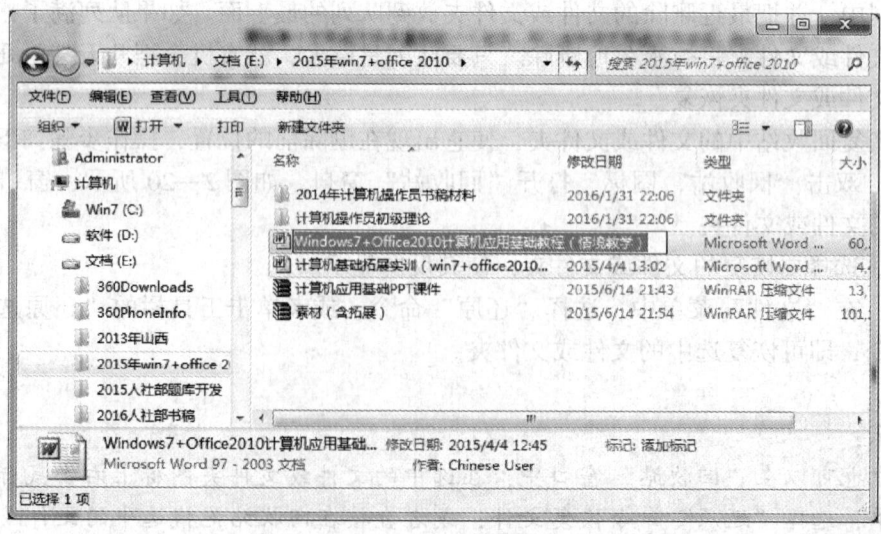

图 2—21 重命名

五、文件的压缩与解压缩

对源文件按照一定的规则进行压缩编码处理，生成另外一种占用存储空间较小的目的文件称为文件的压缩。

文件的压缩分为可还原压缩和不可还原压缩两种。可还原压缩是指压缩后，可将原来的文件完全、不失真地恢复，多用于文本文件的压缩；不可还原压缩是指文件一旦压缩后，就不能恢复原来信息，有一部分信息丢失了，不可还原压缩一般用于图形、图像和声音文件的处理。

压缩文件可以减少文件占用的空间，方便存储。WinRAR 是 Windows 系统下一个常用的压缩软件，它支持很多压缩格式，除了".RAR"和".ZIP"格式的文件外，还可以为许多其他格式的文件解压缩，同时，使用这个软件也可以创建自解压可执行文件。

1. 安装 WinRAR

下面以 WinRAR 5.31 中文版为例，介绍 WinRAR 软件的安装。

（1）双击安装文件，打开"WinRAR 5.31 简体中文版"安装窗口，如图 2—22 所示。

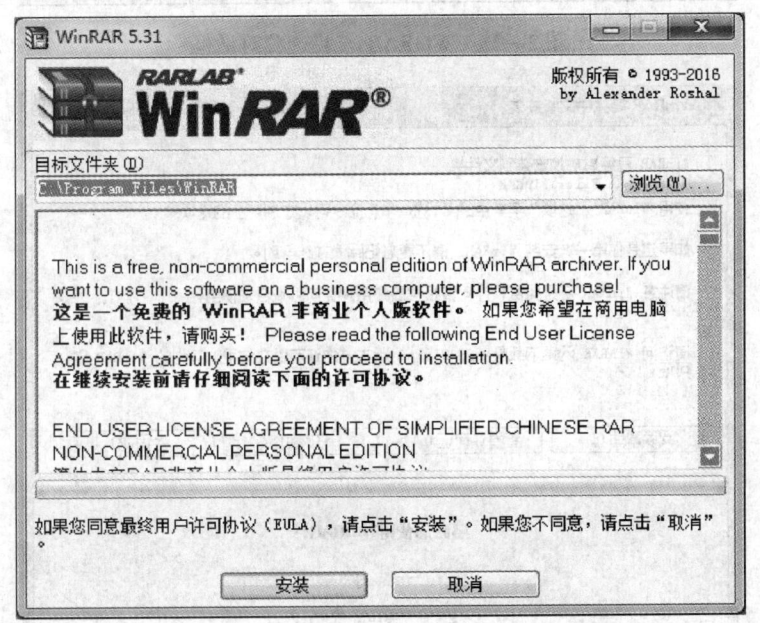

图 2—22　WinRAR 5.31 简体中文版安装窗口

（2）单击"浏览"按钮，选择安装路径，然后单击"安装"按钮，开始安装。

（3）安装完毕后，打开 WinRAR 安装选项对话框，如图 2—23 所示。

（4）一般情况下采用默认设置，单击"确定"按钮，打开 WinRAR 安装完成对话框，如图 2—24 所示，单击"完成"按钮，完成安装。

2. 快速创建压缩文件

（1）在资源管理器窗口或文件夹窗口中，选择需要压缩的文件，然后，在选中的文件上单击鼠标右键，打开快捷菜单，如图 2—25 所示。

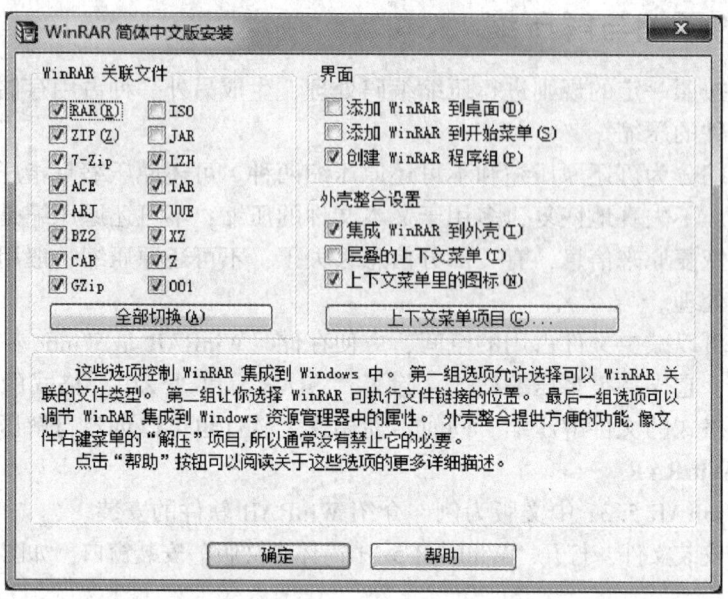

图 2—23　WinRAR 安装选项对话框

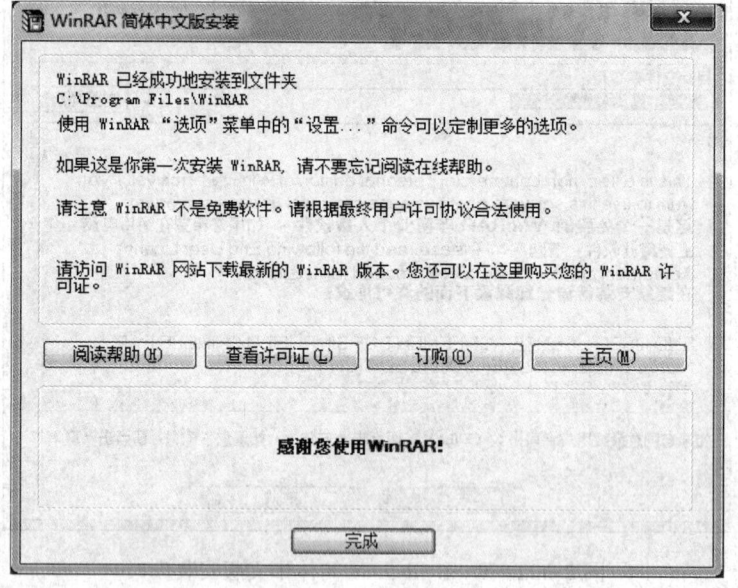

图 2—24　WinRAR 安装完成对话框

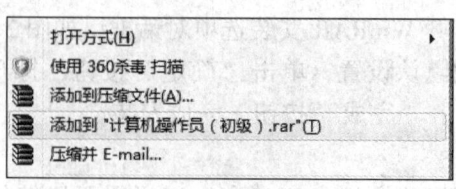

图 2—25　快捷菜单

(2) 在快捷菜单中，选择"添加到'计算机操作员（初级）'.rar"命令，可以立即将选择的文件压缩为"计算机操作员（初级）.rar"压缩文件。在压缩过程中显示压缩进度对话框，压缩完毕后，将在当前文件夹下发现新创建的压缩文件。

3. 创建压缩文件

(1) 在资源管理器窗口或文件夹窗口中，选择要压缩的文件或文件夹，然后在选中的文件上单击鼠标的右键，打开快捷菜单，如图2—25所示。

(2) 选择"添加到压缩文件"命令，打开"压缩文件名和参数"对话框，如图2—26所示。

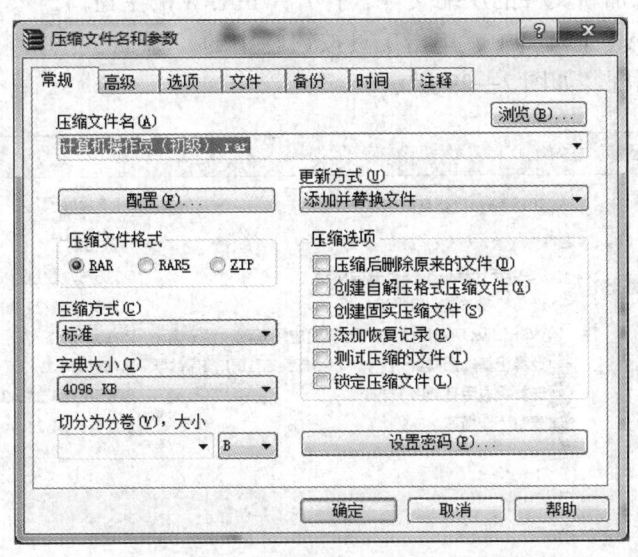

图2—26 "压缩文件名和参数"对话框

(3) 在"压缩文件名"文本框中，可以输入要生成的压缩文件名称。

(4) 单击"浏览"按钮，可以选择压缩文件保存在磁盘的具体位置。

(5) 在"压缩文件格式"栏中，可以选择生成的压缩文件是 RAR 格式（经 WinRAR 压缩形成的文件），还是 ZIP 格式（经 Winzip 压缩形成的文件）。

(6) 在"压缩选项"中，最常用的是"压缩后删除原来的文件"和"创建自解压格式压缩文件"。前者可以在建立压缩文件后删除原来的文件；后者可以创建一个 EXE 可执行文件，能自动解压缩。

(7) 单击"更新方式"下拉列表按钮，打开"更新方式"列表，如图2—27所示。选择一种文件更新的方式。

(8) 单击"压缩方式"下拉列表按钮，打开"压缩方式"列表，如图2—28所示。可以对压缩的比例和压缩的速度进行选择，由上到下压缩比例越来越大，但速度越来越慢。

(9) 设置完成后，单击"确定"按钮，即可生成需要的压缩文件。

4. 添加文件到压缩文件中

要添加新文件到已经存在的压缩文件中，其操作步骤如下：

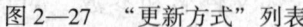
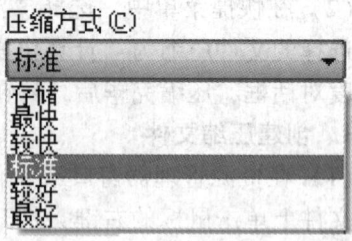

图2—27 "更新方式"列表　　　　　图2—28 "压缩方式"列表

（1）双击要添加新文件的压缩文件，打开 WinRAR 的主窗口。

（2）在 WinRAR 主窗口中，单击工具按钮栏中的"添加"按钮，打开"请选择要添加的文件"对话框，如图2—29所示。

图2—29 "请选择要添加的文件"对话框

（3）选择要添加的新文件，单击"确定"按钮，打开"压缩文件名和参数"对话框，如图2—26所示。

（4）设置完成后，单击"确定"按钮，即可完成添加文件到压缩文件中的操作。

5. 解压缩文件

将压缩文件还原成原来的文件，称为解压缩。解压缩文件的操作有多种方法可供选择。

（1）方法一

1）双击要解压缩的压缩文件，打开 WinRAR 窗口，窗口内显示了压缩文件中所包含的源文件。

2）在窗口内选择需要解压缩的文件，然后可以直接用鼠标拖动该文件到目的文件夹。系统自动将该文件解压缩，并复制到目的文件夹。

（2）方法二

1）双击要解压缩的压缩文件，打开 WinRAR 窗口。

2）单击工具栏中的"解压到"按钮，打开"解压路径和选项"对话框，如图 2—30 所示。

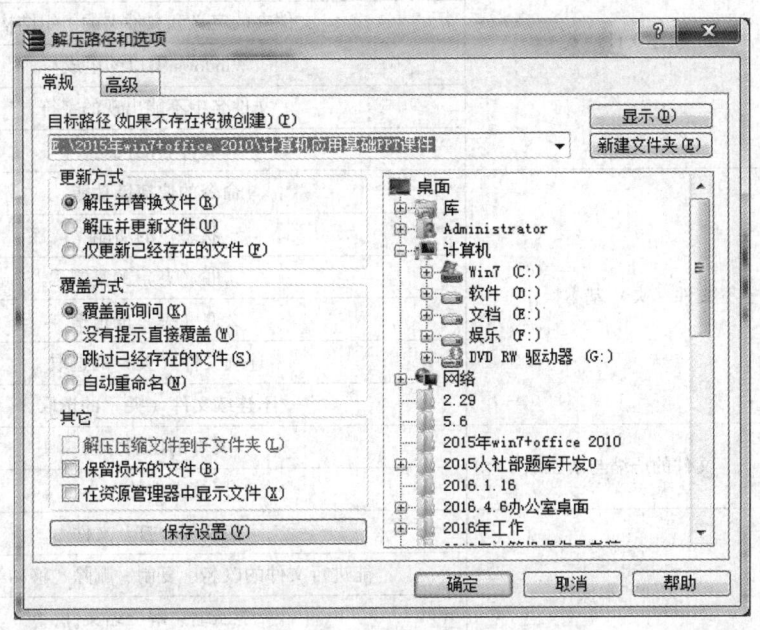

图 2—30 "解压路径和选项"对话框

3）在"目标路径"中，指定解压缩后的文件夹存放在磁盘上的位置。

4）在"更新方式"栏和"覆盖方式"栏中，可以设置在解压缩文件与目标路径中文件出现同名情况时，需要进行的处理选择。

5）设置完成后，单击"确定"按钮，即可进行文件的解压缩操作。

（3）方法三

1）在压缩文件上右击鼠标，打开快捷菜单，如图 2—31 所示。

2）选择"解压到当前文件夹"，表示立刻对文件进行解压缩操作，并将解压缩的文件保存到当前文件夹。

3）选择"解压到计算机应用基础 PPT 课件\"命令，表示对文件进行解压缩操作，并将解压缩后的文件保存到新建的"计算机应用基础 PPT 课件"文件夹中。

4）选择"解压文件"，打开如图 2—30 所示的"解压路径和选项"对话框，在其中可以对解压缩项进行详细设置。

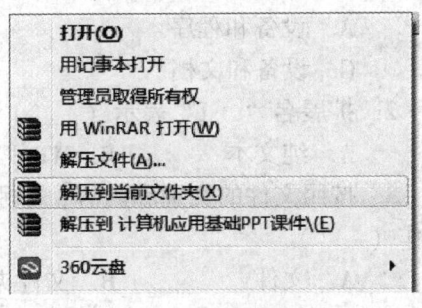

图 2—31 快捷菜单

单元考核要点

考核类型	考核范围	考核点
理论知识	新建文件（夹）	文件的定义
		文件的扩展名
		文件夹的定义和文件夹的组织结构
		Windows 窗口的组成
		文件名中不能出现的字符
		文件名的规定
	文件（夹）基本操作	命令的快捷键功能
		状态栏的功能
		文件（夹）的复制
		文件（夹）的拖拽
		连续文件（夹）的选取
		不连续文件（夹）的选取
	文件的压缩与解压缩	文件的压缩方法
		压缩文件的大小
操作技能	文件基本操作	能新建、打开文件
		能进行文件的改名、复制、删除、移动等操作
		能压缩、解压缩文件
		能创建并进入文件夹，能进行文件分类存储
	文件夹基本操作	能进行文件夹的改名、复制、删除、移动等操作

单元测试题

一、**单项选择题**（下列每题有4个选项，其中只有一项是正确的，请将正确答案的代号填在括号内）

1. 文件是（　　）和其他信息在计算机系统中一种重要的存在形式。
   A. 设备和程序　　　　　　　　　　B. 数据和设备
   C. 设备和文档　　　　　　　　　　D. 数据、程序和文档

2. 扩展名".txt"表示（　　）文件。
   A. 纯文本　　　B. Word　　　C. Outlook　　　D. Excel

3. 按照文件的类别和内容，分别把它们存放在一起，存放这些同类信息的地方，叫作（　　）。
   A. 文件　　　B. 文件夹　　　C. 程序　　　D. 系统

4. Windows 的（　　）也被看作一个文件夹，并且它处于文件夹树的最上层。

A."状态栏"　　　B."桌面"　　　C."菜单栏"　　　D."标题栏"

5. 一般文件夹的菜单栏包括（　　）菜单选项。
　　A. 4个　　　B. 5个　　　C. 6个　　　D. 7个

6. Windows 中，（　　）是窗口的主体部分。
　　A. 工作区　　　B. 地址栏　　　C. 菜单栏　　　D. 标准按钮栏

7. Windows 中，下列（　　）文件名是不合法的。
　　A. 5\c.txt　　　B. 5$c.txt　　　C. 5#c.txt　　　D. 5&c.txt

8. Windows 中，文件名中不可以出现（　　）。
　　A. 空格　　　B. @　　　C. *　　　D. 数字

9. Windows 中，"复制"命令的组合键为（　　）。
　　A.〈Ctrl + A〉　　B.〈Ctrl + X〉　　C.〈Ctrl + C〉　　D.〈Ctrl + V〉

10. 在一个 Windows 窗口中按住〈Ctrl + A〉组合键，则可以（　　）。
　　A. 剪切　　　B. 全选　　　C. 复制　　　D. 粘贴

11. 状态栏显示一些与（　　）相关的提示信息。
　　A. 当前窗口　　B. 上一个窗口　　C. 系统　　　D. 输入法

12. 按下〈Ctrl〉键拖曳文件，这时，就会发现图标阴影中多了一个"+"号，这表示在进行（　　）操作。
　　A. 选择　　　B. 剪切　　　C. 复制　　　D. 删除

13. 要选择（　　）的一组文件，首先选定第一个文件，再按住〈Shift〉键，单击该组的最后一个文件。
　　A. 连续　　　B. 不连续　　C. 不同窗口　　D. 不同用户

14. 要选定两个不连续的文件组，先按〈Shift〉键选择第一组，然后按〈Ctrl〉键选择第二组的第一个文件，最后按（　　）组合键单击第二组的最后一个文件即可。
　　A.〈Ctrl + Space〉　　　　　B.〈Ctrl + Alt〉
　　C.〈Ctrl + Shift〉　　　　　D.〈Shift + Space〉

15. 文件压缩分为（　　）。
　　A. 1种　　　B. 2种　　　C. 3种　　　D. 4种

16. 下列属于文件压缩的是（　　）。
　　A. 可还原压缩　　　　　　　B. 通用性压缩
　　C. 加密压缩　　　　　　　　D. 不可加密压缩

17. 一般情况下，文件（　　）后与原来的容量相比较小。
　　A. 转发　　　B. 移动　　　C. 压缩　　　D. 复制

二、判断题（下列判断正确的请打"√"，错误的请打"×"）

（　　）1. 软件是具有名字的相关联的一组信息的集合。

（　　）2. 扩展名为".docx"的文件是 Excel 文件。

（　　）3. 磁盘中的文件夹及子文件夹按树型结构组织。

（　　）4. 一般文件夹的菜单栏包括七个菜单选项。

（　　）5. 使用标准按钮可以快速地完成菜单栏中某些命令的功能。

(　　) 6. Windows 中，"*"可以出现在文件名中。

(　　) 7. Windows 规定文件名的最大长度不超过 128 个字符。

(　　) 8. 选择"工具"菜单的"状态栏"命令，将在窗口的最底部出现一个状态栏。

(　　) 9. 状态栏显示一些与当前窗口相关的提示信息。

(　　) 10. 按下〈Ctrl〉键拖曳文件，就会发现图标阴影中多了一个"+"号，这表示在进行移动操作。

(　　) 11. 要选择连续的一组文件，首先选定第一个文件，再按住〈Shift〉键，单击该组的最后一个文件。

(　　) 12. 在选择零散分布的文件时要按住〈Shift〉键。

(　　) 13. 对源文件按照一定的规则进行压缩编码处理，生成另外一种占用存储空间较小的目的文件称为文件的压缩。

(　　) 14. 加密文件可以减少文件占用的空间，方便存储。

三、技能题

第一题　在 D 盘的根目录下新建一个文件夹，并将文件夹名改为"CJLXT"。

第二题　将本书附送参考资料中的"计算机初级操作员练习素材"文件夹下的所有文件及文件夹复制到 D 盘上新建的文件夹"CJLXT"下。

单元测试题答案

一、单项选择题

1. D　2. A　3. B　4. B　5. C　6. A　7. A　8. C
9. C　10. B　11. A　12. C　13. A　14. C　15. B　16. A
17. C

二、判断题

1. ×　2. ×　3. √　4. ×　5. √　6. ×　7. ×　8. ×
9. √　10. ×　11. √　12. ×　13. √　14. ×

三、技能题

答案略。

第3单元

文字录入

- 第1节 英文基本录入/72
- 第2节 汉字录入/79

第1节 英文基本录入

→ 掌握正确的坐姿和手指基准位置
→ 掌握录入时手指的基本键位
→ 掌握正确的击键方法
→ 熟悉掌握英文的录入
→ 熟悉掌握数字的录入
→ 熟悉掌握特殊符号的录入

一、坐姿、指法及劳动保护

正确的键盘指法是提高计算机信息输入速度的关键,因此,初学计算机的用户必须从一开始就严格按照正确的键盘指法进行学习,这也是进一步学好汉字输入的基础。

1. 坐姿

(1) 调整椅子的高度,使得前臂与键盘平行,前臂与后臂成角略小于90°;坐姿端正、腰背挺直、两脚平稳踏地;身体微向前倾、双肩放松、两手自然地放在键盘的上方。正确打字的姿势如图3—1所示。

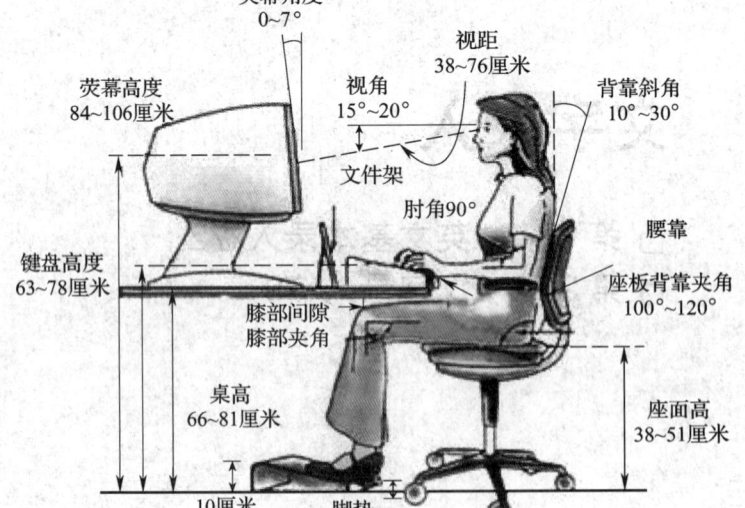

图3—1 正确的打字姿势

(2) 打字时,座椅的高低与打字工作台的高低要适合人体与计算机键盘的距离,约两拳距离(15~30厘米);操作人员的腰杆要保持挺直,身体微向前倾,两脚自然平放,不可弯腰驼背。

（3）手臂、肘、腕、两肩放松，肘与腰部的距离 5～10 厘米。小臂与手腕略向上倾斜，但是手腕不要拱起，手腕与键盘下边边框保持一定的距离（1 厘米左右），不要放在键盘上，也没必要悬太高。

（4）手掌以腕为轴略向上抬起，手指自然弯曲地轻放在键盘上，手指在第二关节处自然弯曲成弧形，左手小指、无名指、中指、食指分别置于"A""S""D""F"键上，右手食指、中指、无名指、小拇指分别置于"J""K""L"";"键上，左右手拇指自然弯曲，轻置于空格键上，如图 3—2 所示。

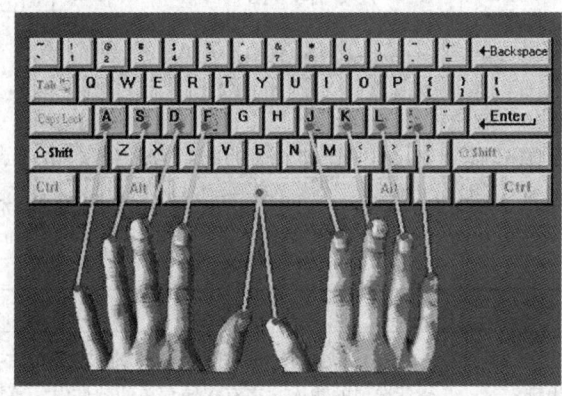

图 3—2　手指的摆放位置

2. 击键方法

键盘操作时，击键用的是冲力，即用手指尖瞬间发力，并立即反弹，使手指迅速回到原位键。

击键时，以指尖垂直向键盘施加冲力，要在瞬间发力，击毕随即缩回，全部动作仅限于手指部分。切不可用手指去压键，以免影响击键速度，而且压键会造成一下输入多个相同的字符。击键不要过重，过重不仅对键盘的寿命有影响，而且易疲劳。另外，幅度较大的击键与恢复需要较长时间，也影响输入速度。当然，击键也不能太轻，太轻会导致击键不到位，也会使差错率升高。

3. 键盘的指法分区

键盘的指法分区就是把键盘上的所有键合理地分配给十个指头，且规定每一个手指头对应哪几个键，这些规定基本上是沿用了原来英文打字机的分配方式，键盘指法的分区，如图 3—3 所示。

键盘中的"A""S""D""F"和"J""K""L"";"这八个键称为基本键（也叫基准键）。基本键是十个手指常驻的位置，其他键都是根据基本键的键位来定位的。在打字的过程中，每个手指只能击打指法图上规定的键，不要击打规定以外的键，不正规的手指分工是后期速度提升的障碍。

空格键由两个大拇指负责，左手击完键后需要空格时用右手拇指击打空格，右手击打完字符键后需要击空格键时用左手拇指击打空格键。

〈Shift〉键是用来进行大小写及其他多字符键转换的，左手的字符键用右手按 Shift 键，右手的字符键用左手按〈Shift〉键。

图 3—3 键盘指法的分区

4. 常用键的功能

键盘是计算机最常用的输入设备，常见的键盘有 101 键和 104 键两种，不同键盘的布局和功能分配基本上是一致的。表 3—1 列出了一部分常用键的含义。

表 3—1　　　　　　　　　　　常用键的含义

按键	名称	含　义
Esc	退出键	在 DOS 状态下，取消刚才输入的选项行，并在屏幕上显示"＼"，等待新选项的输入。在有多层菜单的软件中，通常用于返回上一层菜单或退回到原来的状态
Tab	制表定位键	每按下一次，光标向右移动 8 个字符位置。在一些字处理应用程序中，移动的距离可以由用户指定
Caps Lock	大、小写转换键	控制 Caps Lock 指示灯的亮灭，灯亮表示处于大写字母状态
Shift	换挡键	对于具有上挡字符的键，同时按下〈Shift〉和这样的键输入它的上挡字符；当处于大写字母状态时，同时按下〈Shift〉和字母键输入它的小写字母；当处于小写字母状态时，同时按下〈Shift〉和字母键输入它的大写字母
Ctrl	控制功能键	与其他的键同时组合使用，可以完成某些特定的功能
Alt	组合功能键	与其他的键同时组合使用，可以完成某些特定的功能
Space	空格键	按下可以输入一个空格
Backspace	退格键	删除光标所在位置左边的一个字符
Enter	回车键	结束一行输入，光标移到下一行
Print Screen	打印屏幕键	拷贝屏幕当前显示的全部内容到剪贴板
Pause/Break	暂停屏幕显示键	暂时停止屏幕的滚动，常用于中断程序的执行
Num Lock	数字/编辑转换键	控制 Num Lock 指示灯的亮灭，灯亮表示小键盘处于数字输入状态，灯灭表示小键盘处于编辑输入状态

5. 劳动保护

长期使用不正确的姿势打字会对身体造成损害，所以打字录入工作中，应注意加强劳动保护。为了身体健康应该注意如下事项：

（1）屏幕及键盘应该在用户的正前方，不应该让脖子及手腕处于倾斜的状态。
（2）屏幕的最上方应比眼睛的水平低，且屏幕应该离用户一个手臂的距离。
（3）要坐直，不要半坐半躺。不要让身体处于角度不正的姿势。
（4）大腿应尽量保持和前手臂平行的姿势。
（5）脚应能够轻松平放在地板或脚垫上。
（6）每次打字之前，最好互相摩擦一下自己的手掌及伸展一下自己的手指、手腕。
（7）打字时，手腕不应该放置在桌面上，而应该让其架空在一定的高度上。
（8）暂时不打字时，可把手放在大腿上休息，或让整只手挂在半空中放松一会，让手有足够的时间恢复。每过一个小时，应该最少休息十分钟。能离开座位活动一下，看看远处就更好了。
（9）每看屏幕20分钟应往远处看最少20秒，或闭目休息1分钟。
（10）经常眨眼有帮助眼睛休息及润滑的作用。
（11）尽可能避免反射光，屏幕应保持与窗户或任意光源90°以上的夹角。另外，还要保持一个清洁的屏幕，油垢和灰尘很容易造成反射，增加眼睛的疲劳。
（12）如果经常从纸上读取数据打入计算机，最好能买一个屏幕活页夹，把文件固定在屏幕旁，这样可避免眼睛疲劳。
（13）在屏幕上阅读时，字体应尽可能放大一点，以方便阅读。

二、指法训练要领与要求

1. 指法训练要领

在英文录入训练过程中，要贯彻"各指分工、悬腕打字、坚持盲打、迅速归位、指腕找键、眼观原稿、巧用数字键盘"的要领。

（1）各指分工。十个手指均规定有自己的操作键位区域，任何一个手指不得去按不属于自己分工区域的键，在操作中各个手指必须严格遵守这一规定进行操作。特别是无名指和小指可能在最开始上机操作时，由于不太灵活，很容易出现其他手指"帮忙"的情况。

（2）悬腕打字。应该悬腕打字，不要将手腕搁在桌子上或键盘边框上打，悬腕打字有利于快速输入，有些初学者往往能悬腕但双肩没放松，坚持一会儿就觉得肩酸背痛，这时，只要按正确的姿势调整一下即可。

（3）坚持盲打。在操作中，必须从最开始就坚持盲打操作。即不要用眼睛看键盘，只能通过大脑来想要击的键所处的位置，并指挥相应的手指来完成击键。一开始就要严格要求自己，否则一旦养成错误的习惯，以后再想纠正就很困难了。开始训练时可能会有一些手指不好控制，有点别扭，比如无名指、小指，此时只要坚持几天，就能慢慢习惯了。

（4）迅速归位。要求手指击键完毕后迅速返回起始位置。这样，再击其他键时，平均移动的距离会比较短，因而有利于提高击键速度。

（5）指腕找键。寻找键位必须依靠手指和手腕的灵活运动，不能靠整个手臂的运动来找。

(6) 眼观原稿。打字员和专业录入人员在训练中还应注意，眼睛不仅不能看键盘，同时也不能看屏幕，只可看要录入的纸稿。这样才能训练出真正意义上的快速专业盲打人员。

(7) 巧用数字键盘。小数字键盘的训练也是很有必要的，特别是对于从事经常同数字打交道的工作（如财务、金融、统计等）来说尤其如此，因为小键盘范围小，一只手就可以操作，另一只手可以解放出来翻看原始单据，输数字的速度要比用主键盘的数字键快很多。

2. 指法训练要求

通过练习，应该达到如下要求：

（1）能够在10分钟内，以每分钟不低于80个英文字符的速度，使用计算机键盘输入指定的新闻、文学类文稿，错误率不高于千分之六。

（2）能够在10分钟内，以每分钟不低于80个英文字符的速度，使用计算机键盘输入指定的社科、科技类文稿，错误率不高于千分之六。

提示：

指法练习阶段就是一个由生到熟、由慢到快的渐进过程，不能急躁。在进行指法训练时，要严格按各指的分工击键，养成良好的习惯。

三、英文标点符号和特殊符号录入

1. 英文标点符号用法

了解英文标点符号用法，对于更好地完成英文打字，提高工作效率很有帮助。下面简要介绍英文标点符号的用法。

（1）句号（.）

1) 句号用以表示一个句子的结束。

例如：Hockey is a popular sport in Canada.

2) 句号也可以用于表示缩写。

例如：B. C. is the province located on the West Coast.

　　　Dr. Bethune was a Canadian who worked in China.

　　　The company is located at 888 Bay St. in Toronto.

　　　It is 4：00 p. m. in Halifax right now.

（2）问号（?）。在句子的结尾使用问号表示是直接疑问句。

例如：How many provinces are there in Canada?

（3）叹号（!）。在句子的结尾使用叹号表示惊讶、兴奋等情绪。

例如：We won the Stanley Cup!

　　　The forest is on fire!

（4）逗号（,）

1) 逗号用于表示句子中的停顿。

例如：Therefore, we should write a letter to the prime minister.

2）逗号在疑问句中用于引出说话人。

例如:"I can come today,"she said,"but not tomorrow."

3）逗号用于排列三个或以上的名词。

例如：Ontario, Quebec, and B. C. are the three biggest provinces.

4）逗号可以引出定语从句。

例如：Emily Carr, who was born in 1871, was a great painter.

（5）单引号（'）。单引号可以表示所有格或缩写，还可表示时间"分"或长度"英尺"。

例如：This is David's computer.

These are the players' things.

I don't know how to fix it.

（6）引号（"）。引号表示直接引用说话，也可以表示"秒"或"英寸"。

例如：The prime minister said,"We will win the election."

4'12"（表示时间 4 分 12 秒；表示长度 4 英尺 12 英寸）。

（7）冒号（:）。冒号用于引出一系列名词或较长的引语。

例如：There are three positions in hockey: goalie, defense, and forward.

The prime minister said:"We will fight. We will not give up. We will win the next election."

（8）分号（;）

1）分号用于将两个相关的句子连接起来。

例如：The festival is very popular; people from all over the world visit each year.

2）分号可以和逗号一同使用并列一系列名词。

例如：The three biggest cities in Canada are Toronto, Ontario; Montreal, Quebec; and Vancouver, B. C.

（9）破折号（—）

1）破折号表示在一个句子前作总结。

例如：Mild, wet, and cloudy—these are the characteristics of weather in Vancouver.

2）破折号表示某人在说话过程中被打断。

例如：The woman said,"I want to ask—" when the earthquake began to，shake the room.

（10）连字符（-）。连字符表示连接两个单词、加前缀或在数字中使用。

例如：sweet - smelling; fire - resistant;

anti - Canadian; non - contact.

one - quarter; twenty - three.

（11）圆括号。圆括号主要用于句子内容的补充说明，可以括出例证、引文出处、参见、补充说明等解释性文字。具体来说包括：括出表示列举的数字或字母，括出可省略的词语，括出注释中刊物的出版地、出版商及出版年代等内容，括出可供选择的内容等。

例如：Emily Dickenson (1830—1886) was a great poet in American literature.

You should finish three subjects by the end of this term (1) Chinese, (2) Maths, (3) English.

It seems (to me) that he is not so honest.

Please indicate the lecture (s) you would like to attend.

(12) 方括号。方括号通常是写作中用来表达意见、评论，或用于进行内容更正的专用符号；对原文加以修正；括出剧本中的舞台提示；作圆括号内的括号等。

例如：The author of Ode to the West Wind [P. B. Shelly] exerts a great influence on many later poets.

She was born in 1978. [actually 1979]

Jones：[waving his arms] Away with you!

(This is the color [red] that she wants.)

(13) 省略号（…）。省略号（又称删节号），通常用来表示引文中的省略部分或话语中未能说完的部分，也可表示语句中的断续、停顿、犹豫。

例如："…the book is lively…and well written."

"I'd…like to know…if he…wants to go or…"

(14) 斜线号（/）。斜线号的主要功能是分隔作用，用于分隔可替换词、可并列词，表示某些缩略语，速度、度量衡等单位中和某些单位组合中，用于诗歌分行等。

例如：It could be for teachers and/or students.

The route will be China/Korea/Japan.

c/o (care of)　　h/w (husband and wife)

654 km/hr　　　90 ft/sec

2. 英文标点符号和特殊符号录入须知

(1) £ （英镑）。符号在前，数字在后，中间不空格。

(2) $ （美元）。符号在前，数字在后，中间不空格。

(3) % （百分号）。数字在前，符号在后，中间不空格。

(4) & (and)。前后各空一格。

(5) 单引号。用在缩写词中，或表示所有格，前后不空格。

(6) 引号、括号。引号、括号内不空格，引号、括号外各空一格。若括号或第二个引号后有标点，那么中间不空格，打完标点后再空格。如果引号中还有引号，里面的引号应使用单引号。

(7) / （斜线）。前后不空格。若用于表示带分数，则整数部分与分数之间要留一空格。

(8) 句点。在句末作句号用，后空两格；用在缩写词后，其后空一格。但若这些缩写词后有其他标点，那么与其后面的标点之间不空格，打完其他标点再空格。多个缩写字母连写，句点与字母之间不留空格。作小数点用，后不空格。

High St., HongKong.　　　U.S.A.　　3.14

(9) 冒号。表示提示时，后空两格；表示钟点时，前后不空格。

The Question remains：What would be the best?

第 2 节 汉字录入

→ 了解汉字输入法的种类
→ 了解中文标点符号的用法
→ 掌握微软拼音输入法
→ 掌握五笔字型输入法

一、汉字录入的有关知识

1. 汉字输入方法分类

汉字信息是文字信息中的一大类,为了使计算机能处理汉字信息,就要对汉字进行编码,利用通用的键盘来输入汉字。据统计,当前共有 400 多种中文编码方式,按照编码的方法不同,可以分为以下几种:

(1) 流水码。例如,电报码、区位码等,一字一码,记忆难度大,应用领域窄。

(2) 音码。以汉语拼音为基础的编码方案,例如,全拼输入法、双拼输入法、简拼输入法等。优点是易学易用,但由于汉字中同音字众多,输入速度会受到限制。

(3) 形码。对汉字的字形进行研究,制定汉字拆分的方法,把汉字拆成若干字根进行输入,例如,五笔字型等输入方法。其特点是输入的效率高、重码率很低,但是由于要记忆汉字的拆分方法,学习起来有一定的难度。

(4) 音形混合码。兼有音码易学、形码效率高的特点,在实际使用中用得较多。例如,自然码、智能 ABC 输入法等。

当然,还有许多新的汉字输入法,例如,语音识别、手写输入、扫描输入等。不过,通过键盘输入汉字仍是目前使用最多的一种方式。

在众多的汉字输入法中,真正有实用价值的不过几十种。其实,中文输入法软件只是一种工具,用户只要能较熟练地掌握一两种就足够了。选择最适合自己特点的输入法十分重要,一定要扬长避短,发挥自己的优势,才能事半功倍。

2. 汉字录入

汉字录入的指法以标准的英文指法为基础。汉字录入的过程可以分为编码、重码选择、确定输入三个步骤。编码就是将汉字按照一定规则变成普通英文键盘可以输入的代码,编码的规则有流水码、音码、形码、音形混合码等。除了流水码以外的其他编码都可能会出现几个汉字编码相同的情况,称为重码。如果出现重码,计算机会将重码的汉字全部显示出来,供用户选择其中的一个,这就是重码选择。选定的汉字经过确认后,该汉字将被输入。

3. 汉字录入要求

(1) 能够在 10 分钟内,以每分钟不低于 45 个汉字的速度,使用计算机键盘输入指定的文稿,错误率不高于千分之六。

(2) 能够在10分钟内,以每分钟不低于45个汉字或80个英文字符的速度,使用计算机键盘输入指定的新闻、文学类中英文文稿,错误率不高于千分之六。

4. 中文标点符号的种类及用法

中文标点符号分为点号和标号两类。点号的作用是点断,表示话语的停顿或语气。标号的作用主要在于标明语句、词、字、符号等的性质和作用。

(1) 点号

1) 句号(。或.)。用于表示完整句末、舒缓语气祈使句末的停顿。句点"."用在数理科学著作和科技文献中。

2) 问号(?)。用于表示疑问句末、反问句末的停顿,也用于作为存疑的标号。

3) 叹号(!)。用于表示感叹句末、强烈祈使句和反问句末的停顿。

4) 逗号(,)。用于表示主谓语句、动词或宾语间、句首状语后、后置定(状)语前、复句内各分句间的停顿。

5) 顿号(、)。用于表示句子内部并列字、词语、术语间的停顿。

6) 分号(;)。用于表示复句内并列分句间、并列多重复句第一层分间、总分复句中分说分句间、非并列多重复句内第一层分句间、并列事项分项间的停顿。

7) 冒号(:)。用在称呼语后面,提起下文或总结上文。

(2) 标号

1) 引号(""、'')。用于标明直接引用的话语、着重论述的对象、特指等。引号内还有引号时,内用单引号。

2) 括号(()〈〉〔〕{}〔〕)。用于标明文内说明性或解释性话语,分层标明时按"()""〔〕""{}"次序括引。"〔〕"和"[ ]"为专用标号。

3) 破折号(——)。用于标明文内说明或解释的话语,表示转折、话题的突然转变、象声词声音的延长及分项说事的分承。

4) 省略号(……)。用于标明引文、举例的省略,说话的断续等。整段、整行的省略单占一行,可用12个点。数学公式、外文中用3个点。

5) 连接号(—、~、-)。用于标明两个相关词或名称连在一块构成一个意义单位,数字、地点、时间的范围或起止(数字间用~)。"-"(半字线)多用于外文与汉字、外文与数字以及外文复合词间。

6) 间隔号(·)。用于标明外国人名和我国某些少数民族的汉语名与姓之间、书名与篇(卷、章)名之间的分界。

7) 着重点(.)。用于标明著作者特别强调的字、词或话语。

8) 书名号(《 》、〈 〉)。用在书名、刊名、报名、文章名、作品名前后,标明作品、刊物、报纸、剧作等。

9) 撇号(' 、´)。外文中表示省略、复数、所有格等;汉语拼音中用作隔音符号,年代中用于省略、表示某一年代;科技符号中另有专门用途。

10) 比号(:)。用于表示(两个)数的比例关系。

11) 左斜线(/)。分数中作为分数线,对比关系中表示"比"的关系,数学运算式中代表"除号",组对关系中代表"和"字,在有分母的组合单位符号中代表"每"

字,在句子分层中作为分隔号。

12)上数点(.)。用于分隔整数和小数。小数点与作为句末点号用的句点和表示缩写的缩写点形式相同,但含义和置放位置不同。

13)缩写点(.)。外文用于表示省略。科技符号中另有不同用途。

14)标注号(*)。用于行文标题中引出注释或说明文字。科技符号中另有不同用途。

15)隐讳号(×)。用于代替行文中回避等不便写出的文字或话语。

16)空缺号(□)。用于代替引文中缺、损等无法确认的文字。

二、拼音输入法

1. 选择输入法

语言栏 位于任务栏右端,通过它可以快速更改输入语言或键盘布局。可以将语言栏移动到屏幕的任何位置,也可以将其最小化到任务栏或隐藏它。

Windows 7 安装后默认的输入状态是英文,如要输入汉字,需要打开汉字输入法,可以通过语言栏进行切换。选择输入法有多种方法:

(1)用鼠标单击语言栏上的按钮 ,弹出"中文输入法"列表菜单,如图3—4所示,选择想要的中文输入法即可。

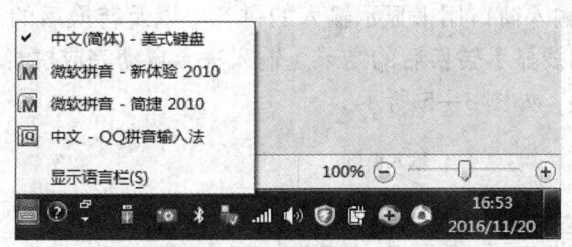

图3—4 "中文输入法"列表菜单

(2)也可以通过快捷键快速打开汉字输入法,同时按下〈Ctrl+空格键〉组合键,可以打开或者关闭汉字输入法,实现中英文输入法之间的切换。

(3)如果安装了几种汉字输入法,可以在按下〈Ctrl〉键的同时不断按〈Shift〉键,可以在英文状态和各种汉字输入法之间循环切换。

提示:

如果在屏幕上看不到语言栏,语言栏可能是被最小化到任务栏上了,可以在任务栏的右端找到它。单击语言栏上的还原小图标,或单击语言栏的按钮 ,在弹出的菜单中选择"显示语言栏"选项,就可以在屏幕上看到语言栏了。

2. 微软拼音输入法

微软拼音输入法采用拼音作为汉字的录入方式,只要知道汉字读音,就可以录入汉字,使用起来非常简单。只需用它连续输入整句话的汉语拼音,系统即可自动选出拼音所对应最可能的汉字,免去了用户逐字、逐词进行同音字(词)选择的麻烦。此外它还具有自学习、用户自造词等功能，经过与用户进行很短一段时间的交互操作后，会适应用户的专业术语和句法习惯，这样很容易一次输入语句成功，基本上不需要用户选择重码，从而大大提高输入效率。

要打开微软拼音输入法，只需用鼠标单击语言栏按钮 ▉，在弹出的菜单中选择〈微软拼音－新体验2010〉即可，如图3—4所示。也可以在按下〈Ctrl〉键的同时不断按〈Shift〉键，切换中文输入法，直到微软拼音输入法状态条出现为止。

（1）输入法状态条。打开微软拼音输入法后将出现输入法状态条 ▉，主要用于表示当前的输入状态，单击状态条上的按钮可以切换输入状态或者激活菜单。状态条上各图标的功能如下所示：

1）微软拼音输入法按钮 ▉。激活输入法菜单。

2）中文/英文切换按钮。▉ 表示中文输入，▉ 表示英文输入。

3）中/英文标点切换按钮。▉ 表示中文标点，▉ 表示英文标点。

4）开启/关闭输入板按钮 ▉。打开或关闭输入板。

5）功能设置 ▉。打开功能菜单。

6）帮助开关 ▉。打开帮助。

（2）输入法的显示窗口

1）输入窗口。输入窗口用来显示输入的拼音串以及转换后的汉字。实下划线显示输入的拼音，虚下划线显示转换后的结果。输入法会自动完成拼音转汉字的过程，也可以按空格键强制转换，如图3—5所示。

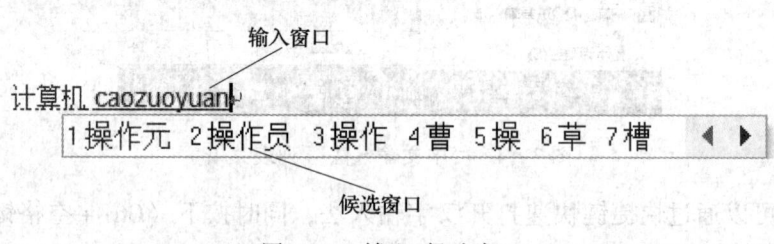

图3—5 输入/候选窗口

2）候选窗口。候选窗口列出了具有相同读音的汉字或词组，如果设置了逐键提示，候选窗口总伴随着键入的拼音，如图3—5所示。

第1号候选字或词是微软拼音输入法预测的转换结果，按空格键选择它。其他候选项列出了符合拼音的汉字或词组，可以用鼠标或数字键选择。要在候选窗口中翻页，可以使用〈Page Up〉键和〈Page Down〉键，或者加、减号及方括号。

（3）输入方式。Windows 7所带的微软拼音输入法有新体验、经典和ABC 3种输入风格，从拼音组成上，分为全拼和双拼两种拼音方式，可以在"微软拼音输入法输入选项"对话框中进行设置。双击微软拼音输入法状态栏上功能菜单按钮 ▉，打开功能菜单，如图3—6所示；在弹出的菜单中选择"输入选项"选项，打开"微软拼音新体验风格2010输入选项"对话框，如图3—7所示。

文字录入

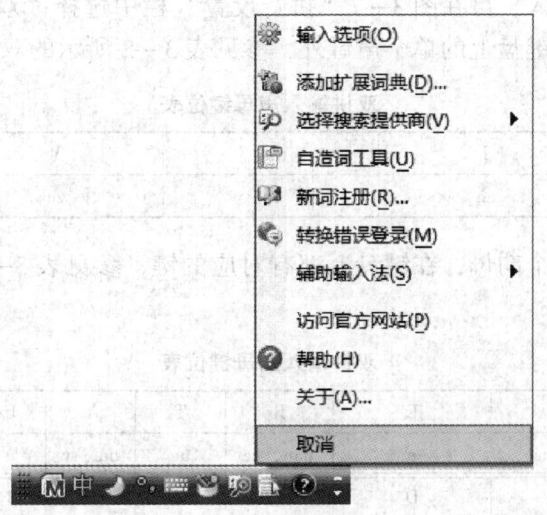

图3—6　功能菜单

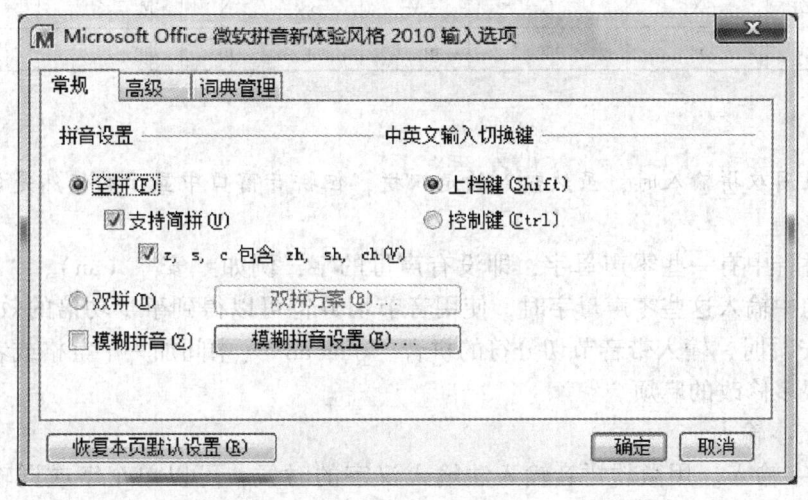

图3—7　"微软拼音新体验风格2010输入选项"对话框

1）全拼输入法。要使用全拼输入法，可在图3—7上选择"拼音设置"栏中的"全拼"单选项，此外，还可以勾选"支持简拼"复选项。

在"纯全拼"输入模式下，每个汉字都要用完整的拼音输入；而在简拼输入模式下，可以只用声母来输入汉字，比如"微软（wr）""输入法（shrf）"等。使用简拼输入可以减少击键次数，但通常候选多、转换准确率较低。这时可以不只是输入每个字的声母，把其中某个字的韵母也输入上，得到想要的候选字的可能性更大一些，如想要输入"围绕"，在使用"wr"输入的时候，不能马上得到，可以键入"wrao"，这样"围绕"就出现在第一个候选词上了。

2）双拼输入法。为了提高输入速度，可采用双拼输入，输入一个汉字需要两个键，第一个键作为声母，第二个键作为韵母。使用双拼输入可以减少击键次数，提高汉字输入的速度，但需要记忆双拼的键位对应。

如要使用双拼输入,可在图3—7"拼音设置"栏中选择"双拼"按钮。有关双拼声母键的定义,除了键盘上的单个声母外,参见表3—2所示的双拼输入声母键位表。

表3—2　　　　　　　　　　双拼输入声母键位表

键位	I	U	V	O
声母	ch	sh	zh	零声母

此外,对于每一个韵母,在键盘上都有对应的键,参见表3—3所示的双拼输入韵母键位表。

表3—3　　　　　　　　　　双拼输入韵母键位表

键位	Q	W	E	R	T	Y	U	I	O	P
韵母	iu	ia, ua	e	uan, er	ue	uai, v	u	i	o, uo	un
键位	A	S	D	F	G	H	J	K	L	:
韵母	a	ong, iong	uang, iang	en	eng	ang	an	ao	ai	ing
键位	Z	X	C	V	B	N	M			
韵母	ei	ie	iao	ui, ü	ou	in	ian			

提示:
用户采用双拼输入时,虽然输入的是双拼,但拼音窗口中显示的仍然是该音节的全拼形式。

汉语拼音中有一些零声母字,即没有声母的字,例如"安"(an)、"欧"(ou)等。在语句中输入这些零声母字时,使用音节切分符可以得到事半功倍的效果。例如,输入"平安"时,输入带音节切分符的拼音"ping an"(中间加一个空格或者单引号),可以省去很多修改的麻烦。

(4) 文本输入

1) 汉字输入。用微软拼音输入法输入汉字的时候,可以单个字或词输入,也可以直接整句输入。在输入语句时,发现有错别字不用忙于修正,最好是在确认语句之前对整句一起修改,因为在输入的过程中,微软拼音输入法会根据上下文自动做出调整,将语句修改为它认为最可能的形式,经过它调整之后,很多错误往往会自动消失。

但在有些情况下,输入法自动转换的结果可能不是用户需要的,此时可以通过输入法提供的候选字(词)功能加以适当修改。

可以通过左右方向键定位候选字或词,在这里左右方向键的作用是循环的。也就是说,当光标到达输入窗口句首时,再按左方向键,光标将移到最后一个字之前。当光标到达输入窗口句尾时,再按右方向键,光标将移到第一个字之前。

2) 英文输入。如果要连续输入较多的英文,单击状态条上的中文输入按钮 中,使其变为英文输入按钮 英,这样就可以在纯英文状态下输入英文单词。如果在中文输入状态,只混有少量的英文单词,那么可以在英文转换为汉字之前按回车,这样输入的是英文。如输入英文单词"party",在未经任何转换时按回车键,即可得到"party"。

提示:

切换中文和英文输入状态除了可以用鼠标单击输入法状态栏上的"中/英文输入"按钮外,还可以通过按〈Shift〉键来切换,这样切换起来更加方便。

3)标点符号输入。微软拼音输入法也定义了标点符号的候选符号,可以在输入拼音之后接着输入想要的标点符号。错误的标点符号也可以用前面介绍的方法从候选窗口中选取,如果不跟在拼音后输入而是直接输入标点符号,这样不出现标点符号候选窗口。

标点符号有中文标点和英文标点两种,用户可以单击"输入法状态条"上的中/英文标点切换按钮完成中文标点和英文标点输入切换,用鼠标单击英文标点符号按钮 ,就可以将其切换到中文标点输入状态;反之单击中文标点符号按钮 ,就可以将其切换到英文标点输入状态。

(5)其他设置

1)自造词。使用自造词功能可以定义输入法主词典中(不包括专业词库)没有收录的词语,也可以为常用短语、缩略语定义快捷键提高输入速度。

单击输入法状态条上"功能菜单"按钮,在弹出的菜单中选择"自造词工具"选项,便可打开"微软拼音输入法 2010 自造词工具 – [自造词]"窗口,如图 3—8 所示,在这个窗口可以进行自造词的一些设置。

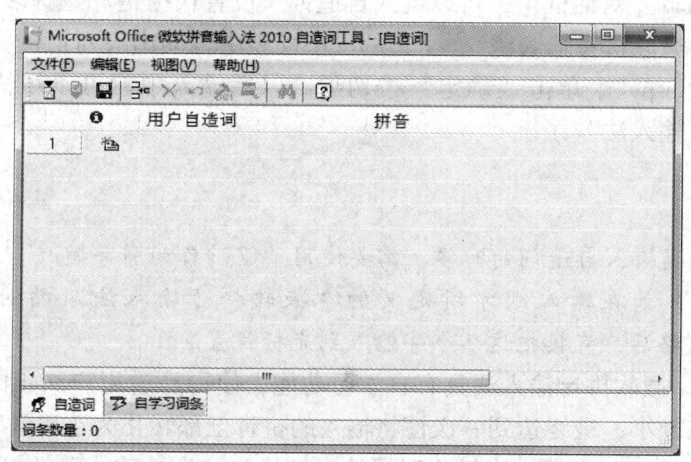

图 3—8 "微软拼音输入法 2010 自造词工具 – [自造词]"窗口

微软拼音输入法支持两类自造词;一类是能用拼音输入的,由 2~9 个汉字构成的标准自造词,另一类是扩展的自造词,只能用快捷键输入,可由汉字、英文字母和标点符号等构成,最多由 255 个字符组成,但不能包含空格、制表符及其他控制字符。

可以单击"微软拼音输入法 2010 自造词工具 – [自造词]"窗口中的"增加一个空白词条"按钮 ,打开"词条编辑"对话框,如图 3—9 所示。

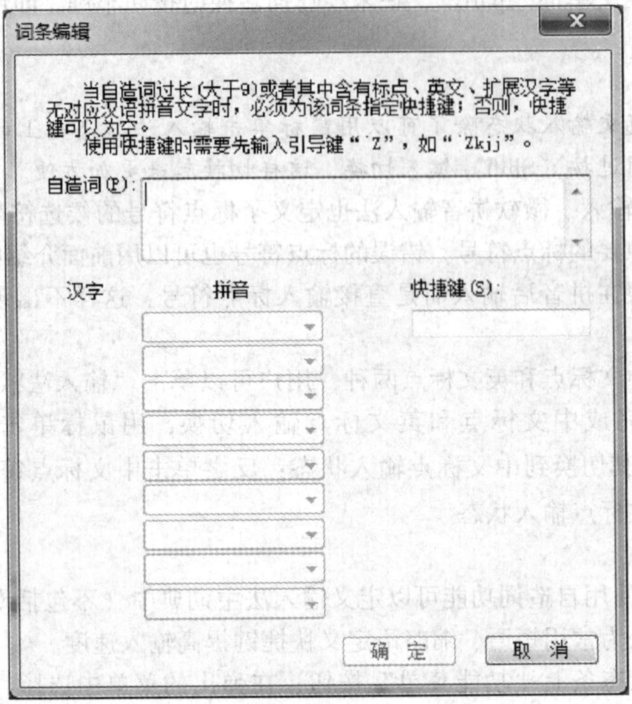

图3—9 "词条编辑"对话框

在"词条编辑"对话框中,可以键入自造词、设置快捷键和选择多音字的拼音等。如输入自造词"微软拼音输入法",下边的汉字列表中自动出现对应的拼音,为自造词定义快捷键为"mspy",单击"确定"按钮后。以后输入中就可以用快捷键"'mspy"输入"微软拼音输入法"了。

提示:

在使用快捷键输入自造词的时候,需要使用"'Z"作为引导键("'"是〈Tab〉键上方的那个键),如在输入刚才所定义的"微软拼音输入法"的时候,需要输入"'Zmspy",按空格后,直接把这7个字输入到光标位置。

2) 自学习。微软拼音输入法具有自学习功能,使得经过用户纠正的错字、错误重现的可能性越来越小,最终达到一次性将输入的拼音全部转化为正确汉字的目的。

例如"智能输入"在第一次输入时可能会转换为"职能输入"。此时只要把光标移到"职能"之前,候选窗口就会自动弹出,从候选窗口中选取"智能"一词,再按回车键确认,输入法就会进行学习。此后输入"zhinengshuru",系统就能够正确转换为"智能输入"。

在图3—8所示的"微软拼音输入法2010自造词工具 - [自造词]"窗口中,打开"自学习词条"选项卡,可以打开自学习词条列表。自学习词条是输入法自动学习的,不能添加、导入或者编辑它们。这些词条可以删除,将它们移到自造词词典中或者导出到文本文件。

三、五笔字型输入法

五笔字型汉字输入法由王永民教授于 1986 年发明。该输入法将汉字的笔画科学地归纳为 5 种，所以称为"五笔字型输入法"。又因由王码计算机公司软件中心王永民教授发明，所以也称为"王码五笔"。在众多输入法中，五笔字型输入法已成为我国目前影响最大、普及最广的输入法。其主要特点如下：

（1）输入速度快。每个汉字最多输入四键，常用字一般输入二到三键，且兼容词汇输入方式。

（2）拆分汉字的方式直观。五笔字型对大多数汉字的拆分都符合人们的思维习惯，拆分的过程一目了然。

（3）以字型为输入依据。只要会写的汉字就能输入。

（4）通用性强。目前，五笔字型可挂接在几乎所有的汉字系统上。

1. 汉字字形结构分析

五笔字型编码属于形码，其基本思想是将汉字划分为笔画、字根、汉字三个层次。笔画组合为字根，字根按一定的位置关系构成汉字。在汉字输入时，按照人们的习惯书写顺序，以字根为基本单位来拆分汉字依序编码，录入计算机。

（1）汉字的五种笔画。在书写汉字时，不间断地一次连续写成的一个线段叫作汉字笔画。在五笔字型中，将汉字的笔画按书写走向分为 5 种类型，即横、竖、撇、捺、折（见表 3—4）。为了便于记忆和应用，根据其使用频率的高低，依次用 1、2、3、4、5 作为代号。

表 3—4　　　　　　　　　　汉字的 5 种笔画

代号	笔画名称	笔画走向	笔画及其变形
1	横	左→右	一 丿
2	竖	上→下	丨 丨
3	撇	右上→左下	丿 丿
4	捺	左上→右下	丶 丶
5	折	带转折	乙 乚 ㄱ ㄟ ㄑ

由表 3—4 可见，除基本笔画外，还对汉字的具体形态结构中的笔势变形进行了归类，例如：提笔归为横类、右竖钩归为竖类、点点归为捺类、一切带拐变的笔画者归为折类。这样，任何一个汉字都可以由这 5 种笔画组字了，这其实就是五笔画编码的根据。但由于有的汉字笔画较多，编码时，不但代码位数冗长，同时也失去了拼形文字的直观性，因此在"五笔字型"方案中，规定以字根作为基本单位编码，而笔画只在非基本字根或交叉识别码中起一种辅助作用。

（2）汉字的 3 种字型。根据构成汉字的各字根之间的相对位置关系，汉字可以分为 3 种类型，即左右型、上下型、杂合型，根据各种类型拥有汉字的多少用 1～3 编号，见表 3—5。

表 3—5　　　　　　　　　　　汉字的 3 种字型

字型代号	字型	字型特点	字例
1	左右	字根之间可有间距，总体左右排列	河浏到结湘
2	上下	字根之间可有间距，总体上下排列	字意花华莫
3	杂合	字根之间虽有间距，但不分上下左右浑然一体，不分块或虽能分块但块与块之间没有明显上下左右关系的字	困凶这司乘

表 3—5 中左右、上下型称为合体字，是两部分合在一起的汉字（如"河"字）。杂合型是指各个部分之间不能明确划分左右或者上下关系。

汉字的图形特征，是识别汉字的一个重要依据。如"口"和"巴"左右排列为"吧"，而上下排列则为"邑"，若要向计算机输入"吧"和"邑"字，除了键入组成它们的字根外，还必须告诉计算机键入的字根是以什么方式排列的，即补充键入一个字型信息。

(3) 汉字的 4 种结构。一切汉字都是由基本字根拼合而成的。基本字根在组成汉字时，按照它们之间的位置关系可以分为 4 种类型，即单、散、连、交。

1）单。指基本字根本身就单独成为一个汉字，如口、金、木、马、车、斤等。这种单字根叫作成字字根，它们的取码有专门规定。

2）散。构成汉字的基本字根之间有一定的间隔，既不相连也不相交。只有散结构，才有左右、上下型汉字，如汉、湘、字、意、照等。

3）连。连有两种意义，一种是指一个基本字根与一单笔画相连，如"丿"下连"目"成为"自"，"勹"下连"、"成为"久"，"丿"连"立"成为"产"等。其中单笔画可连前也可连后。另一种是指"带点结构"，如"术、主、勺、太、斗、义、头"等。这种一个基本字根之前或之后的孤立点，一律视作与基本字根相连。所以，连笔字根结构均属于"3"型汉字。

4）交。指几个基本字根交叉套叠之后组成的汉字，例如："农"是由"冖丿丨ㄟ"；"里"是由"日土"；"夷"是由"一弓人"交叉而成的。这类结构均属于"3"型汉字。

2. 五笔字型编码基础

五笔字型的编码是遵从人们书写汉字时的习惯顺序，将字根按一定位置关系拼起来构成汉字的。字根是构成汉字的最基本的单位。

(1) 字根的选取。由若干笔画交叉连接而形成的相对不变的结构叫作字根。对那些组字能力强且在日常汉语文字中出现次数多的字根，称为基本字根。字根不像汉字有公认的标准和一定的数量，不同的研究者、不同的应用目的，其选定的标准和数量差异可能很大，例如：可以把"里"选作一个字根，也可把它拆分为"日"和"土"或"甲"和"二"两个字根，还可将它拆成"田"和"土"两个字根。

从汉字输入编码应用角度考虑，字根数量要适当，太多难记忆，也难于在标准键盘上安装，太少会增加码长或重码，五笔字型方案中经过大量统计和反复试用最后选定了 130 个基本字根。其筛选的原则是：组字能力强，而且在汉语中出现频度高，这些字根可以按较为统一的规则拼形组成汉字。

按照起笔代号，130 个基本字根可以分为五个大区，每个区又分为五个位，每位占一个英文字母键位，命名区号和位号（十位数为区号，个位数为位号），以 11～55 共 25 个代码表示。

（2）末笔字型交叉识别码。利用现有计算机标准键盘，由于汉字编码方案所选取的字根数超过英文字键数，同一键位上必须排列几个字根，而共键字根具有相同的字根码，因此，使某些汉字产生重码。

在前述笔画代号和字型代号中介绍过，为了减少重码，部分汉字在键入其字根之后，还要键入它的末笔笔形代号；有的汉字在键入字根之后，还有必要键入它的字型代号。把末笔代号和字型代号合并成一组，以末笔代号为区号，字型代号为位号，构成一个两位数，这就是"末笔字型交叉识别码"加到字根码后来区分。这样就可以有效地减少重码。

由于笔画共有 5 种，字型分为 3 种，所以末笔字型交叉识别码共有 5×3＝15 种，见表 3—6。

表 3—6　　　　　　　　　　　　末笔字型交叉识别码

字型 笔形	左右型 1	上下型 2	杂合型 3
横 1	11（G）	12（F）	13（D）
竖 2	21（H）	22（J）	23（K）
撇 3	31（T）	32（R）	33（E）
捺 4	41（Y）	42（U）	43（I）
折 5	51（N）	52（B）	53（V）

（3）汉字的拆分原则。在使用五笔字型给汉字编码时，必须把汉字拆分成基本字根。对于单结构，汉字本身就是一个基本字根，无法再拆分。对于散的结构，由于字根之间保持一定的距离，不连也不相交，只要按书写顺序进行拆分就可以了。因此汉字拆分的难点主要是连、交结构或交连混合结构的汉字（即单体字）的拆分。

一个单体字拆分成为几个基本字根，应掌握以下原则：

1）连笔结构。连笔结构汉字应拆分成为单笔与基本字根，例如：

千：丿十　　　户：丶尸　　　自：丿目　　　正：一止
于：一十　　　不：一小　　　下：一卜　　　且：月一
主：丶王　　　入：人丶　　　久：勹丶　　　义：丶乂
生：丿主　　　太：大丶　　　术：木丶　　　斗：冫十
升：丿廾　　　才：十丿　　　头：丶大　　　卫：卩一
习：乙冫　　　亏：二乙　　　刁：乙一　　　灭：一火
歹：一夕　　　刃：刀丶　　　凡：几丶

2）交叉结构或交连混合结构。按书写顺序拆分成几个最大的基本字根，以增加一笔不能构成基本字根来决定笔画分组，例如："朱"只能拆成"⺊、小"，而不能拆成

"牛、八"（"牛"不是基本字根），也不能拆成"亠、丨、小"（因为这样拆不是取的最大字根，并且还把"丨"笔画割断了）。

在具体拆分过程中，应掌握以下4个要点：

①能散不连。如果一个单体结构可视为几个基本字根的散的关系，就不要认为是连的关系，例如：

占：卜 口 （上下关系，都非单笔画）

严：一 业 厂 （后两笔非单笔画，应视作上下关系）

非：三 刂 三 （都非单笔画，应视作左右关系）

实际上，连只存在于单笔画与基本字根之间。以上例子中，能够拆出若干基本字根之间处于上下或左右关系，因而都视作散的关系。

②兼顾直观。拆字的目的是给汉字编输入的字根码，在键盘上组字。如果拆得的字根有较好的直观性，就便于联想记忆，给输入带来方便。

例如： 羊： 丷 手

③能连不交。如果一个单体字可以按照连的结构来拆分，就不要按照交的结构去拆分，例如：

开：一 卅 （不能拆作"二刂"）。

天：一 大 （不能拆作"二人"）。

丑：乙土 （不能拆作"刀二"）。

④取大优先。指的是在各种可能的拆法中，保证按书写顺序每次都拆出尽可能大的字根。

例如：离：文凵冂厶　　无：二儿　　重：丿一日土　　夷：一弓人

总之，汉字拆分时应尽可能地兼顾上述几项原则。一般地说，拆分时要保证拆分出的字根数目最少，在拆分出的字根数目同为最少的可能拆法中，"散"比"连"优先，"连"比"交"优先。

3. 五笔字型字根键盘

（1）字根的键盘布局。在五笔字型方案中，把组字频度高、功能强的130个基本字根科学地安排在A～Y共25个英文字母键上。每个键位上一般安排2～6个字根，字根按笔画代号分为5个区，分别是：横起笔区（1区）、竖起笔区（2区）、撇起笔区（3区）、捺起笔区（4区）和折笔区（5区）。每区有5个键，每个键又分别给予编号，它们是：第一区的第一个键位代码编号为11，第二区第一个键位代码编号为21，以此类推共有11～55共25个数字代码键，如图3—10所示。

为了便于记忆，将每个键最左上角的第一个字根命名为这个键的键名字，它们是：

1区：工木大土王　　　（横起区）

2区：目日口田山　　　（竖起区）

3区：金人月白禾　　　（撇起区）

4区：言立水火之　　　（捺起区）

5区：纟又女子已　　　（折起区）

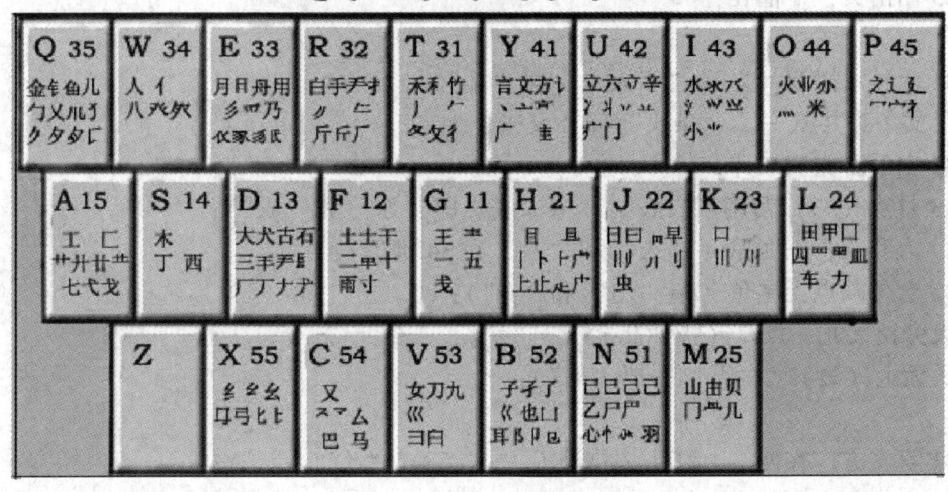

图3—10　五笔字型键盘布局

（2）字根的键位特征。五笔字型字根键盘设计力求有规律，有助于记忆。从图3—10可以看到，每个键上的字根，不管数量多少，一般均具有以下几个特征（只有个别例外）：

1）字根的首笔代号与其所在的区号一致。如"王、丰"的第一笔为横，排在第一区，"禾、白"的第一笔为撇，排在第三区。

2）相当一部分字根的第二笔代号与其位号一致。如"王、文、方、广"的第二笔代号均为横，位号均为1。

3）全散笔字根的笔画数与其位号一致。如"丶、冫和丷、氵、灬"分别在捺起区的1、2、3、4位上。"一、二、三"分别在横起区的1、2、3位上。

4）部分字根与键名字根形态相近，如"王"字键上有"五"等相近字根，"土"字键上有"士、干"等相近的字根，"田"字键上有"甲、四"等相近字根。

5）位号从键盘中间向两侧由小到大变化。

（3）字根助记词。为了使字根的记忆方便快捷，特为每一区的字根编写了一首"助记词"，学习者只需反复默写吟诵，即可牢牢记住。

11 王旁青头戋（兼）五一（"兼"与"戋"同音）；

12 土士二干十寸雨；

13 大犬三羊古石厂（"羊"指羊字底）；

14 木丁西；

15 工戈草头右框七（"右框"即"匚"）；

21 目具上止卜虎皮（"具上"指具字的上部）；

22 日早两竖与虫依；

23 口与川，字根稀；

24 田甲方框四车力（"方框"即"囗"）；
25 山由贝，下框几；

31 禾竹一撇双人立（"双人立"即"彳"）；
反文条头共三一（"条头"即"夂"）；
32 白手看头三二斤；
33 月彡（衫）乃用家衣底（"家衣底"即"豕"和"䏍"）；
34 人和八，三四里（"人"和"八"在34键里）；
35 金勺缺点无尾鱼（指"勹"和"鱼"）；
犬旁留叉儿一点夕（指"犭""儿""夕"）；
氏无七（妻）（"氏"去掉"七"）；

41 言文方广在四一，高头一捺谁人去（"亠""亻""讠"）；
42 立辛两点六门广；
43 水旁兴头小倒立；
44 火业头，四点米（"灬"）；
45 之字军盖建道底（即"之、宀、冖、廴、辶"）；
摘礻（示）衤（衣）（"礻、衤"摘除末笔画）；

51 已半巳满不出己，左框折尸心和羽；
52 子耳了也框向上（"框向上"即"凵"）；
53 女刀九臼山朝西（"山朝西"即"彐"）；
54 又巴马，丢矢矣（"矣"去"矢"为"厶"）；
55 慈母无心弓和匕，幼无力（"幼"去"力"为"幺"）。

（4）寻找字根的方法。字根设计及键位分区划位的规律性，使初学者可以参考以下方法很快地在键盘上找到所要的字根。

1）依据字根的第一个笔画（首笔）可找到字根的区（只有几个例外），如"王、土、大、木、工、五、十、古、西、戈"的首笔为横（代号为1），它们都在第1区。"禾、白、月、人、金、竹、手、用、八、儿"的首笔为撇（代号为3），它们都在第3区。

2）依据字根的第二个笔画（次笔）一般来说，可找到位。如"王、上、禾、言、已"的第二笔为横（代号为1），它们都在第1位。"戈、山、夕、之、纟"的第二笔为折（代号为5），它们都在第5位。

3）单笔画及其简单复合笔画形成的字根，其位号等于其笔画数。如"一、丨、丿、丶、乙"都在对应区的第1位；"二、刂、冫"都在对应区的第2位；"三、川、彡、氵、巛"都在对应区的第3位。

4）少数例外的4个字根，即力、车、几、心，它们既不在前2笔所对应的"区"和"位"，甚至也不在其首笔所对应的"区"中，实在是因为它们在对应的"区""位"里，会引起大量重码，只得重新找位置。

单元 3

4. 五笔字型单字输入编码规则

熟悉了汉字拆分方法和字根区位排列后，就可以着手为汉字编码了。所谓汉字编码实际上就是将每一个汉字按五笔字型所要求的字根和规则正确地将汉字拆分开来，然后通过键盘向计算机输入。这里有一首编码口诀供取码时参考：

五笔字型均直观，依照笔顺把码编；
键名汉字击四下，基本字根要照搬；
一二三末取四码，顺序拆分大优先；
不足四码要注意，交叉识别补后边。

这首口诀形象地概括了五笔字型编码的五项原则：

（1）从形取码，其顺序按汉字的书写规则：从左到右、从上到下、从外到内。

（2）键名汉字输入时需连击四下所在键。

（3）取码以 130 种基本字根为单位，对于超过 4 个字根的汉字，按一、二、三、末字根的顺序取码，最多只取四码。

（4）单体结构拆分取大优先。

（5）当不足 4 个字根时，把末笔字型交叉识别码补在后面。

5. 五笔字型汉字录入

（1）键名汉字的编码与输入。如前所述键名汉字是指位于五笔字型键盘的每个键上最左边的第一个字根，共有 25 个，对于这类汉字，向计算机输入时，只要将它们所在的键连击四下即可。

例如："王"字的编码为：GGGG，输入时连击 G 键四下；"金"字的编码为：QQQQ，输入时连击 Q 键四下。

但是，当键名字作为字根组字使用时，其组字频度高，击键时仍与键面上其他字根同等对待（即只击键一次），例如："李"字可拆成"木"与"子"，"木、子"编码为 SB，则可顺次按 SB 两键，然后再按一下空格键，"李"字将被输入。

（2）成字字根汉字的编码与输入。在"五笔字型"字根键盘的每个键位上，除了一个键名字根外，还有数量不等的几种其他字根，它们中的一部分（共有几十种）本身就是一个汉字，如"手、十、丁、石"等，称为成字字根。这类汉字的输入，其统一的编码规则为：

键名代码 + 首笔代码 + 次笔代码 + 末笔代码

当成字字根仅为两笔画时，只有三码，其取码规则为：

键名代码 + 首笔代码 + 末笔代码 + 空格键

这就是说，当要键入一个成字字根，应先击一下它所在的键（俗称"挂号"），然后再依次击它的第一、二个笔画及最末一个笔画所在的字键。如果该字根只有两个笔画，则以空格键结束。其中键名代码、首笔代码、次笔代码和末笔代码不是按字根取码，而是按单笔画取码，横、竖、撇、捺、折 5 种单笔画取各区第一字母，键位代码分别为 11（G）、21（H）、31（T）、41（Y）、51（N），例如：

方：方、一乙（YYGN）　　斤：斤丿丿丨（RTTH）
西：西一丨一（SGHG）　　羽：羽乙、一（NNYG）

由：由丨乙一（MHNG）　　甲：甲丨乙丨（LHNH）
雨：雨一丨丶（FGHY）　　寸：寸一丨丶（FGHY）
五：五一丨一（GGHG）　　石：石一丿一（DGTG）
力：力丿乙空格（LTN）　　用：用丿乙丨（ETNH）

对于 5 种笔画的编码，则作为成字字根的特例处理。它们的编码方法是：连击两次单笔画字根所在的键，再击两次 L 键。选用 L 键的原因：一是 L 键处于基准键位，便于操作；二是作为竖结尾的单体字的识别键码极少用，可以保证这种定义码的唯一性。五种笔画的编码如下：一：GGLL；丨：HHLL；丿：TTLL；丶：YYLL；乙：NNLL。

（3）键外汉字的编码与输入。键外汉字指的是键盘上没有的汉字。前面所介绍的键名汉字、成字字根汉字只是汉字中很少的一部分，更多的还是键外汉字。因此，汉字的编码主要是键外汉字的编码，而这种编码方法的实质就是将汉字拆分成基本字根。

在五笔字型编码方案中，所有的代号可以分为两类：字根码和识别码。若一个汉字可取足 4 个字根，就全部用字根编码来输入；不足 4 个字根，就必须用识别码补足。

1）含 4 个或 4 个以上字根汉字的编码与输入。依次取其第一、二、三、末共 4 个字根的代码输入，例如：

汉字	拆分	编码
啊	口阝丁口	KBSK
酸	西一厶夂	SGCT
书	乙乙丨丶	NNHY
练	纟七乙八	XANW
凸	丨一冂一	HGMG
鸟	勹丶乙一	QYNG
磨	广木木石	YSSD

2）不足 4 个字根的汉字的编码与输入。当一个汉字拆分成的字根不足 4 个时，则将字根代码依次打入后，再追加一个末笔字型交叉识别码。若加识别码仍不足四码时，则必须击入空格键，例如：

汉字	拆分	字根码	末笔代码	字型码	识别码	编码
于	一十	GF	丨（2）	3	23（K）	GFK
析	木斤	SR	丨（2）	1	21（H）	SRH
扭	扌乙土	RNF	一（1）	1	11（G）	RNFG
苗	艹田	AL	一（1）	2	12（F）	ALF
万	厂乙	DN	乙（5）	3	53（V）	DNV

由此可见，交叉识别码的编码是较易掌握的，但由于人们的书写顺序有差异，故对某些汉字末笔画的识别，作以下三点规定：

第一，所有包围型汉字中的末笔，规定取被包围的那一部分笔画结构的末笔。如汉字"国"，其末笔为"丶"，识别码为 43（I）。

第二，进、远、迫等带"辶"部首的汉字，为了增加识别信息量，不以"辶"为末笔，可以去掉"辶"部分后的末笔作为整字的末笔。如进、远、迫的末笔分别为丨、乙、一，识别码分别为 23（K）、53（V）、13（D）。

3）凡以"刀、九、力、匕"这 4 种字根当作末笔字根而要识别时，一律用它们向右下角伸得最长的笔画"乙"作末笔。如"仇、化"字的末笔画均为"乙"，其识别码为 51（N）。

6. 汉字输入的快速操作

为了提高输入速度，减少击键次数，在五笔字型编码方案中设置了简码输入和词汇码输入功能。

（1）简码输入。在单字输入法中所介绍的汉字编码，码长一律为四，也就是说，只有击键四次才能输入一个汉字。而简码输入将常用汉字只取其前边的一个、两个或三个字根，再加空格键输入。因为识别码总是在全码的最后位置，所以简码的设计不但减少了击键次数，而且省去了部分汉字的识别码的判别和编码，给汉字输入带来了很大的方便。简码共分为三级。

1）一级简码。在 A～Y 这 25 个字母键上，根据每键位上的字根形态特征，分别安排一个最为常用的高频汉字，这 25 个汉字只需击键一次再加空格键即可输入。25 个高频字在键盘上的排列如图 3—11 所示。每个键的左上角为键名字，右下角即为高频字。

金 35Q 我	人 34W 人	月 33E 的	白 32R 的	禾 31T 和	言 41Y 主	立 42U 产	水 43I 不	火 44O 为	之 45P 这
工 15A 工	木 14S 要	大 13D 在	土 12F 地	王 11G 一	目 21H 上	日 22J 是	口 23K 中	田 24L 国	： ；
Z	纟 55X 经	又 54C 以	女 53V 发	子 52B 了	已 51N 民	山 25M 同	〈 ，	。	？ ／

图 3—11　25 个高频字在键盘上的排列

从图 3—7 中可见，高频字的键位记忆可和键名字联想起来。因 25 个高频字的第一个字根在该键位的键名字上或者就是键名字，例如：产→立、经→纟、是→日、中→口、人→人等。要想输入这些高频汉字，只要按一下它所对应的键，再按一下空格键即可。

2）二级简码。在五笔字型输入法中，对较为常用的汉字只取单字全码的前两个字根代码作为简码，即为二级简码。25 个键位代码，两两组成二级简码，应该有 25² = 625 个汉字，但某些地方由于编码的关系是空的，所以二级简码汉字，实际上只有 587 个。具有二级简码的汉字只要打全码的前两个字根再加上空格键即可输入，例如：

李：依次键入 S（木）、B（子）键及空格键
给：依次键入 X（纟）、W（人）键及空格键
张：依次键入 X（弓）、T（丿）键及空格键
长：依次键入 T（丿）、A（七）键及空格键

3）三级简码。三级简码由单字全码的前 3 个字根码组成。只要一个汉字的前 3 个字根码在整个编码体系中是唯一的，一般都选作三级简码。具有三级简码的汉字其有

4 400多个,输入这类汉字时,只需依次键入前3个字根代码,再击空格键即可。三级简码输入法看上去并未减少总击键次(四次),但由于省略了最末一个字根或交叉识别码的判定,仍可提高输入速度,例如:

情——全码:忄主月　11(识别码)　NGEG
简码:忄主月　空格键　　　　　NGE
宝——全码:宀王丶　42(识别码)　PGYL
简码:宀王丶　空格键　　　　　PGY
奔——全码:大十卝　22(识别码)　DFAJ
简码:大十卝　空格键　　　　　DFA

通过各级简码输入的汉字可达5 000多个,已占了常用汉字中的绝大多数,若能熟练掌握运用,可大大提高输入速度。

值得注意的是:有的汉字同时有几种编码,如"经"字,有一级简码(X)、二级简码(XC)、三级简码(XCA)及全码(XCAG)共四种输入编码。对于一字多码的汉字,为了提高输入速度,显然应采用击键次数少的编码为佳。

(2)词汇码输入。考虑到汉语中的许多汉字常以词汇的形式出现,如"计算机、汉字、程序设计、中华人民共和国"等,在五笔字型编码方案中,为了提高输入速度,还设计了词汇码输入方法。词汇码也同样是根据汉字的结构和字形来进行编码的,它与单个汉字的输入有密切的联系。所有词汇编码的码长一律为4个码,其码型与单字码完全相同。

根据词汇的长短,词汇编码的取码规则可以分为以下4种情况:

1)双字词。双字词在汉语词汇中占有相当大的比例,其编码规则为:每字取其全码的前两码,由四码组成,例如:

学习:　小冖乙丬　　(IPNU)
今天:　人丶一大　　(WYGD)
法律:　氵土彳彐　　(IFTV)

词组中如果出现键名字或成字字根,则应按键名字或成字字根的编码方法取其前两码,例如:

方法:　方丶氵土　　(YYIF)

2)三字词。三字词的编码规则为:前两字各取其第一码,最后一个字取其前两码,共为四码,例如:

计算机:　讠竹木几　(YTSM)
电视机:　日衤木几　(JPSM)
运动员:　二二口贝　(FFKM)
生产率:　丿立亠幺　(TUYX)
操作员:　扌亻口贝　(RWKM)

3)四字词。四字词的编码规则为:每字各取其第一码,共为四码,例如:

社会科学:　礻人禾小　(PWTI)
数据处理:　米扌夂王　(ORTG)

五笔字型： 五竹宀一 （GTPG）
　　振兴中华： 扌小口亻 （RIKW）
　　艰苦奋斗： 又艹大㇀ （CADU）

4) 多字词。多于超过4个字的词汇，其编码规则为：取第一、第二、第三及最末一个字的第一码，共四码，例如：

　　为人民服务： 丶人乙夂 （YWNT）
　　电子计算机： 日子讠木 （JBYS）
　　中华人民共和国： 口亻人口 （KWWL）
　　全国人民代表大会： 人口人人 （WLWW）

从上述实例可以看到，词汇码与单字码相比，无须任何特殊标记，二者可共容共存，输入时不用换挡，操作极为简便，而且在绝大多数情况下不会发生冲突。因此，只要记得清有词汇码的就尽量以词汇码输入，以求快速。当然，若记不清的仍以单字输入，以求准确。

在此值得一提的是，因受机器容量的限制或所用软件的不同，计算机中所装入的词汇量可能有所不同。当按词汇码规则输入找不到相应词汇时，可重新采用单字的简码或全码输入。

单元考核要点

考核类型	考核范围	考核点
理论知识	英文基本录入	手指的摆放位置
		正确的坐姿
		基本键的位置
		英文录入要领
		数字录入要领
		特殊符号的输入要领
	汉字录入	汉字编码
		中文标点符号的种类及用法
		不同输入法之间的切换
		微软拼音的半角和全角
		特殊符号和英文在微软拼音中的输出
		五笔字型输入法的特点
		汉字的结构
		"五笔字型"字根键盘
		汉字的拆分过程
		成字字根的输入
		字根种类
		字根的助记词

续表

考核类型	考核范围	考核点
技能操作	英文基本录入	能在 10 分钟内，以每分钟不低于 80 个英文字符的速度，使用计算机键盘输入指定的英文文稿，错误率不高于千分之六
	中文基本录入	能在 10 分钟内，以每分钟不低于 45 个汉字的速度，使用计算机键盘输入指定的中文文稿，错误率不高于千分之六

单元测试题

一、单项选择题（下列每题有 4 个选项，其中只有一个是正确的，请将正确答案的代号填在括号内）

1. 一般来说左手无名指是放在键盘的（　　）键上。
   A. A　　　　　B. S　　　　　C. D　　　　　D. F

2. 打字时，操作人员应做到两脚平放，腰部挺直，两臂自然下垂，两肘与（　　）距离 5~10 厘米。
   A. 腋边　　　　B. 键盘　　　　C. 大腿　　　　D. 腰间

3. 在打字母"G"时，左手食指离开基本键位向（　　）移击 G 键。
   A. 左　　　　　B. 右　　　　　C. 上　　　　　D. 下

4. 在看屏幕时，每看 20 分钟应往远处看至少（　　），或闭目休息 1 分钟。
   A. 5 秒　　　　B. 10 秒　　　　C. 15 秒　　　　D. 20 秒

5. 要关闭小键盘上的数字键需要按下（　　）键。
   A. 〈Num Lock〉　　　　　　B. 〈Caps Lock〉
   C. 〈Scroll Lock〉　　　　　D. 〈Tab + Lock〉

6. （　　）打法就是整个手离开基本字键向上移至第四行，用手指指端垂直击键，击毕，手迅速回到基本键位。
   A. 零星数字输入　　　　　　B. 纯数字输入
   C. 特殊字符输入　　　　　　D. 功能键输入

7. 〈Shift〉键是用来进行大小写及其他（　　）键转换的。
   A. 功能　　　　B. 热　　　　　C. 多字符　　　D. 数字

8. 在进行英文输入的时候，要求输入速度在（　　）。
   A. 50 击/分钟　　　　　　　B. 10 击/分钟
   C. 100 击/分钟　　　　　　 D. 300 击/分钟

9. R、T、Y、U 键中 T 应由（　　）来敲击。
   A. 右手食指　　B. 无名指　　　C. 左手食指　　D. 中指

10. "￥"表示（　　）符号。
    A. 人民币　　　B. 美元　　　　C. 英镑　　　　D. 法郎

11. 按照编码的方法不同，汉字输入法可以分为流水码、（　　）、形码、音形混合码。

  A. 音码   B. 部首码   C. 字根码   D. 数字码

12. （ ）是以汉语拼音为基础的编码方案。

  A. 流水码   B. 音码   C. 形码   D. 音形混合码

13. 中文标点符号分为（ ）两类。

  A. 点号和标号   B. 点号和问号   C. 点号和顿号   D. 标号和顿号

14. 按（ ）键向前翻页。

  A.〈PageUp〉   B.〈PageDown〉   C.〈Home〉   D.〈End〉

15.〈Ctrl + Shift〉组合键用于（ ）。

  A. 在不同输入法之间切换   B. 中英文切换

  C. 全角/半角切换   D. 大小写字母切换

16. 要把输入法从智能 ABC 切换到英文输入法中，可以用（ ）组合键。

  A.〈Tab + Shift〉   B.〈Alt + Shift〉

  C.〈CapsLock + Shift〉   D.〈Ctrl + Space〉

17. 智能 ABC 输入法中（ ）图标代表"半角"字符。

  A. 太阳   B. 月亮   C. 星星   D. 地球

18. 智能 ABC 输入法中输入"（ ）"，然后输入数字 0~9，则可以输入大写的中文数字。

  A. n   B. I   C. i   D. N

19. 在智能 ABC 输入法中，要想输入"绿色"的"绿"字，应该输入拼音（ ）。

  A. lu   B. lb   C. lv   D. ld

20. 下面（ ）属于点号。

  A. 引号   B. 括号   C. 破折号   D. 句号

21. 五笔字型汉字输入法由（ ）教授于 1986 年发明。

  A. 王哲   B. 王永民   C. 李彦宏   D. 马云

22. 不属于"形码设计三原理"的是（ ）。

  A. 相容性   B. 规律性   C. 协调性   D. 正确性

23. "五笔字型"的基本字根共有（ ）。

  A. 85 种   B. 105 种   C. 125 种   D. 145 种

24. 汉字结构的三个层次是（ ）。

  A. 基本笔画→字根→汉字   B. 基本笔画→汉字→字根

  C. 字根→基本笔画→汉字   D. 字根→汉字→基本笔画

25. 汉字的分解章法是：整字分解为字根，字根分解为（ ）。

  A. 字母   B. 笔画   C. 部首   D. 汉字

26. 汉字由字根构成，字根可以组合出全部的汉字和全部的（ ）。

  A. 部首   B. 词汇   C. 字型   D. 英文单词

27. 除键名外，成字根一共有（ ）。

    A. 97 个　　　　　B. 107 个　　　　　C. 87 个　　　　　D. 117 个

28. 想要输入成字字根"亻"，则要在键盘上输入（　　）。

    A. ETNH　　　　　B. WTG　　　　　C. WTH 空格　　　　D. WTH

29. "土士二干十寸雨"指的是（　　）键。

    A. D　　　　　　　B. F　　　　　　　C. G　　　　　　　D. H

二、判断题（下列判断正确的请打"√"，错误的请打"×"）

（　　）1. 键盘 F 和 J 键上均有凸起，这两个键就是左右手食指的位置。
（　　）2. 正确坐姿是手臂、肘、腕、两肩放松，肘与腰部距离 5~10 厘米。
（　　）3. G 键位不是基本键。
（　　）4. 在看屏幕时，每看 20 分钟应往远处看至少 20 秒，或闭目休息 1 分钟。
（　　）5. 3 不是小键盘的基准键位。
（　　）6. 〈Num Lock〉键是用来进行大小写及其他多字符键转换的。
（　　）7. 在英文录入训练过程中，"快"是最终的目的。
（　　）8. R、T、Y、U 键中 R 应由无名指来敲击。
（　　）9. 表示英镑的符号是"￥"。
（　　）10. "五笔字型"是根据形码的方法来划分的。
（　　）11. 句号用于表示完整句末、舒缓语气祈使句末的停顿。
（　　）12. 按〈Home〉键向前翻一页。
（　　）13. 按〈Tab + Shift〉组合键即可在不同的输入法中切换。
（　　）14. 智能 ABC 输入法中输入"i"然后输入数字 0~9，则可以输入大写的中文数字。
（　　）15. 顿号用于表示并列字、词、术语间的停顿。
（　　）16. 王码五笔输入法的优点是输入速度快。
（　　）17. "协调性"不属于"形码设计三原理"。
（　　）18. 汉字由字根构成，字根可以组合出全部的汉字和全部的英文单词。
（　　）19. 除键名外，成字根一共有 97 个。
（　　）20. "王旁青头戋五一"指的是 G 键

三、技能题

  启动"金山打字通软件"，选择合适的输入法，根据提示由简单到复杂，循序渐进地练习英、中文打字和录入标点符号。英文录入速度要求能在 10 分钟内，以每分钟不低于 80 个英文字符的速度录入指定的英文文稿，错误率不高于千分之六；中文录入速度能在 10 分钟内，以每分钟不低于 45 个汉字录输入指定的中文文稿，错误率不高于千分之六。

单元测试题答案

一、单项选择题

1. B　　2. D　　3. B　　4. D　　5. A　　6. A　　7. C　　8. C

9. C   10. A   11. A   12. B   13. A   14. A   15. A   16. D
17. B   18. B   19. C   20. D   21. B   22. D   23. C   24. A
25. B   26. B   27. A   28. C   29. B

二、判断题

1. √   2. √   3. √   4. √   5. √   6. ×   7. ×   8. ×
9. ×   10. √   11. √   12. ×   13. ×   14. ×   15. √   16. √
17. ×   18. ×   19. √   20. √

三、技能题

答案略。

第 4 单元

通用文档处理

- 第 1 节　Word 2010 简介/104
- 第 2 节　文档基本编辑/111
- 第 3 节　文档基本格式化处理/120
- 第 4 节　表格基本处理/140
- 第 5 节　对象基本处理/149
- 第 6 节　文档输出处理/163

第1节 Word 2010 简介

- 能够启动和关闭 Word 2010 程序
- 能够认识 Word 2010 工作界面
- 能够设置 Word 2010 的视图模式
- 能够调整 Word 2010 编辑区的显示比例
- 能够使用 Office 2010 的帮助系统获得帮助信息

Microsoft Office 是应用最广的办公软件,它除了能在 Windows 系列操作系统中应用外,同时也支持搭载苹果 IOS 或谷歌 Android 移动操作系统的智能手机和平板电脑。Word 2010 是 Microsoft Office 2010 的重要组件,适用于制作各种文档,如信函、书刊、传真、公文、报纸和简历等。

一、Word 2010 的启动与关闭

1. 启动 Word 2010 程序

安装 Office 2010 后,有多种方法启动 Word 2010,操作方法如下:

(1) 单击"开始"→"所有程序"→"Microsoft Office"→"Microsoft Word 2010"命令,启动 Word 2010。

(2) 双击扩展名为".docx"或".doc"的文件,可以启动 Word,同时打开该文件。

(3) 如果桌面有 Word 的快捷方式,双击该快捷方式,也可以启动 Word。

2. 关闭 Word 2010 程序

关闭 Word 2010,可以选择下列方法进行:

(1) 单击标题栏中的"关闭"按钮。

(2) 按〈Alt + F4〉组合键。

(3) 按〈Ctrl + W〉组合键

(4) 单击"文件"→"关闭"命令。

二、设置 Word 2010 工作界面

1. 认识 Word 2010 工作界面

启动 Word 2010 后,打开 Word 2010 操作窗口,如图 4—1 所示。这是一个标准的 Windows 应用程序窗口,操作界面以用户希望完成的任务来组织程序功能,将不同的命令集成在不同的选项卡中,并且相关联的功能按钮又分别归类于不同的组中,从而减少了用户查找命令的时间,使操作变得更方便、快捷。Word 2010 的工作界面由标题栏、功能区、文档编辑区和状态栏等部分组成。

(1) 标题栏。标题栏由控制菜单按钮、快速访问工具栏、文档名称和窗口控制按钮等部分组成。

通用文档处理

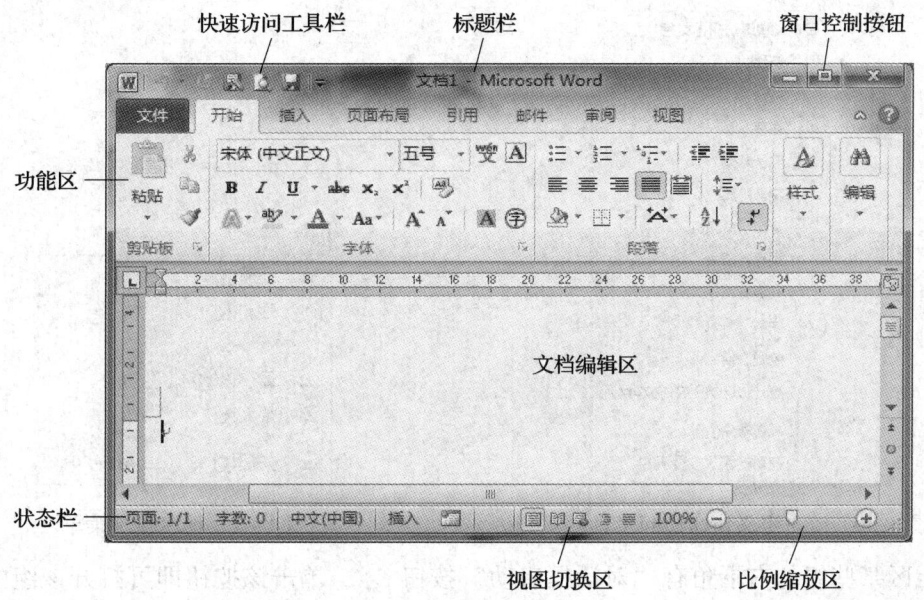

图4—1　Word 2010 操作窗口

在默认情况下,快速访问工具栏位于工作界面的顶部,如图4—2所示,用于快速执行某些操作。

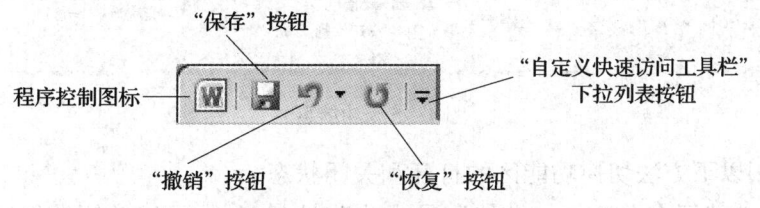

图4—2　快速访问工具栏

快速访问工具栏上的工具按钮也可以根据需要进行添加,单击其右侧的下拉列表按钮，在弹出的下拉列表菜单中选择需要添加的工具即可,如图4—3所示。单击"程序控制图标"按钮，弹出一个程序控制菜单,如图4—4所示。

1)还原——选择该选项后,可将最大化或最小化的窗口还原到未最大化或最小化前的状态。

2)移动——选择该选项后,用户可以通过键盘上的方向键来移动窗口在屏幕中的显示位置。

3)大小——选择该选项后,用户可以通过键盘上的方向键来改变当前窗口的大小。

4)最小化——选择该选项后,可将当前窗口最小化。

5)最大化——选择该选项后,可将当前窗口最大化。

6)关闭——选择该选项后,可关闭当前的 Word 2010 主窗口。

(2)功能区。功能区位于标题栏下方,它几乎包含了 Word 2010 所有的编辑功能,如图4—5所示,其中包含多个选项卡。单击选项卡的标签,可以实现选项卡间的切换。

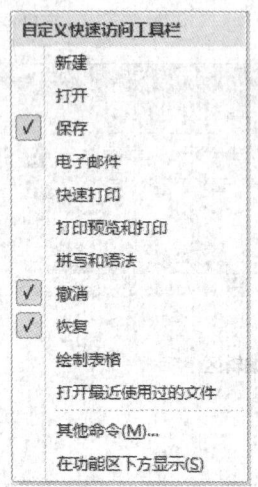

图4—3 "自定义快速访问工具栏"列表

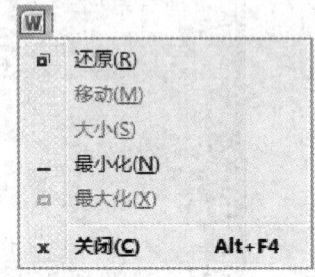

图4—4 程序控制菜单

在功能区某些组的右下角有"对话框启动"按钮 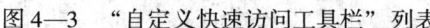，单击该按钮即可打开该组的对话框或窗格。

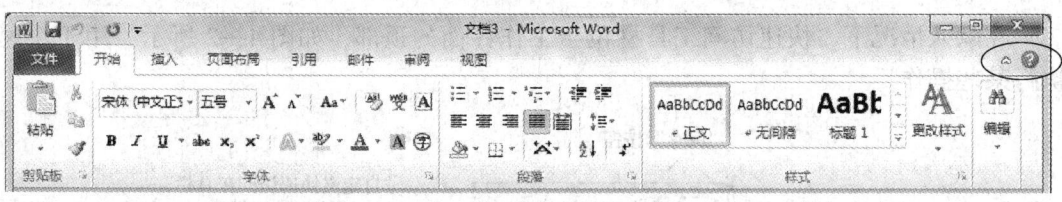

图4—5 功能区

可以使用以下方法切换功能区的打开和关闭状态。

1）单击功能区右上角的"功能区最小化"按钮 ，可以关闭功能区；单击"功能区展开"按钮 ，即可再次打开功能区。

2）双击当前选项卡，可以关闭功能区，之后单击任意选项卡标签，可以临时显示该选项卡功能按钮，结束使用选项卡后它会自动隐藏。关闭功能区后，双击任意选项卡的标签，功能区又可以完全显示出来。

（3）状态栏。状态栏位于窗口的底部，用来显示正在编辑文档的状态信息，例如，单击"字数"按钮，可以打开"字数统计"对话框，如图4—6所示，其中显示了文档的统计信息。

（4）文档编辑区。文档编辑区是Word 2010窗口的主体部分，用于显示文档的内容供用户进行编辑。

2. 设置视图模式

为扩展使用文档的方式，Word 2010提供了页面视图、阅读版式视图、Web版式视图、大纲视图、草稿等五种工作环境，称为视图。单击"状态栏"中的"视图"

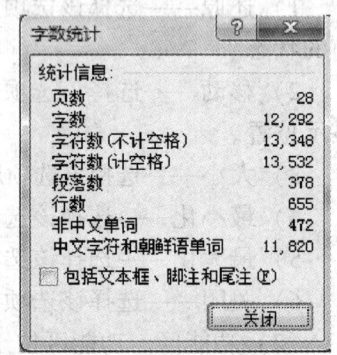

图4—6 "字数统计"对话框

按钮 ▦▧▨▩，或者单击功能区"视图"标签，切换到"视图"选项卡，如图 4—7 所示。单击"文档视图"组中的按钮，即可启动相应的视图。

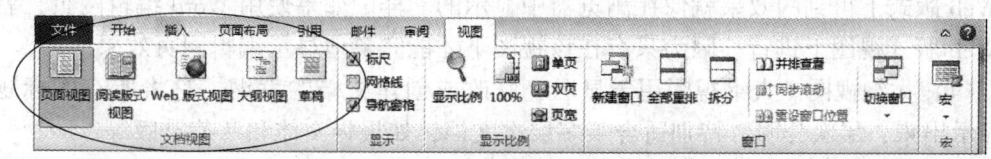

图 4—7 "视图"选项卡

（1）页面视图。页面视图是 Word 中最常用的视图，它按照文档的打印效果显示文档，具有"所见即所得"的效果。由于页面视图可以更好地显示排版的格式，因此常用于对文本、段落、版面或者文档的外观进行修改。在页面视图方式下，可以直接看到文档的外观、图形、文字、页眉、页脚、脚注、尾注等在页面上的精确位置，以及多栏排列。这样，在屏幕上就可以看到文档打印在纸上的样子。页面视图中还可以显示出水平标尺和垂直标尺，可以用鼠标移动图形、表格等在页面上的位置，并可以对页眉、页脚进行编辑。

（2）阅读版式视图。阅读版式视图是 Word 2010 新增的视图方式，特别适合用户查阅文档。它是模拟书本阅读的方式，让人感觉是在翻阅书籍。在图文混排或包含多种文档元素的文档中，这种版式可能不便于阅读，但在阅读内容紧凑的文档时，能将相连的两页显示在一个版面上，显得十分方便。进入"阅读版式视图"后，单击右上角的"关闭"按钮，即可返回之前的视图。图 4—8 所示为阅读版式视图效果。

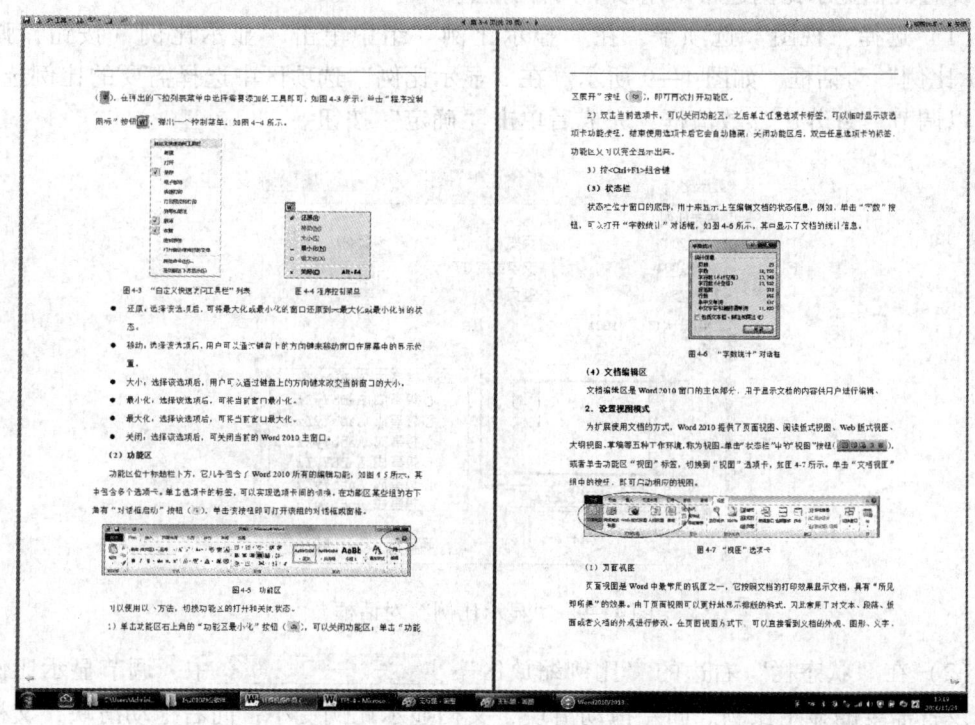

图 4—8 阅读版式视图

（3）Web 版式视图。Web 版式视图以网页的形式来显示文档中的内容，文档内容不再是一个页面，而是一个整体的 Web 页面。Web 版式具有专门的 Web 页编辑功能，在 Web 版式下得到的效果就像在浏览器中显示的一样。如果使用 Word 编辑网页，就要在 Web 版式视图下进行，因为只有在该视图下才能完整地显示编辑网页效果。

（4）大纲视图。大纲视图用于显示、修改或创建文档的大纲。它将所有的标题分级显示出来，层次分明，特别适合于多层次文档，如报告文体和章节排版等。

大纲视图方式比较适合较多层次的文档，在大纲视图中用户不仅能查看文档的结构，还可以通过拖动标题来移动、复制和重新组织文本。

（5）草稿。草稿视图类似之前 Word 2003 或 2007 中的普通视图，它是最适合文本录入和图片插入的视图。与其他视图相比，该视图的页面布局最简单，只显示字体、字号大小、字形、段落以及行间距等最基本的格式，页与页之间用单虚线（分页符）表示分页，节与节之间用双虚线（分节符）表示分节。这样可以缩短显示和查找的时间，在屏幕上显示的文章连贯易读。

在草稿视图中，不显示页边距、页眉和页脚、背景、图形对象，以及没有设置为"嵌入型"环绕方式的图片。因此，该视图方式最适合在录入、编辑文本或只需简单设置文档格式时使用。

3. 调整 Word 编辑区显示比例

为了在编辑文档时利于观察，需要调整文档的显示比例，将文档中的文字或图片放大。这里的放大并不是文字或图片本身放大，而是视觉上变大，打印时仍然是原始大小。设置文档显示比例通常采用以下两种方法：

(1) 选择"视图"选项卡，在"显示比例"组中单击"显示比例"按钮，弹出"显示比例"对话框，如图 4—9 所示。在"显示比例"选项区中选择需要的比例选项，也可以调节"百分比"数值框，完成后单击"确定"按钮。

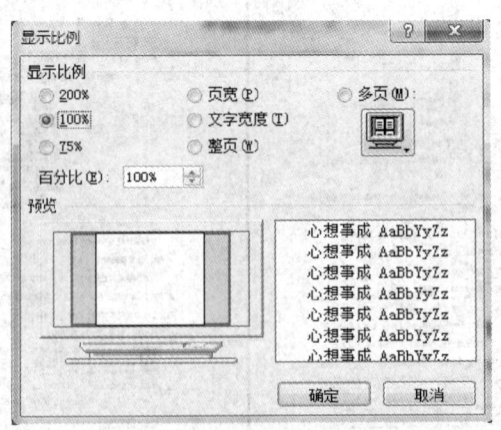

图 4—9 "显示比例"对话框

(2) 在"状态栏"右边的"比例缩放区" 中，调节显示比例滑块，设置需要的显示比例。向左拖动滑块，文档显示比例变小；向右拖动滑块，文档显示比例变大。

三、帮助系统

操作系统或应用软件中，用于提供入门信息、定义以及用于可能遇到的问题的解决方法的软件子系统称为帮助系统。Office 2010 为用户提供了较为全面的联机帮助系统，它可以随时帮助用户解决在使用 Office 组件时遇到的问题。

获取 Word 2010 帮助的操作步骤如下：

（1）在 Word 2010 工作界面中，按〈F1〉键，打开"Word 帮助"对话框，如图 4—10 所示。

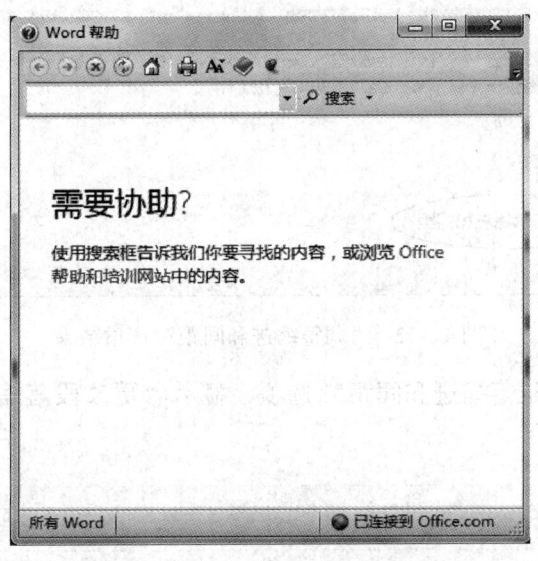

图 4—10　"Word 帮助"对话框

（2）在"搜索"文本框中，输入需要帮助的问题，例如"段落对话框"，然后单击"搜索"按钮，系统将列出所有与"段落对话框"有关的搜索结果，如图 4—11 所示。

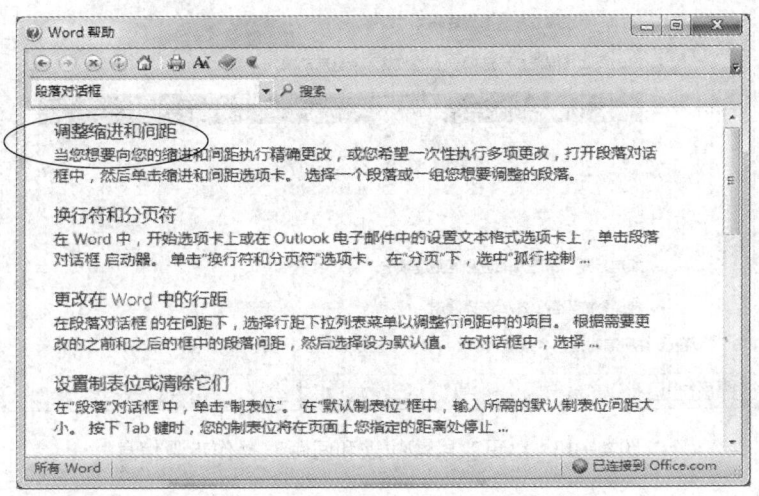

图 4—11　"段落对话框"帮助信息搜索结果

（3）单击选择帮助的主题，例如，单击"调整缩进和间距"选项，显示"调整缩进和间距"搜索结果，如图4—12所示。

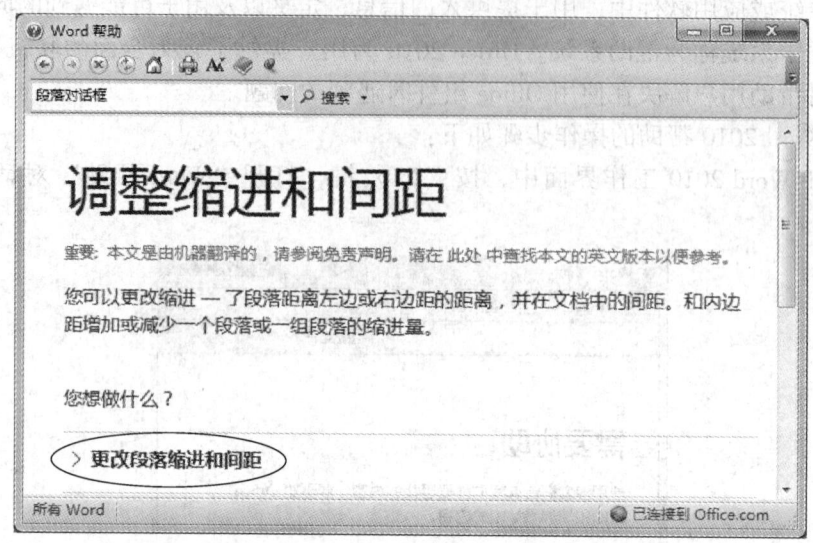

图4—12　"调整缩进和间距"搜索结果

　　（4）单击"更改段落缩进和间距"选项，显示"更改段落缩进和间距"操作方法信息，如图4—13所示。

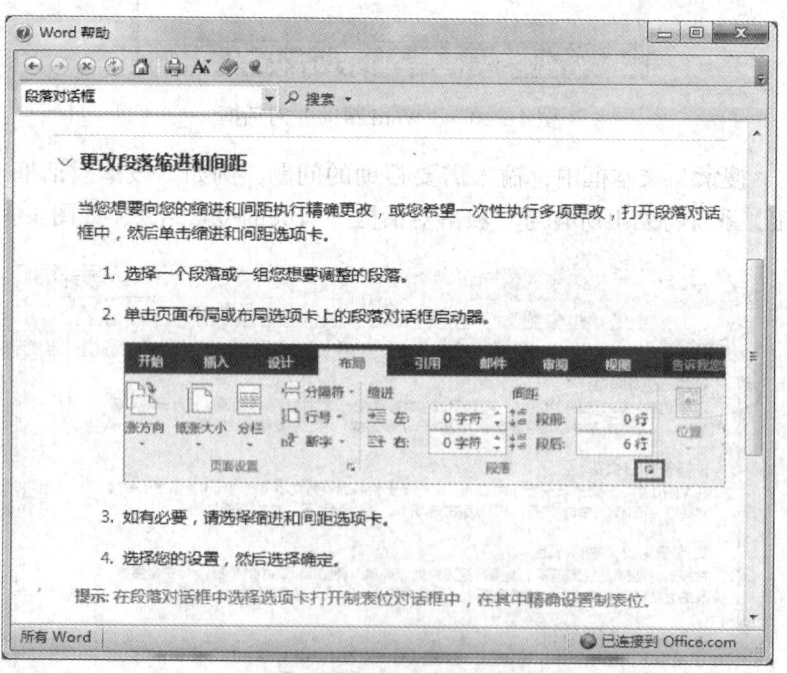

图4—13　"更改段落缩进和间距"操作步骤信息

第2节 文档基本编辑

→ 能够在文档中输入和删除字符
→ 能够设置、切换插入方式和改写方式
→ 能够正确选择文本
→ 能够复制和移动文本
→ 能够保存文档

一、输入文本

1. 输入文档相关概念

输入文本,就是在 Word 2010 窗口的工作区输入文字、标点符号、数字、符号等字符的操作。在输入文本之前需要了解以下几个基本概念:

(1) 插入点。插入点就是当前光标所在的位置。输入文字时,文字总是从插入点位置开始输入到文本中去。

(2) 段结束符。一般而言,每输入一段文字后,可以按一次回车键表示完成一段文本的输入,同时换到下一行。段结束符作为段落的结束标志,在 Word 2010 中用灰色的符号 " ↵ " 来标识。

(3) 快速选择区。位于文本边界和页面边界之间的一块区域,它用于支持鼠标的快速文本选定。当鼠标移入选定区后,将变为箭头形状 " ⬈ "。

2. 输入和删除字符

(1) 输入字符。字符的输入从插入点的位置开始,从左向右依次输入,插入点光标将随着输入的字符依次向后移动。当输入到所设页面的右边界时,Word 2010 会自动将插入点移到下一行,而不用按〈Enter〉键。只有在一个段落的结尾处才需按〈Enter〉键,按〈Enter〉键后将产生一个段落标记,并另起一行。

输入过程中 Word 2010 会自动调整每一行中的文字,保证标点符号不出现在行首。要在已有的文本中插入新的文本内容时,只需将鼠标指针置于新的插入点并单击鼠标。

在新建的空白文档中输入文字时,Word 2010 会为新输入的文本选择一种缺省字体,汉字的缺省字体为"宋体",而英文的缺省字体为"Times New Roman",字号为五号字。

(2) 删除字符。如果输入的字符有误,则可以删除该字符。常用的删除字符的方法有两种:

1) 使用〈Del〉键。将插入点设在字符的左侧,按〈Del〉键可以删除光标右侧的字符。

2) 使用〈Backspace〉键。将插入点设在字符的右侧,利用退格键〈Backspace〉能够删除光标左侧的字符。

3. 插入方式和改写方式

键入文本时，有两种方式可供选择，即"插入"或"改写"。

（1）插入方式。"插入"的含义是把新字符插在两个字符的中间，右侧的字符自动向右移动，以免被新字符覆盖。例如，在字符④⑥之间插入⑤，光标在④⑥中间，即④字的右侧，结果变成"④⑤⑥"。当 Word 2010 处于插入方式时，状态栏中显示"插入"状态，如图4—14所示。

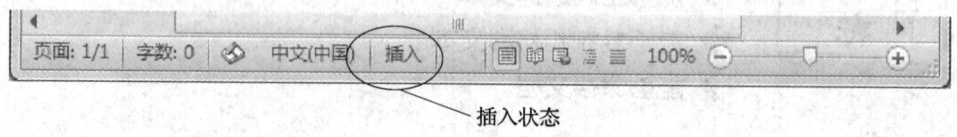

图4—14 "插入"状态

（2）改写方式。改写方式下，输入字符后，新字符将替换插入点光标右侧的原有字符。例如在字符④⑥之间插入⑤，光标在④⑥中间，即④字的右侧，结果变成"④⑤"，⑥被⑤覆盖了。当 Word 2010 处于改写方式时，状态栏中显示"改写"状态，如图4—15所示。

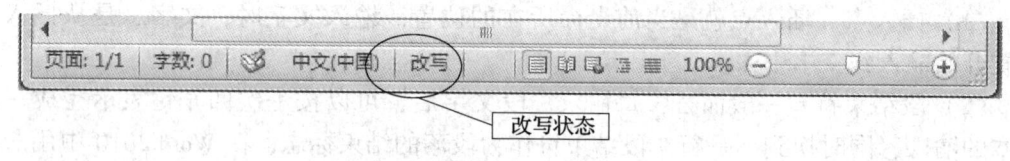

图4—15 "改写"状态

4. 插入/改写方式的切换

系统在默认情况下为插入方式。如果要切换插入/改写方式可以按一下键盘上的〈Insert〉键，每次按下〈Insert〉键都可以在插入方式和改写方式间进行切换。

例如，当前 Word 2010 处于插入方式，按一下〈Insert〉键将进入改写方式，再按一下〈Insert〉键又回到插入方式。另外，单击状态栏中的"插入"标识，也可以切换插入方式和改写方式。

提示：

在输入字符之前，应该核实状态栏上的"插入/改写"的状态，以免操作失误。

二、编辑文档的基本操作

1. 移动插入点

打开要编辑的文档，进行编辑之前，要先确定从何处"下笔"，用 Word 的术语来讲，就是先移动"插入点"，插入点是当前光标所在的位置。

（1）用方向键在文档中移动插入点。方向键指的是键盘上的〈→〉、〈←〉、〈↓〉、〈↑〉、〈Home〉、〈End〉、〈PgUp〉和〈PgDn〉等8个键。它们可以快速地在文档中移动插入点。

（2）用鼠标移动插入点。用鼠标在文档中单击，即可把插入点移动到单击处。

2. 选择文本

在实际操作时，无论对文本进行简单的插、删、改，还是设置复杂的格式化，在操作之前，都要选择操作的对象（对象可以是文字、图形等）。针对不同任务选定对象的方法也不同。选定对象时，鼠标指针和被选定对象都会发生一些变化并且会以比较明显的方式表示出来，例如选择的文本将以反白的方式显示出来。

当鼠标在字符区域中移动时，其指针始终保持"I"字形，被称作插入状态；当鼠标指针移动到页面左侧的快速选择区时，光标变成向右倾斜的空心箭头"⇗"，被称作选定状态。

（1）使用鼠标。在 Word 2010 中，大部分工作是由操作鼠标左键完成的。使用鼠标时除了常用的指向、单击、双击、拖动以外，使用鼠标选定文字或图片，也是既方便又快捷，其选择范围可以是单个字符、一段文字或是整个文档。

要使用鼠标选定文字或图片，可选择表 4—1 所列的操作。

表 4—1　　　　　　　　　　Word 中的鼠标操作

要进行的操作	具体的操作方法
选定任何数量的文本	拖过这些文本
选定某一单词	双击这一单词
选定图片	单击这一图片
选定一行文本	将鼠标指针移动到该行左侧的快速选择区，直到指针变为指向右边的箭头，然后单击
选定多行文本	将鼠标指针移动到该行左侧的快速选择区，直到指针变为指向右边的箭头，拖动鼠标选定多行文本
选定一个句子	按住〈Ctrl〉键后，单击该句中任何位置
选定一个段落	将鼠标指针移动到该段落左侧的快速选择区，直到指针变为指向右边的箭头，拖动鼠标选定一个段落或者在该段落中任意位置三击鼠标
选定多个段落	将鼠标指针移动到该段落左侧的快速选择区，直到指针变为指向右边的箭头，并向上或向下拖动鼠标，直到选定多个段落
选定整个文本	将鼠标指针移动到文档左侧的快速选择区的任何位置，直到指针变为指向右边的箭头，单击鼠标，然后拖动鼠标选定整个文档

（2）使用键盘。键盘除了可以录入文本之外，Word 2010 文档对键盘还有一些特殊的约定。充分地利用这些约定，可提高工作效率。在操作中，可以使用键盘选定文本或图片，操作方法见表 4—2。

表 4—2　　　　　　　　　Word 中使用键盘选定文本

要进行的操作	操作方法
将选定范围扩展到右边一个字符	按〈Shift + →〉组合键
将选定范围扩展到左边一个字符	按〈Shift + ←〉组合键
将选定范围扩展到单词的结尾	按〈Ctrl + Shift + →〉组合键

续表

要进行的操作	操作方法
将选定范围扩展到单词的开头	按〈Ctrl + Shift + ←〉键
将选定范围扩展到行尾	按〈Shift + End〉键
将选定范围扩展到行首	按〈Shift + Home〉键
将选定范围扩展到下一行	按〈Shift + ↓〉键
将选定范围扩展到上一行	按〈Shift + ↑〉键
将选定范围扩展到段落结尾	按〈Ctrl + Shift + ↓〉键
将选定范围扩展到段落开头	按〈Ctrl + Shift + ↑〉键
将选定范围扩展到下一屏	按〈Shift + PgDn〉键
将选定范围扩展到上一屏	按〈Shift + PgUp〉键
将选定范围扩展到文档结尾	按〈Ctrl + Shift + End〉键
将选定范围扩展到文档开头	按〈Ctrl + Shift + Home〉键
将选定范围扩展到包括整个文档	按〈Ctrl + A〉键
选定文档中的列范围	先把插入点置于列的起始位置，按住〈Alt〉键，再按住鼠标左键拖动到列的终止位置

3. 移动和复制操作

（1）复制、剪切和粘贴。复制、剪切和粘贴是编辑文本时最常用的操作。使用这三个操作可以将文档的部分或全部内容复制或移动到同一篇文档、其他 Office 文档或者应用程序中去。

1）复制。选取一段文字后，用鼠标单击工具栏上的"复制"按钮，这时，所选取的内容就被复制到 Windows 的剪贴板中了（剪贴板是 Windows 提供的一个临时存储空间，用来存储操作过程中涉及的一些数据）。用户还可以用〈Ctrl + C〉组合键来进行复制操作。

2）剪切。选取一段文字后，用鼠标单击工具栏上的"剪切"按钮，这时，所选取的内容就被删除了。这时被剪切的内容会被复制到剪贴板中。用户还可以用〈Ctrl + X〉组合键来进行剪切操作。

3）粘贴。用鼠标单击工具栏上的"粘贴"按钮，这时，Windows 的剪贴板中的内容就会插入到光标所在的位置。用户还可以用〈Ctrl + V〉组合键来进行粘贴操作。

提示：

使用"编辑"菜单下的"复制""剪切"和"粘贴"命令也可以执行复制、剪切和粘贴操作。

利用复制、剪切、粘贴命令可以很方便地实现部分文字的复制和移动等操作。例如，要复制一段文字，其操作步骤如下：
步骤1　选取要被复制的一段文字（这时该段文字反白显示）。
步骤2　在工具栏上用鼠标单击"复制"按钮，这时该段内容被复制到"剪贴板"中。
步骤3　将鼠标移到需要的地方，单击鼠标左键，将插入点移到该位置。
步骤4　用鼠标单击工具栏上的"粘贴"按钮，这时，剪贴板的内容就被粘贴到插入点所在的位置了。

提示：
进行粘贴操作后，Windows 剪贴板的内容并未被清除，用户可以再在其他地方粘贴同样的内容。
因此通过执行选定文本→剪切操作→定位插入点→粘贴的操作，就可以完成移动文本的操作。

（2）使用鼠标拖动来复制或者移动文本。Word 2010 中也可用鼠标拖动来复制或者移动文本。

1）选定要移动的文本，按住鼠标左键，拖动到目标位置后释放左键即可。在此过程中，鼠标指针下面会携带一个，"小信封"。如果在拖动的同时按下〈Ctrl〉键，则可以进行复制操作，此时鼠标指针下的"小信封"中会出现一个加号。

2）也可以使用鼠标右键移动文本，但释放后会弹出如图4—16所示的快捷菜单，在其中可以选择"移动到此位置"或"复制到此位置"。

（3）使用 Office 剪贴板。Office 2010 的剪贴板对于原有的剪贴板进行了扩展，功能更加强大，使用起来也更加方便。在"开始"菜单的功能区中单击"剪贴板"对话框按钮　，打开"剪贴板"对话框，如图4—17所示。

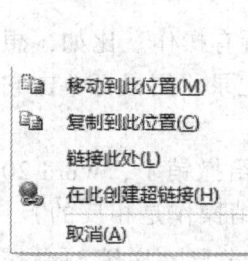
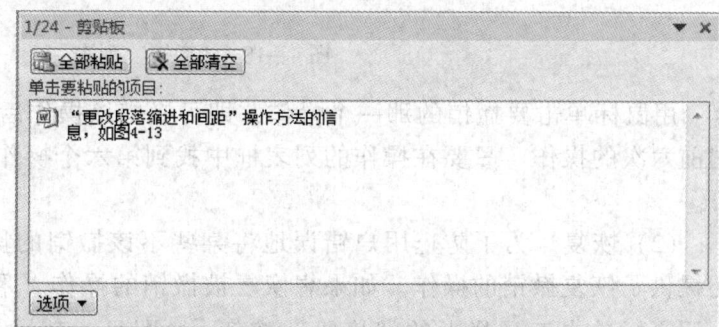

图4—16　"移动"快捷菜单　　　　图4—17　"剪贴板"对话框

当用户在 Office 程序甚至其他应用程序中进行了剪切、复制操作后，剪切、复制的对象会被放入剪贴板中。要使用 Office 剪贴板中的对象只需在其中单击所要粘贴的对象图标，该对象就会被粘贴到插入点光标所在位置。

剪贴板中可存放包括文本、表格、图形等 24 个对象。如果超出了这个数目，最旧的对象将被从剪贴板上删除。Office 剪贴板被所有 Office 程序共享，就是说可以在 Word 2010 中复制几个对象，然后在 PowerPoint 或 Excel 中同时使用。

4. 撤销与恢复操作

在文字录入或排版过程中，如果误删了不该删除的内容，可以利用 Word 2010 提供的"撤销"和"恢复"命令。Word 2010 详细地记录用户的操作历史，除了那些无关紧要的光标移动之外，几乎所有的操作都被记录下来，以便能撤销那些误操作。

（1）撤销。在文档的编辑过程中，假如对刚做的一项操作不满意，或无意中删除了一些不应该删除的文字，这时可以选择快速访问工具栏上的"撤销"按钮 。例如，用鼠标单击"撤销"按钮，则可以撤销前一步操作；如果想撤销前五次的操作，那么可以用鼠标连续单击五下 按钮。

也可以用鼠标单击"撤销"按钮旁边的下拉菜单，这时在屏幕上显示出先前所有操作的列表，如图 4—18 所示。

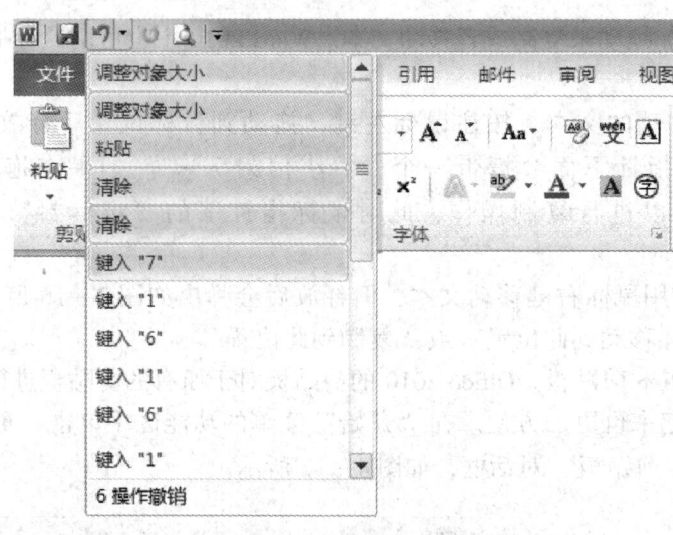

图 4—18 "撤销"列表

用鼠标单击要撤销的那一个操作，即可撤销该操作后的所有操作。比如，想撤销前六次的操作，只要在操作的列表框中找到第六个操作的记录，用鼠标单击它即可。

（2）恢复。为了防止用户错误地将某些不该撤销的操作给撤销了，Word 2010 还提供了恢复撤销的操作。如果想恢复被撤销的操作（和撤销操作是相反的），那么用鼠标单击工具栏上的"恢复"按钮 即可。其操作方式与"撤销"操作类似。

提示：

可以使用快捷键进行撤销操作。按〈Ctrl + Z〉组合键可以撤销一步操作，反复按可以恢复到前几步。

三、保存文档

保存文档是把编辑和修改的文档保存到磁盘上的操作。保存文档是非常重要的，用户所做的工作都是在内存中进行的，一旦计算机突然断电或者系统发生意外而非正常退出 Word 2010，那么这些内存中的信息就会丢失，所有的工作就会白费。为了将输入的文字资料长期保存，必须将它们保存在磁盘或 U 盘等可供长期保存数据的外存储器中。

用户在平时工作时要注意每隔一段时间就对文档保存一次，这样可以有效地避免因停电、死机等意外事故而造成自己的劳动成果白白损失，另外，用户可以设置自动保存文档，以避免意外的情况发生，造成文档的丢失。

1. 使用"保存"命令

使用"保存"命令，可以直接将文档编辑和修改的内容保存到原文件中。

Word 2010 中常用以下三种保存文档的操作方法：

（1）单击快速启动工具栏中的"保存"按钮 。

（2）选择"文件"选项卡中的"保存"命令。

（3）按〈Ctrl + S〉组合键。

提示：

对于新建的文件，保存文档时，将打开"另存为"对话框，用户可以根据提示，输入文件名后保存文档。

2. 使用"另存为"命令

执行了保存操作后，修改后的文档内容都会被保存下来，但原文档的内容就被覆盖了。如果想保存修改后的文档，又不想覆盖原文档的内容，可以把修改后的文档当作一个副本保存，同时还可以另存为其他格式的文档。为文档保存一个副本，就是把文档以另外一个名称保存，而原来的文档仍然以以前的名称存在。具体操作步骤如下：

（1）选择"文件"选项卡中的"另存为"命令，打开"另存为"对话框，如图 4—19 所示。

（2）在该对话框的"保存位置"中选择该文档要保存的位置。

（3）在"文件名"框中输入文档要保存的名称。

（4）在"保存类型"列表中选择文档类型。

（5）单击"保存"按钮，即可保存该文档。

3. 设置"自动保存"功能

除了上述的保存文档功能外，Word 2010 还具有自动保存功能，即每隔一段时间会自动对文档进行一次保存。这项功能可以有效地避免因停电、死机等意外事故而造成的文件丢失。自动保存功能的保存时间间隔可以由用户任意设置，其具体操作步骤如下：

（1）选择"文件"选项卡中的"选项"命令，打开"Word 选项"对话框，如图 4—20 所示。

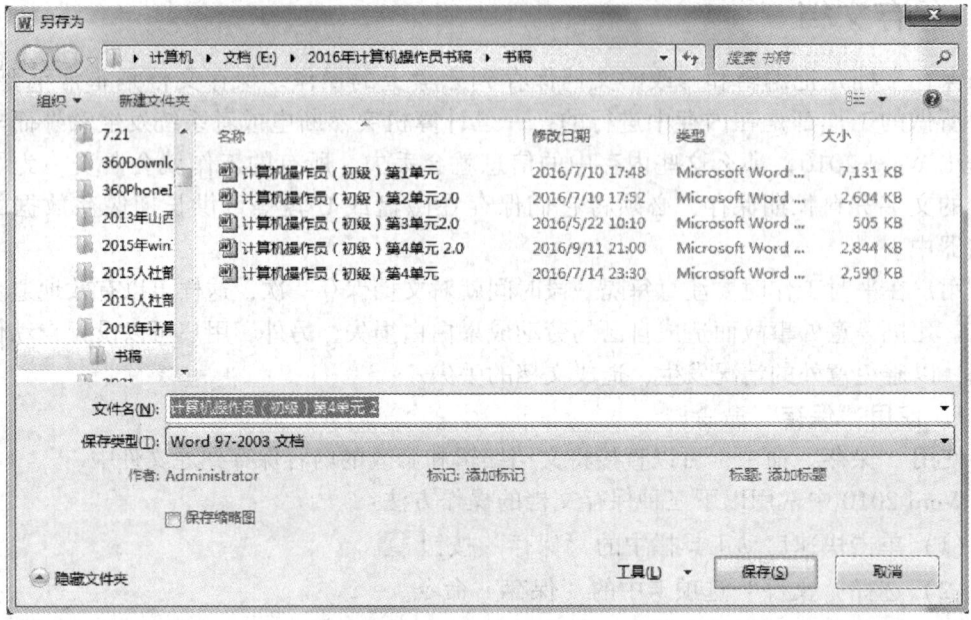

图 4—19 "另存为"对话框

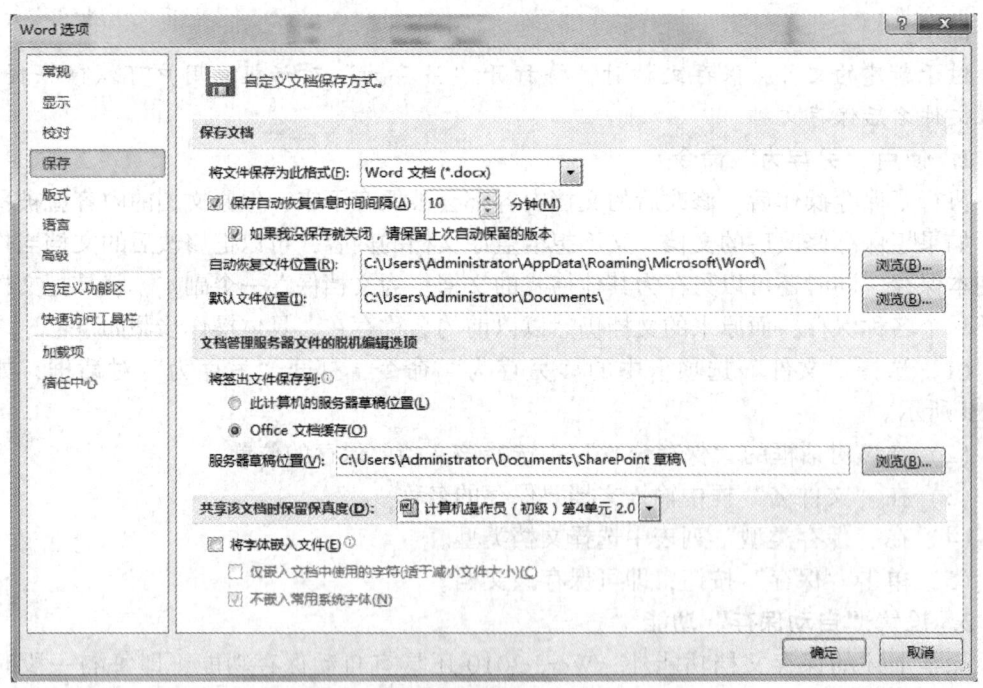

图 4—20 "Word 选项"对话框

（2）在左侧列表中选择"保存"选项，在"保存文档"选项区中选中"保存自动恢复信息时间间隔"复选框，并在其右侧的文本框中输入一个时间间隔（以"分钟"为单位）。例如，在该数值框中输入 5，即表示设置系统每隔 5 分钟自动保存一次文档。

（3）选中"如果我没保存就关闭，请保留上次自动保留的文件"复选框，可在没有保存就关闭文档的情况下让计算机自动保留对文档的编辑。

（4）设置完毕后单击"确定"按钮，保存设置并关闭对话框。

设置了自动保存功能后，虽然不必担忧在工作中因停电或死机而造成过多数据的丢失，但编者还是建议用户养成随时使用〈Ctrl + S〉组合键手动保存文档的好习惯，这样即使是在一台没有设置自动保存功能的计算机上，也可以依靠习惯性的存盘操作而最大限度地降低丢失数据的可能性。

典型操作案例

【操作要求】

1. 新建文件夹：在 Word 2010 程序中，新建一个文件夹，以 A4 – 1.docx 为文件名保存至 D 盘的根目录下以用户名为文件夹名命名的文件夹中。

2. 录入文本与符号：按照【样文4—1A】，录入文字、数字、标点符号、特殊符号等。

3. 复制与粘贴：将附送参考资料 2010KSW\DATA2\TF2 – 1.docx 文档全部文字复制到用户录入的文字之后。

4. 查找与替换：将文档中所有"核站"替换为"核电站"，结果如【样文4—1B】所示。

【样文4—1A】

世界上一切物质都是由原子构成的，原子又是由原子核和它周围的电子构成的。轻原子核的融合和重原子核的分裂都能放出能量，分别称为"核聚变能"和"核裂变能"，简称"核能"。

自1951年12月美国实验增殖堆1号首次利用"核能"发电以来，世界核电至今已有50多年的发展历史。截至2005年年底，全世界核电运行机组共有440多台，其发电量约占世界发电总量的16%。

【样文4—1B】

世界上一切物质都是由原子构成的，原子又是由原子核和它周围的电子构成的。轻原子核的融合和重原子核的分裂都能放出能量，分别称为"核聚变能"和"核裂变能"，简称"核能"。

自1951年12月美国实验增殖堆1号首次利用"核能"发电以来，世界核电至今已有50多年的发展历史。至2005年年底，全世界核电运行机组共有440多台，其发电量约占世界发电总量的16%。

火力发电站利用煤和石油发电，水力发电站利用水力发电，而核电站是利用原子核内部蕴藏的能量产生电能的。新型发电站核电站大体可分为两部分：一部分是利用核能生产蒸汽的核岛，包括反应堆装置和一回路系统；另一部分是利用蒸汽发电的常规岛，包括汽轮发电机系统。

在发达国家，核电已有几十年的发展历史，核电已成为一种成熟的能源。我国的核工业也已有40多年发展历史，建立了从地质勘察、采矿到元件加工、后处理等相当完整的核燃料循环体系，已建成多种类型的核反应堆并有多年的安全管理和运行经验，拥有一支专业齐全、技术过硬的队伍。核电站的建设和运行是一项复杂的技术。我国目前已经能够设计、建造和运行自己的核电站。秦山核电站就是由我国自己研究设计建造的。

第3节 文档基本格式化处理

→ 能够设置字符的字体、字号、字形等格式
→ 能够设置字符间距
→ 能够设置段落的缩进与对齐方式
→ 能够设置页边距、页眉和页脚
→ 能够插入页码

文档格式处理也就是修饰文档，它包括对字符、段落、文档格式等进行设置，是使文档更加美观的一项基本操作。

一、设置字符的格式

1. 关于字符格式的几个概念

（1）字符。字符是指作为文本输入的汉字、字母、数字、标点符号以及特殊符号等。字符格式是字符的属性包括字体、字型、字号、颜色、字符间距等。通过设置字符格式可以使文字的效果更加突出，文档更加美观。

（2）字体。字体是指文字的形体效果，中文 Word 2010 为用户提供了一些常用的中、英文字体，如宋体、黑体、楷体、Times New Roman 等。不同的字体有不同的外观形状，一些字体还可带有自己的符号集，有些字体在键入时甚至以图片的方式，而不是字母和数字方式显示，用户可以根据需要设置。

（3）字号。字号是指文字的大小。在 Word 中，表述字体大小的计量单位有两种，一种是汉字的字号，如初号、小初、一号……七号、八号；另一种是用国际上通用的"磅"来表示，如4磅、4.5磅、10磅、12磅……48磅、72磅等。中文字号中，"数值"越大，字就越小，所以八号字是最小的；在用"磅"表示的字号时，数值越小，字符的尺寸越小，数值越大，字符的尺寸越大。2.83磅等于1毫米，所以28磅字大概就是一厘米高的字，相当于中文字号中的一号字。

（4）字形。在 Word 2010 中，可以通过给文字增添一些附加属性来改变文字的形状，改变字形就是指给文字添加粗体、斜体等强调效果或下划线、删除线、上标、下标、底纹、方框等特殊效果。通过将一个词、一个短语或一段文字设为强调效果或特殊效果，可以使其更加突出和引人注目。

（5）字符间距。字符间距是指同一行相邻字符之间的距离。

（6）"格式刷"。"格式刷"是一个用于快速复制字符格式的工具，它可以将一个地方的字符格式快速复制到其他地方应用，以提高排版效率。

2. 使用"字体"功能组中布置的工具设置字符格式

新建的 Word 2010 文档，用户在未设置任何格式的情况下输入文本，则 Word 2010 按照默认格式设置，如字体为宋体、字号为五号等。用户可以根据需要设置字符的格式。

（1）设置字体。在功能区"字体"功能组中，单击"字体"下拉列表按钮 宋体 ，弹出下拉列表框，如图 4—21 所示。这些字体是系统已经安装了的字体，可以直接使用，列表中显示的字体也是该字体的效果。

要设置字体，只需选中要格式化的字符，然后在"字体"下拉列表中选择相应的字体即可。下面是常用字体设置后的效果。

| 宋体 | 楷体 | **黑体** | 隶书 | 仿宋 |
| 方正姚体 | 华文行楷 | 华文细黑 | **华文琥珀** | |

（2）设置字号。在功能区"字体"功能组中，单击"字号"下拉列表按钮 五号 ，弹出"字号"下拉列表框，如图 4—22 所示。

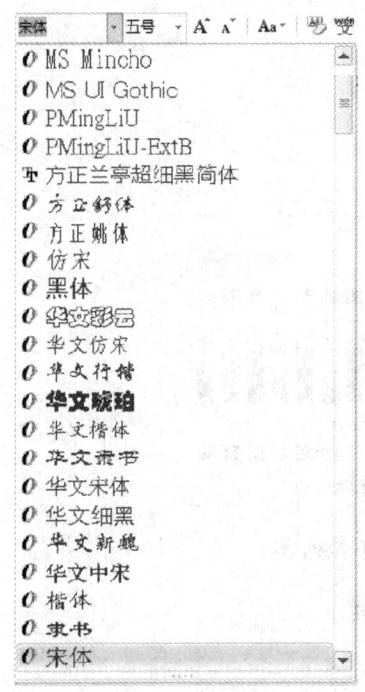
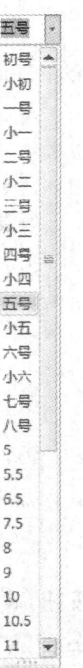

图 4—21 "字体"下拉列表　　　　图 4—22 "字号"下拉列表

要设置字号，只需先选中要格式化的字符，然后在"字号"下拉列表中，选择所需的字号即可。

提示：

Word 2010 中的字号，除了"字号"下拉列表中的字号之外，用户也可以在"字号"下拉列表上的文本框中，直接输入数值，尤其是要设置超大号字。最大的字号是1638磅，最小字号是1磅。

（3）设置字型。要设置字型，只需要选中要格式化的字符，然后在"开始"选项卡"字体"功能区中，单击字型按钮即可。设置字型的按钮呈高亮状态时，表示使用字型效果，否则表示取消使用字型效果。

1）加粗按钮 **B** 。将所选字符加粗。

2）倾斜按钮 *I* 。将所选的字符设置为斜体。

3）下划线 U 。表示给所选字符加下划线，如果单击右侧的黑三角箭头按钮 ▼ ，可以打开下划线类型下拉列表，如图4—23所示。用户可以从中设置下划线的类型和下划线的颜色。

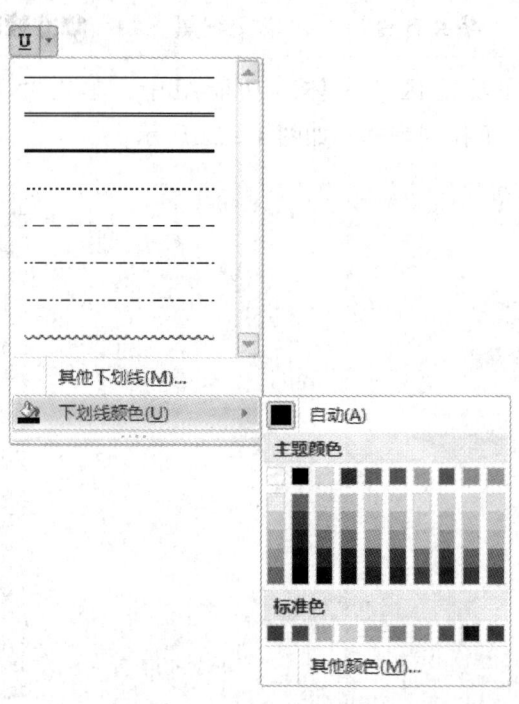

图4—23 "下划线"下拉列表

4）字符底纹按钮 A 。将所选字符加底纹效果。

5）字符边框按钮 A 。将所选的字符加边框。

6）字符下标按钮 X_2 。将所选的字符设置为下标。

7）字符上标按钮 X^2 。将所选的字符设置为上标。

8）删除线按钮 abc 。在所选的文字中间画一条删除线。

9）文本效果按钮 A 。对所选文字应用外观效果（如阴影、发光或映像）。

3．设置字体的颜色和突出显示

为了美观和突出内容，用户可以通过设置字体的颜色以及为字符设置背景颜色来突出显示。

（1）设置字体颜色。要设置字体的颜色，需要先选中要设置颜色的字符，然后在"开始"选项卡"字体"功能区中，单击"字体颜色"按钮 A。如果要设置为其他颜色，可以单击"字体颜色"按钮右侧的黑三角箭头按钮，打开颜色下拉列表，如图4—24所示，用户可以在其中选择一种颜色。

（2）设置突出显示。以不同的颜色突出显示文本的内容，使文字看上去像使用荧光笔做了标记一样。要设置突出显示，可以在"开始"选项卡"字体"功能区中，单击"突出显示"按钮，鼠标的外观会变为彩笔的样式，这时按住鼠标的左键，用它拖动过的文本都会带上背景色。再次单击"突出显示"按钮，鼠标恢复到文本编辑状态。

如果单击"突出显示"按钮右侧的黑三角箭头按钮，打开颜色下拉列表，如图4—25所示。

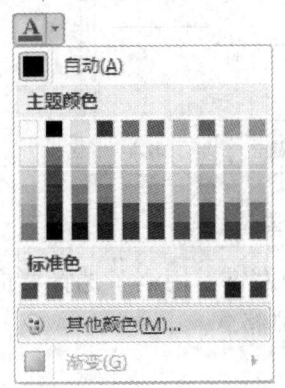 

图4—24 "颜色"下拉列表　　　　图4—25 设置突出显示背景颜色

4．使用"字体"对话框设置字符格式

虽然在"开始"选项卡"字体"功能区中，放置了大量的常用的字符格式设置的按钮。但是为了操作方便，在Word 2010中还提供了"字体"对话框，设置字符的格式。

要使用"字体"对话框设置选定的字符的字体。可以先选定目标文本，然后在"开始"选项卡的"字体"功能区中，单击右下角的"字体"对话框按钮，打开"字体"对话框，如图4—26所示。用户可以根据需要对选中的文本设置字体、字型、字号、字体颜色、下划线、着重号等字符格式。

5．使用"格式刷"

在"开始"选项卡的"常用工具"功能区中有一个"格式刷"按钮，是一个快速复制格式的工具。使用"格式刷"的操作要领如下：

（1）选定有格式的内容。

（2）单击"格式刷"按钮，此时，鼠标将变成刷子的状态，这个过程叫取样。

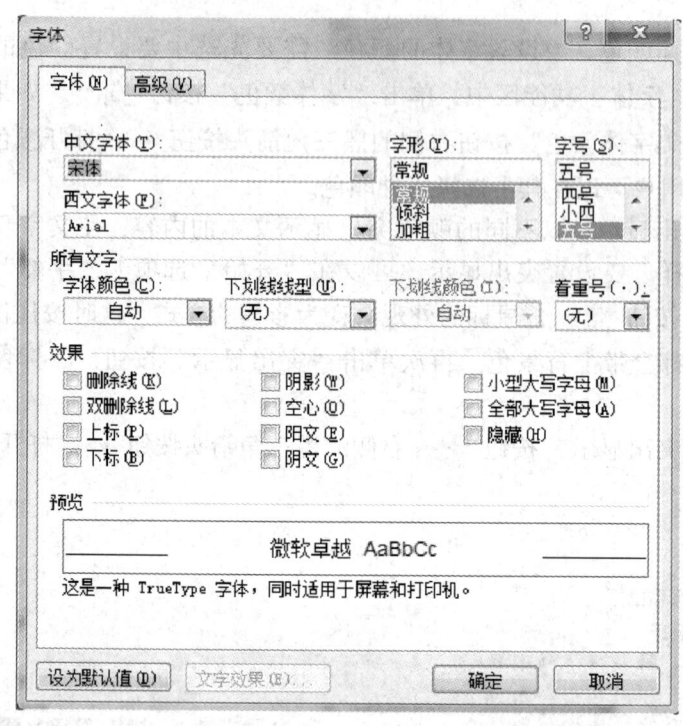

图4—26 "字体"对话框

（3）将鼠标移到要应用格式的位置，按下鼠标的左键，用刷子选择要应用的格式的内容，则被刷过的内容格式将改变，这个过程叫作刷格式。

提示：

使用格式刷时，单击格式刷，格式刷只能使用一次，继续使用时需要再次单击格式刷；双击格式刷，则格式刷可以连续使用多次，即把一段文字的指定格式复制到多处。

6. 设置字符间距

在"字体"对话框中，单击"高级"标签，打开"字体"对话框的"高级"选项卡，如图4—27所示。

在默认情况下，字符的间距为"标准"间距，用户可以根据需要来调整字符的间距，操作要领如下：

（1）选中需要设置字符间距的文本。

（2）在"字体"对话框"高级"选项卡中，单击"间距"设置框下拉列表按钮，如图4—28所示，在"间距"选项中选择"加宽"或"紧缩"。

（3）在右边"磅值"文本框中，单击上、下微调按钮，调节加宽或缩紧的磅值；也可以直接在"磅值"文本框中输入想要加宽或缩紧的磅值。

图 4—27 "字体"对话框"高级"选项卡

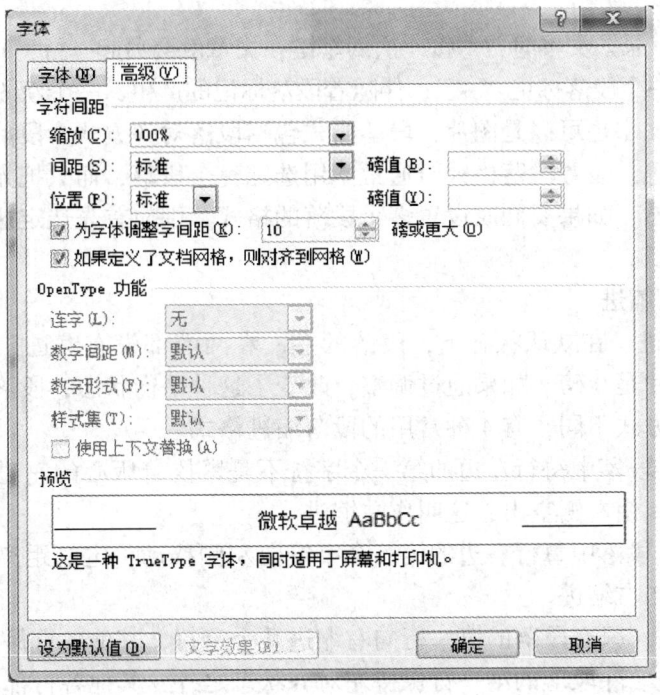

图 4—28 设置字符间距

二、设置段落格式

在 Word 2010 录入文本时，每按一次回车键，文章就会另起一行，同时，在前一行的末尾会自动增加一个段落标记"↵"，伴随着段落标记的产生，一个新的段落生成了。

段落可以是文字也可以是图片，段落格式包括段落对齐方式、段落缩进距离、行距和段前段后距离等。设置段落格式时通常不用选定整个段落，而只把光标置于段落中任意位置即可，当然，如果要同时设置多个段落的格式，则应首先选定这些段落，然后再进行段落格式设置。

1．设置段落缩进

（1）段落缩进。在默认状态下，段落的左、右两端都没有缩进，也就是说，段落的左、右缩进尺寸是 0 磅。如果通过调整，改变了这种平衡状态，段落就具有了缩进格式。根据缩进的方式不同，有 4 种常用的段落缩进格式。

1）左缩进。段落中每行左边的第一个字符不是紧挨着版心的左边界，而是向右侧移动一定的距离，使左侧空出，这叫作左缩进。

2）右缩进。段落中每行右边的第一个字符向左侧移动一定的距离，使其右侧空出一些位置，这叫作右缩进。

3）首行缩进。只有段落的第一行向右缩进几个字符，其他各行保持左对齐状态。

4）悬挂缩进。除段落的第一行保持左对齐状态之外，其他各行都向右缩进。

（2）利用标尺调整段落缩进。在 Word 2010 中，用户可以利用标尺方便地设置段落首行缩进、左缩进、悬挂缩进和右缩进等，如图 4—29 所示。

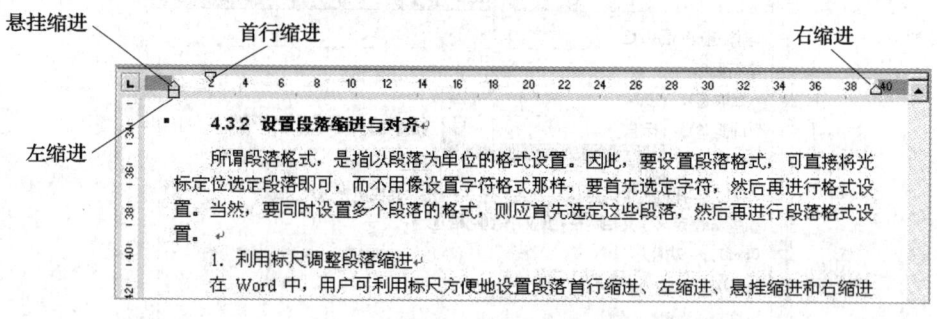

图 4—29 使用标尺进行段落缩进

通过标尺上的滑块设置段落缩进的操作要领：

1）首行缩进。拖动该滑块可以调整段落中首行文字的起始位置。

2）悬挂缩进。拖动该滑块可以调整段落中自动换行时文字的起始位置。

3）左缩进。拖动该滑块可以同时调整首行和其余各行开始的位置。

4）右缩进。拖动该滑块可以调整段落右边边界。

提示：

在 Word 2010 文档编辑区，有的情况下可能没有标尺，那是因为标尺被隐藏了，这时单击"视图"标签，打开"视图"选项卡，如图 4—30 所示，勾选"标尺"选项。

通用文档处理

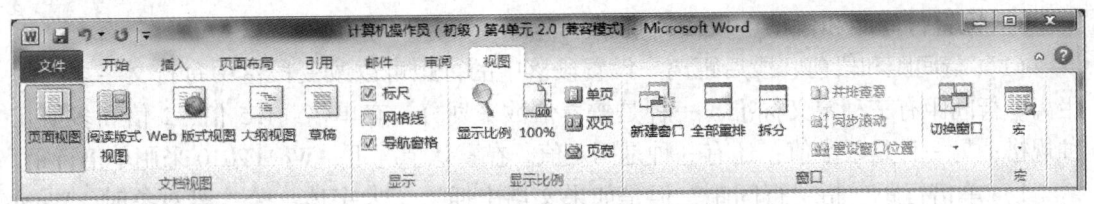

图 4—30　"视图"选项卡

2. 设置段落对齐方式

（1）段落对齐方式。段落对齐方式包括左对齐、右对齐、居中对齐、两端对齐和分散对齐等。

1）左对齐。使所有字符以段落的左边界为基准，向左靠拢，字符保持默认的间距，多用于英文文档。

2）右对齐。使所有字符以段落的右边界为基准，向右靠拢，字符间距不变，多用于文档末尾的签名和日期等。

3）居中对齐。使段落中的字符以段落的中线为基准，向中靠拢，字符间距不变，一般用于文档标题。

4）两端对齐。当一行中的非中文字符串，如英文单词、数字或符号等超出右边界时，中文 Word 2010 不允许把非中文的字符串拆开分别放在两行中，而会强行将整个字符串移到下一行，上一行剩下的字符将在本行内以均匀的间距排列，产生"两端对齐"的效果。该方式多用于中文文档。

5）分散对齐。把不满行中的所有字符等间距地分散并布满该行中，多用于制作特殊效果。

（2）使用"对齐"工具按钮设置段落对齐方式。使用"对齐"工具按钮设置段落对齐方式的操作要领如下：

1）将鼠标定位到要设置段落对齐方式的段落，或选择要设置段落对齐方式的多个段落。

2）在"开始"选项卡"段落"功能区，单击希望段落对齐方式的按钮："左"对齐按钮 ≣、"两端对齐"按钮 ≣、"居中对齐"按钮 ≣、"右对齐"按钮 ≣、"分散对齐"按钮 ≣。即可完成段落对齐方式设置，各种段落对齐方式效果如图 4—31 所示。

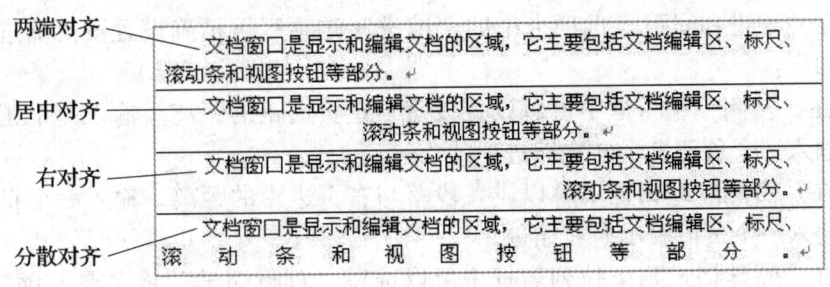

图 4—31　各种段落对齐方式效果

3. 设置行间距和段前、段后距离

（1）行间距和段前、段后距离。设置段落中的行距可以改变段落中每行文字之间的距离。行间距有三种定义标准，一种是按着倍数来划分，有单倍、1.5 倍、2 倍和多倍几种规格；另一种是最小值；还有一种是固定值。在默认情况下，Word 2010 采用单倍行距。

1）单倍行距。指单行间距，但是如果文档中插入了大字体、公式等对象时，Word 2010 会自动调整插入行的高度。

2）1.5 倍行距和 2 倍行距。分别为单行间距的 1.5 倍和 2 倍。

3）多倍行距。更多倍的行距。

4）最小值。指行间距最小值为指定的数值，但是如果文档中插入了大字体、公式等对象时，Word 2010 会自动调整插入行的高度。

5）固定值。表示严格按照"设定值"栏中设定的行间距，如果文字字号大于行距，文字会被剪切掉。

设置段前、段后间距可以改变段落和前一段落或后一段落的距离，一般标题都应增大段前、段后距离。

（2）使用"行和段落间距"工具。使用"行和段落间距"工具按钮设置行间距和段前、段后间距的操作要领如下：

1）将鼠标定位到要设置行间距和段前、段后间距的地方，或者选定多个段落。

2）在"开始"选项卡"段落"功能区，单击"行和段落间距"下拉列表按钮，打开"行和段落间距"下拉列表，如图 4—32 所示。

3）在列表中直接选择行间距的倍率值或选择"增加段前间距""增加段后间距"选项，即可调节行间距和段前、短后间距。

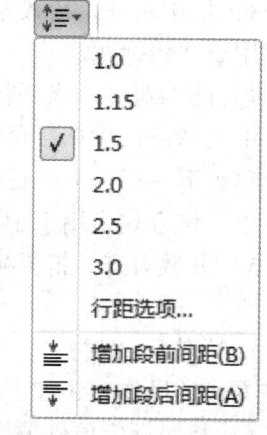

图 4—32　"行和段落间距"下拉列表

4. 使用"段落"对话框精确设置段落格式

设置行间距和段前、段后间距，除了可以使用"段落"功能区功能按钮实现之外，也可以使用"段落"对话框精确设置段落格式。

单击"开始"选项卡"段落"功能区右下角的"段落"对话框按钮，打开"段落"对话框，如图 4—33 所示，用户可以对段落进行更多且更精确的设置。

其中在"缩进和间距"选项卡中的"缩进"选项区可精确设置段落缩进。各设置项的意义如下：

（1）在"左侧"编辑框中可以设置段落与左页边距的距离。输入一个正值表示向右缩进，输入一个负值表示向左缩进。

（2）在"右侧"编辑框中可以设置段落与右页边距的距离。输入一个正值表示向左缩进，输入一个负值表示向右缩进。

（3）在"特殊格式"下拉列表框中可以选择"首行缩进"或"悬挂缩进"选项，然后在"度量值"编辑框中指定其缩进值。

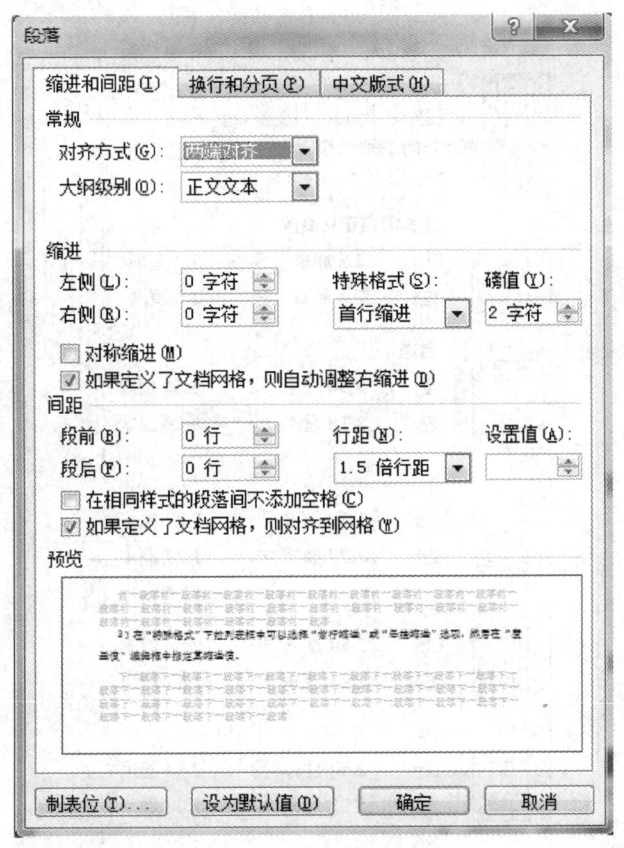

图 4—33 "段落"对话框

此外，利用"缩进和间距"选项卡中的"间距"设置区，可以设置行间距和段前、段后间距。

三、页面设置

页面设置包括对纸张大小、页边距、每行字符数、每页行数、纸张来源和版面等设置，这些设置是打印文档之前必须要做的准备工作，这就相当于在写字前先挑选一张尺寸合适的纸，并设计好书写的格式。用户可以使用 Word 2010 默认的页面设置，也可以根据需要重新设置或随时修改这些选项。设置页面既可以在输入文档之前，也可以在输入过程中或文档输入之后进行。

1. 设置页边距

页边距是正文和页面边缘之间的距离，设置页边距有两种操作方法：

（1）使用"页边距"按钮设置页边距。操作方法如下：

1）单击"页面布局"标签，打开"页面布局"选项卡，单击"页面设置"功能区中的"页边距"按钮，打开"页边距"下拉列表，如图4—34所示。

2）直接在"页边距"下拉列表中，选择页边距。

（2）使用"页边设置"对话框设置页边距。操作方法如下：

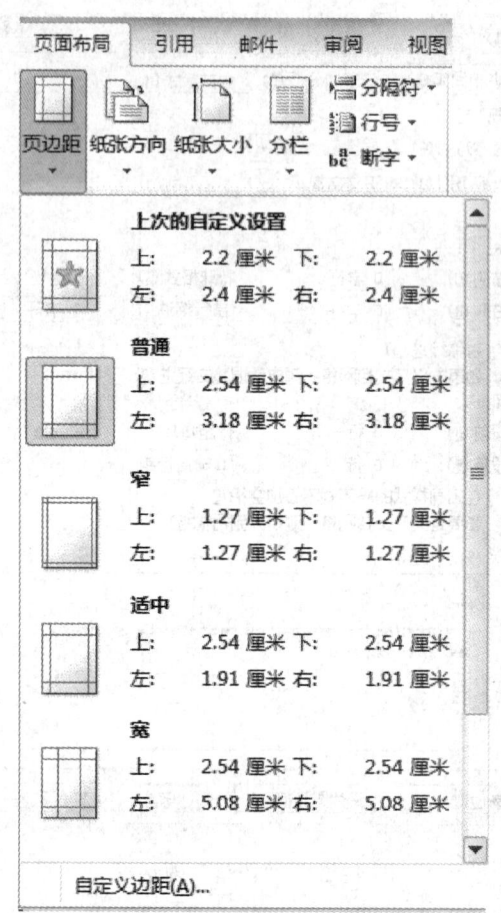

图4—34 "页边距"下拉列表

1）单击"页面布局"标签，打开"页面布局"选项卡，在"页面设置"功能区中，单击"自定义边距"按钮，打开"页面设置"对话框，如图4—35所示。

2）单击"页边距"标签，在"页边距"设置区"上""下""左""右"文本框中，直接输入页边距的数值或按微调按钮设置页边距。如果打印后要装订，可以在"装订线"框中输入装订线的宽度，在"装订线位置"框中选择"左"或"右"设置装订位置。

3）在"纸张方向"设置区，选择"纵向"或"横向"决定文档页面的方向。

4）单击"确定"按钮，完成设置。

2. 设置纸张

使用"纸张"选项，可以设定打印纸张的大小和来源，操作要领如下：

（1）在"页面设置"对话框中，单击"纸张"标签，打开"纸张"选项卡，如图4—36所示。

（2）在"纸张大小"设置区，单击"纸张大小"下拉列表，从中可以选择各种纸型，如A4、B5、16开、32开等。

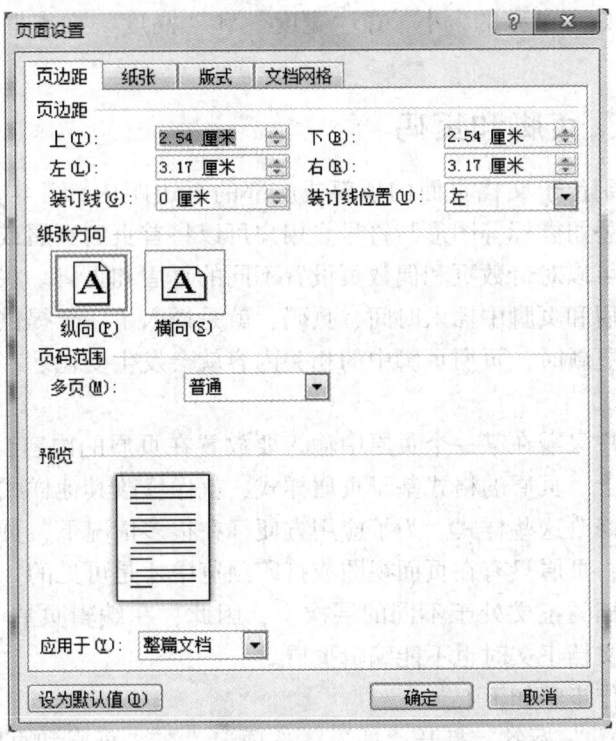

图 4—35 "页面设置"对话框

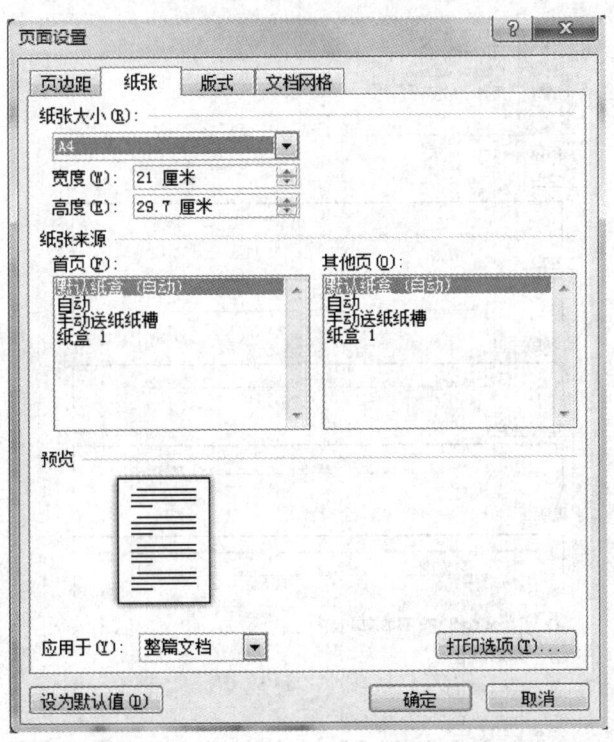

图 4—36 "页面设置"对话框"纸张"选项卡

（3）也可以自定义纸张的大小，在"宽度"和"高度"文本框中，直接输入纸张宽度和高度的数值。

四、插入页眉、页脚和页码

页眉和页脚分别位于文档页面的顶部或底部的页边距中，常常用来插入标题、页码、日期等文本或公司徽标等图形与符号。用户可以将首页的页眉或页脚设置成与其他页不同的形式，也可以对奇数页和偶数页设置不同的页眉和页脚。在页眉和页脚中还可以插入域，如在页眉和页脚中插入时间、页码，就是插入了一个提供时间和页码信息的域。当域的内容被更新时，页眉页脚中的相关内容就会发生变化。

1. 插入页眉

插入页眉，用户只需在某一个页眉中输入要放置在页眉的内容，Word 2010 会把它们自动加到每一页上。页眉的格式基于页眉样式，就像修改其他样式一样，用户可改变它们的默认外观，修改这些样式。为了应用方便，在很多情况下，页眉通常被设计成模板的一部分。不过，页眉只有在页面视图或打印预览中才是可见的。

由于页眉与文档的正文处于不同的层次上，因此，在编辑页眉时不能编辑文档正文。同样，在编辑文档正文时也不能编辑页眉。

插入页眉的操作步骤如下：

（1）单击"插入"标签，打开"插入"选项卡，在"页眉和页脚"功能区，单击"页眉"按钮，打开"页眉"选项列表，如图 4—37 所示。

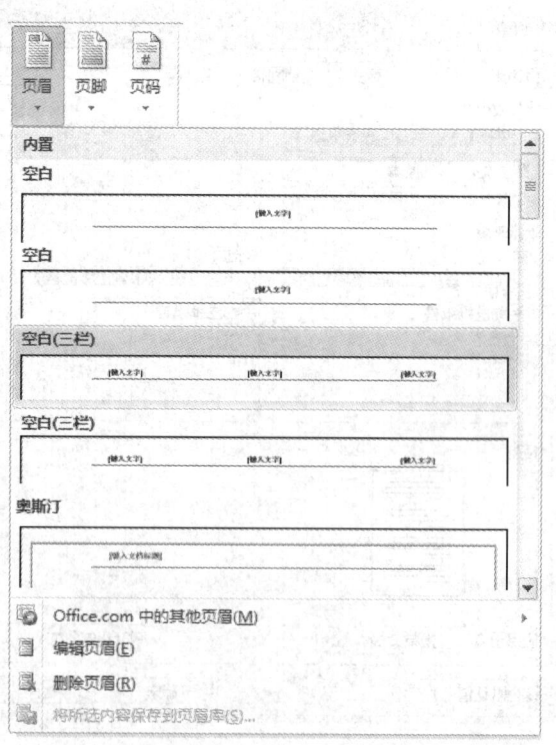

图 4—37 "页眉"选项列表

（2）在"页眉"选项列表中，选择一种合适的页眉样式，打开"页眉"编辑区，如图4—38所示。

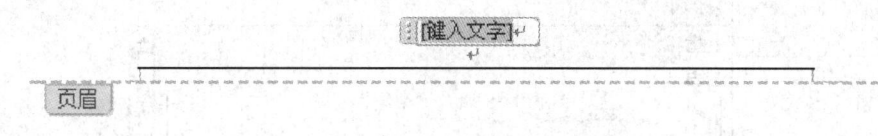

图4—38 "页眉"编辑区

提示：

如果列表中没有需要的页眉样式，可以拖动滚动条，显示更多的页眉样式，然后再选择一种页眉样式。

（3）在"页眉"编辑区中，输入页眉信息，完成后鼠标双击文本区任何区域，完成设置。

（4）插入页眉后，用户还可以回来再次编辑、修改。

在图4—37所示的"页眉"选项列表中，选择"编辑页眉"选项，可打开"页眉"编辑区，对页眉进行重新编辑；如果选择"删除页眉"选项，则删除页眉。

2. 插入页脚

单击"插入"标签，打开"插入"选项卡，在"页眉和页脚"功能区，单击"页脚"按钮，打开"页脚"选项列表，如图4—39所示。插入和编辑页脚的方法与插入和编辑页眉的操作方法类似，只不过是一个在页面的顶部一个在页面的底部。

3. 插入页码

由于页码通常都被放在页眉区或页脚区，因此，只要在文档中设置页码，实际上就是在文档中加入了页眉或页脚。设置页码之后，Word 2010可以在后续的所有页上自动添加页码。

设置页码的操作步骤如下：

（1）将鼠标定位到要设置页码的文本或节。

（2）单击"插入"标签，打开"插入"选项卡，在"页眉和页脚"功能区，单击"页码"按钮，打开"页码"选项列表。

（3）选择插入页码的位置选项，例如选择"页面底端"选项，打开"底部页码"选项列表，如图4—40所示。

（4）选择一种页码的样式，进入"页码"编辑区，如图4—41所示。

（5）也可以在"页码"选项列表中，选择"设置页码格式"选项，打开"页码格式"对话框，如图4—42所示。然后在"编号格式"下拉列表框中选择一种页码格式。

（6）单击"确定"按钮，完成设置。

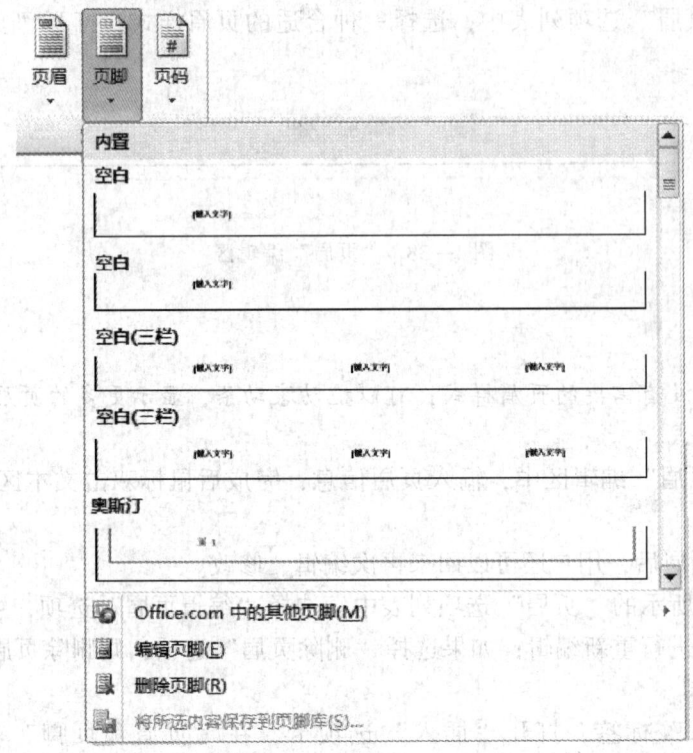

图4—39 "页脚"选项列表

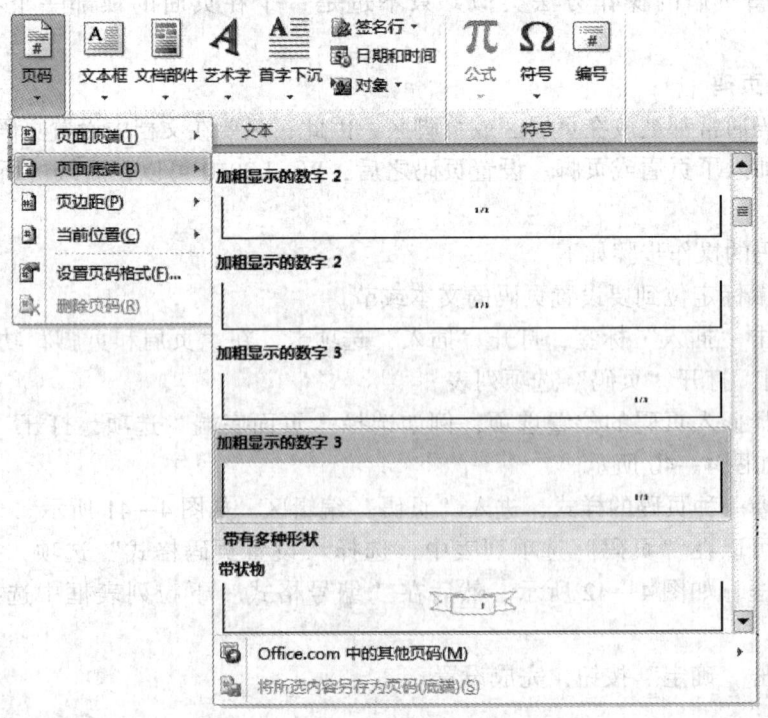

图4—40 "页面底端"选项列表

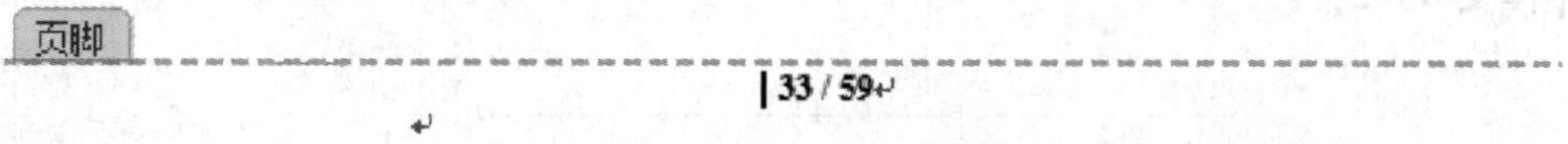

图4—41 "页码"编辑区

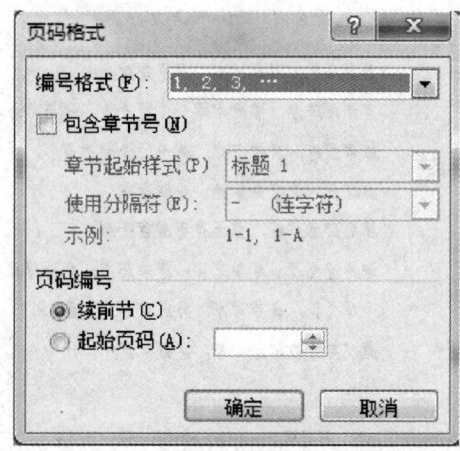

图4—42 "页码格式"对话框

典型操作案例

【操作要求】

将本书附送的参考资料中 2010KSW\DATA2\TF4－2.docx 文件复制到 D 盘以用户名命名的文件夹中,并将文件改名为 A4－2.docx。用 Word 2010 打开文档 A4－2.docx,按照下列要求设置、编排文档格式。设置结果如【样文4—2】所示。

1. 设置字体格式

(1) 将文档标题行的字体设置为华文行楷,字号为一号,字型加粗。

(2) 将文档副标题的字体设置为华文新魏,字号为四号。

(3) 将正文诗词部分的字体设置为方正姚体,字号为小四,字型斜体。

(4) 将文本"注释译文"的字体设置为微软雅黑,字号为小四,并为其添加"双波浪线"下划线。

2. 设置段落格式

(1) 将文档的标题和副标题设置为居中对齐。

(2) 对于正文诗词部分,左缩进 10 个字符,段落间距为段后段前各 0.5 行,行距为固定值 18 磅。

(3) 将正文最后两行的首行缩进 2 个字符,并设置行距为 1.5 倍行距。

3. 页面设置

将页面的上边距和下边距均设置为 3 厘米、左边距和右边距均设置为 3.6 厘米。

4. 插入页眉、页脚和页码

按【样文4—2】所示内容添加页眉文字,插入页码,并设置相应的格式。

【样文 4—2】

毛主席诗词欣赏

《沁园春·雪》

毛泽东（1936年2月）

北国风光，千里冰封，万里雪飘。

望长城内外，惟余莽莽；大河上下，顿失滔滔。

山舞银蛇，原驰蜡象，欲与天公试比高！

须晴日，看红装素裹，分外妖娆。

江山如此多娇，引无数英雄竞折腰。

惜秦皇汉武，略输文采；唐宗宋祖，稍逊风骚。

一代天骄，成吉思汗，只识弯弓射大雕。

俱往矣，数风流人物，还看今朝！

注释译文

  北方的风光，千里冰封，万里雪飘，眺望长城内外，只剩下白茫茫的一片，宽广的黄河的上游和下游，顿时失去了滔滔水势。连绵的群山好像一条条银蛇一样蜿蜒游走，高原上的丘陵好像许多白象在奔跑，似乎想要与苍天比试一下高低。等到天晴的时候，再看红日照耀下的白雪，格外的娇艳美好。

  祖国的山川是这样的壮丽，令古往今来无数的英雄豪杰为此倾倒。只可惜像秦始皇汉武帝这样勇武的帝王，却略差文学才华；唐太宗宋太祖，稍逊文治功劳。称雄一世的天之骄子成吉思汗，却只知道拉弓射大雕（却轻视了思想文化的建立）。而这些都已经过去了，真正能够建功立业的人，还要看现在的人们（暗指无产革命阶级将超越历代英雄的信心）。

第1页

【解题步骤】

1. 设置字体格式

（1）选择文档标题，在"开始"选项卡的"字体"功能组中，单击"字体"下拉列表按钮，在字体列表中选择"华文行楷"字体；单击"字号"下拉列表按钮，在字号列表中选择"一号"字；单击加粗按钮 **B**。

（2）选择文档副标题，在"字体"功能组中，单击"字体"下拉列表按钮，在字体列表中选择"华文新魏"字体；单击"字号"下拉列表按钮，在字号列表中选择"四号"字。

（3）选择诗词正文，在"字体"功能组中，单击"字体"下拉列表按钮，在字体列表中选择"方正姚体"字体；单击"字号"下拉列表按钮，在字号列表中选择"小四"号字；单击"倾斜"按钮 *I*。

（4）选择"注释译文"文本，在"字体"功能组中，单击"字体"下拉列表按钮，在字体列表中选择"微软雅黑"字体；单击"字号"下拉列表按钮，在字号列表中选择"小四"号字；单击"下划线"下拉列表按钮 U，选择"其他下划线"选项，单击"下划线线型"下拉列表按钮，在其中选择"双波浪线"。也可打开"字体"对话框，按照图4—43所示进行设置，单击"确定"按钮。

图4—43 选择"双波浪线"

2. 设置段落格式

（1）选择文档的标题和副标题，单击"段落"功能组中的"居中"按钮。

（2）选择正文诗词部分的，单击"段落"功能组中的"显示段落对话框"按钮，打开"段落"对话框，在"缩进"设置区，单击"左侧"微调按钮，设置为10个字符；在"间距"设置区，单击"段前"和"段后"微调按钮设置为0.5行；单击"行距"下拉列表按钮，选择"固定值"选项，然后调节"设置值"微调按钮，将设置值设置为18磅，如图4—44所示。

（3）选择正文最后两段，单击"段落"功能组中的"显示段落对话框"按钮，打开"段落"对话框，单击"特殊格式"下拉列表按钮，选择"首行缩进"选项，调节"磅值"微调按钮，设置在2个字符；单击"行距"下拉列表按钮，选择"1.5倍行距"选项。

3. 页面设置

单击"页面布局"标签，打开"页面布局"选项卡，单击"页边距"按钮，打开"页边距"选项列表，选择"自定义边距"选项，打开"页面设置"对话框，在"页边距"设置区中，单击"上"微调按钮，设置为3厘米，单击"下"微调按钮，设

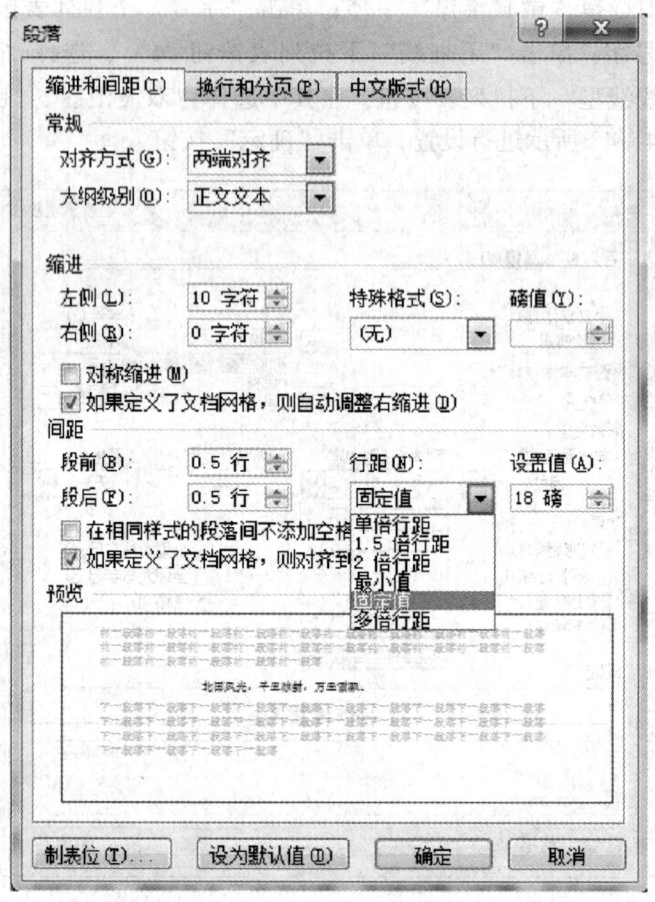

图 4—44 "段落"对话框

置为 3 厘米；单击"左"微调按钮，设置为 3.6 厘米，单击"右"微调按钮，设置为 3.6 厘米，如图 4—45 所示。单击"确定"按钮。

4. 插入页眉、页脚和页码

（1）单击"插入"标签，打开"插入"选项卡，单击"页眉"按钮 ，打开"页眉"下拉列表，在其中选择"空白"选项，如图 4—46 所示。

（2）在"键入文字"区，输入"毛主席诗词欣赏"；切换到"开始"选项卡，单击"左对齐"按钮 。

（3）单击"插入"标签，打开"插入"选项卡，单击"页码"按钮 ，打开"页码"下拉列表，在其中选择"页面底端"选项，选择"普通数字 2"，即可在页面的底端插入页码，按照样文的格式输入"第"和"页"字符，然后双击正文区域，完成设置。

通用文档处理

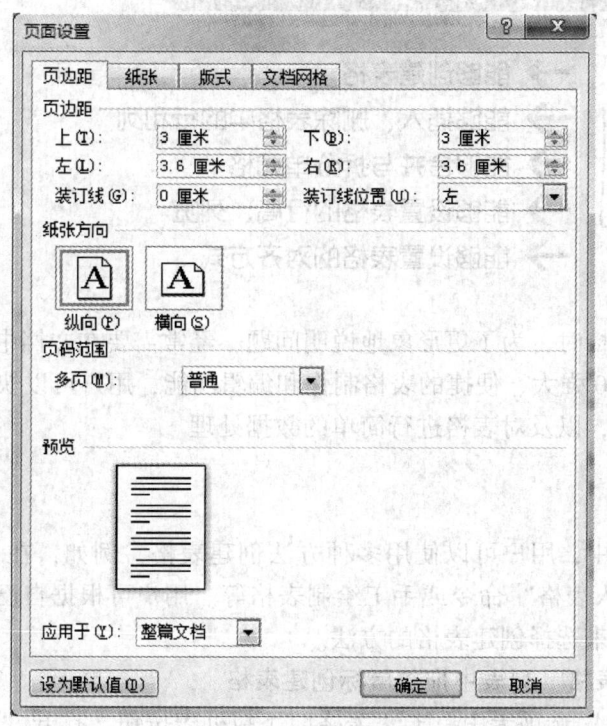

图 4—45 "页面设置"对话框

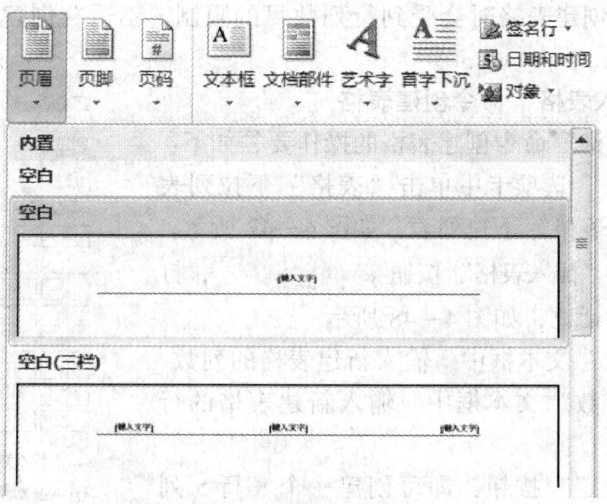

图 4—46 选择"空白"页眉选项

第4节 表格基本处理

→ 能够创建表格
→ 能够插入、删除表格中的行和列
→ 能够合并与拆分单元格
→ 能够设置表格的行高、列宽
→ 能够设置表格的对齐方式

用户在编辑文档时，为了更形象地说明问题，经常需要在文档中制作各种各样的表格。利用 Word 2010 强大、便捷的表格制作和编辑功能，用户可以快速创建表格，调整表格，格式化表格，以及对表格进行简单的数据处理。

一、创建表格

在 Word 2010 中，用户可以使用多种方法创建表格，例如，在"插入表格"列表中拖放鼠标、"插入表格"命令或手工绘制表格等。用户可根据自己的工作方式，或所需表格的复杂程度来选择创建表格的方法。

1. 在"插入表格"列表中拖放鼠标创建表格

（1）在"插入"选项卡中单击"表格"下拉列表按钮，打开"插入表格"下拉列表，如图 4—47 所示。

（2）拖动鼠标进行表格行数与列数的设置，完成表格的建立。

用这种方法在创建表格时会受到行列数目的限制，不适合创建行列数目较多的表格。

2. 使用"插入表格"命令创建表格

使用"插入表格"命令创建表格的操作要领如下：

（1）在"插入"选项卡中单击"表格"下拉列表按钮，打开"插入表格"下拉列表，如图 4—47 所示。

（2）单击选择"插入表格"按钮 插入表格(I)...，打开"插入表格"对话框，如图 4—48 所示。

（3）在"列数"文本框中，输入新建表格的列数，例如 5 列；在"行数"文本框中，输入新建表格的行数，例如 8 行。

（4）单击"确定"按钮，即可创建一个 8 行 5 列的表格。

3. 使用"绘制表格"工具创建表格

使用"绘制表格"工具创建表格的操作要领如下：

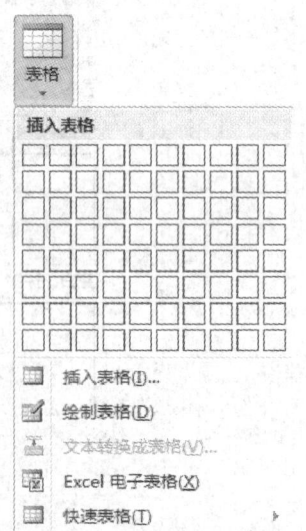

图 4—47 "插入表格"下拉列表

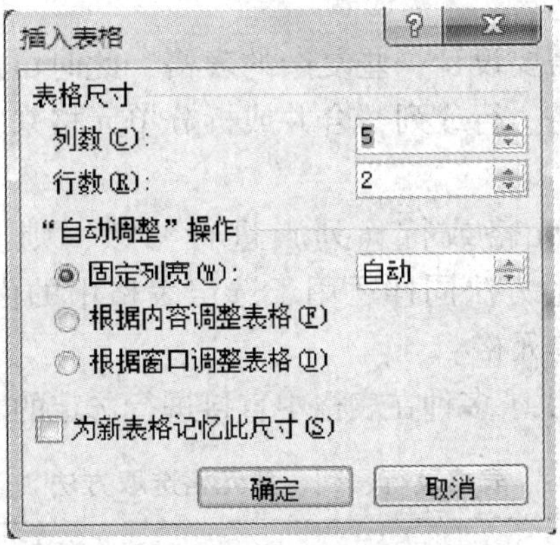

图4—48 "插入表格"对话框

（1）在"插入"选项卡中单击"表格"下拉列表按钮，打开"插入表格"下拉列表，如图4—47所示。

（2）单击"绘制表格"按钮  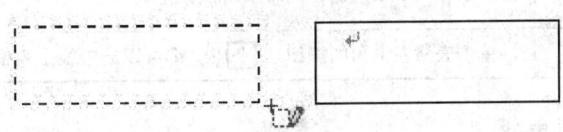，鼠标变成" "形状。

（3）拖动鼠标，出现如图4—49所示的可变虚线框，松开鼠标左键，即可画出表格的矩形边框。同时，打开"表格工具"中的"设计"选项卡，如图4—50所示。

图4—49 绘制表格

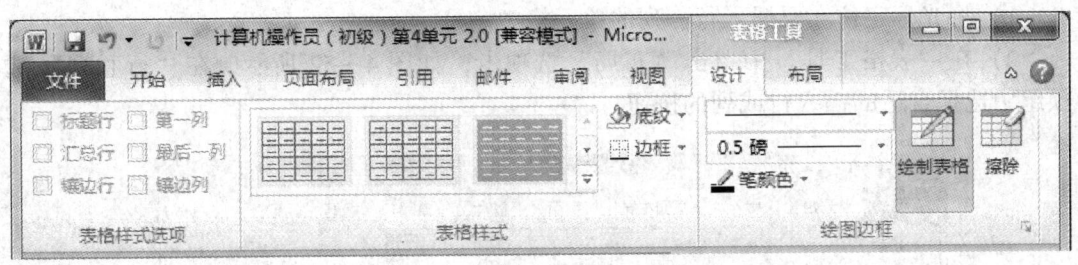

图4—50 "表格工具""设计"选项卡

（4）移动鼠标到表格左边框，按下鼠标左键，并从左边界开始从左向右拖动鼠标，当出现一个如图4—51所示的水平虚线后松开鼠标，即可绘制出表格中的一条横线。用类似的方法，还可以在表格中绘制竖线，甚至斜线。

（5）Word 2010 表格中线条的默认值为0.5磅黑色单实线。在表格中绘制边框或任何一条线时，可通过"表格工具"功能区上的"绘制边框"设置区重新设置表格的线型、线条宽度和线条颜色。

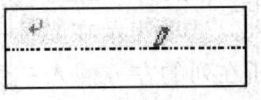

图4—51 在表格中添加线条

二、修改表格

在实际工作中，有时需要设计一些复杂的表格，此时可通过增加新的单元格，插入行或列，删除多余的单元格、行或列，合并或拆分单元格来完成。

1. 选取表格对象

如果要对表格中的单元格或行（列）进行修改，则应选中相应的单元格或行（列）。在文档中选择文本的方法同样适用于选定表格中的内容。用鼠标拖动可以随意地选择一个单元格或多个单元格。

此外，Word 2010 还提供了多种在表格中直接进行选定的方法，这些方法见表4—3。

表4—3　　　　　　　　表格及行、列、单元格选取方法

选择区域	操作方法
选中当前单元格（行）	移动鼠标到单元格左边界与第一个字符之间，待指针变成"➚"形状后，单击鼠标左键可选中该单元格，双击则选中该单元格所在的一整行
选中一整行	将鼠标指针移到该行左边界的外侧，待指针变成"➚"形状后，单击鼠标左键
选中一整列	将鼠标移到该列顶端，待指针变成"⬇"形状后，单击鼠标左键
选中连续的多个单元格	单击要选择的第一个单元格，将鼠标的 I 型指针移至要选择的最后一个单元格，按下〈Shift〉键，同时单击鼠标左键
选中整个表格	单击表格左上角的按钮" 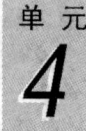 "，都可以选中整个表格

2. 插入行、列或表格

（1）插入行、列。在表格中间插入一行或一列的操作方法如下：

1）将光标定位在要插入行、列的单元格中。

2）在"表格工具"中单击"布局"选项卡，如图4—52所示，在"行和列"选项组中选择合适的插入行或列的按钮。

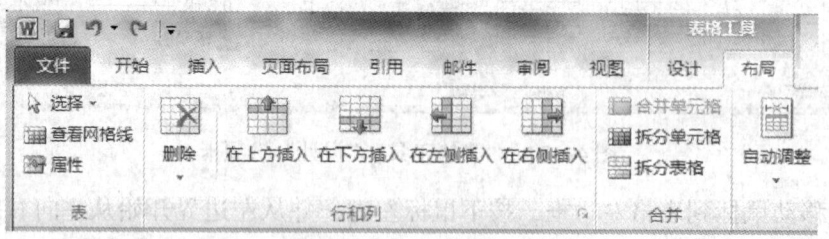

图4—52　表格工具"布局"选项卡

3）选择"在上方插入"选项表示在光标所在行的上方插入一行；选择"在下方插入"选项表示在光标所在行的下方插入一行。选择"在左侧插入"选项表示在光标所在列的左方插入一列；选择"在右侧插入"选项表示在光标所在列的右方插入一列。

（2）插入单元格。在表格中插入单元格的操作步骤如下：

1）将光标定位到要插入单元格的位置。

2）在"表格工具"中单击"布局"选项卡，如图4—52所示，在"行和列"选项组中单击"行和列"对话框按钮，打开"插入单元格"对话框，如图4—53所示。

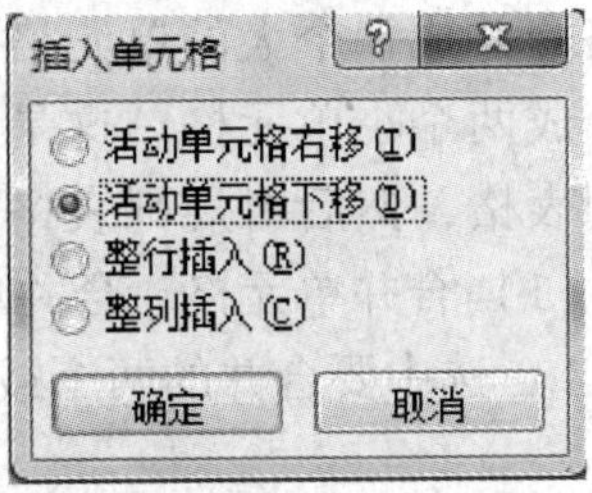

3）选择"活动单元格下移"选项，在插入点单元格的位置插入新的单元格，原单元格下移；选择"活动单元格右移"选项，在插入点单元格的位置插入新的单元格，原单元格右移。

4）单击"确定"按钮，完成设置。

（3）插入斜线。在表格中插入斜线的具体操作步骤如下：

1）将光标定位到要插入斜线的单元格；

2）在"表格工具"中单击"设计"选项卡，单击"边框"下拉列表按钮，打开"边框"下拉列表，如图4—54所示。

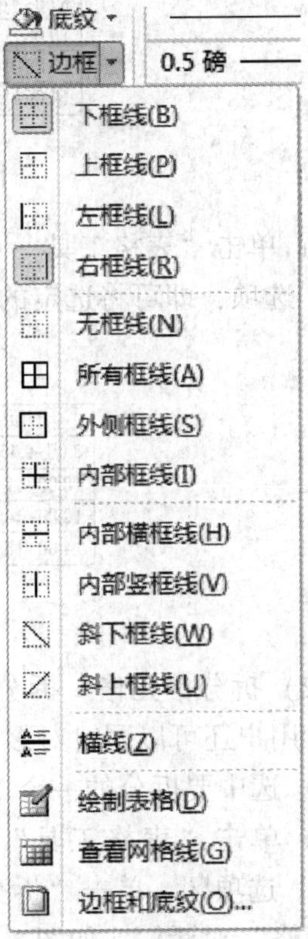

3）单击选择"斜下框线"选项或"斜上框线"选项，即可在选定的单元格插入一根斜线。

3. 表格的删除

如果在创建表格后，发现多了一些行、列或单元格。这时就需要对表格的进行删除操作。表格的删除操作分为四种，即删除单元格、删除行或列和删除整个表格。

表格的删除操作，其操作要领如下：

（1）将光标置于要删除的单元格中，或者选中要删除的多个单元格。

（2）在"表格工具"中单击"布局"选项卡，在"行和列"选项组中单击"删除"下拉列表按钮，打开"删除"下拉列表，如图4—55所示。

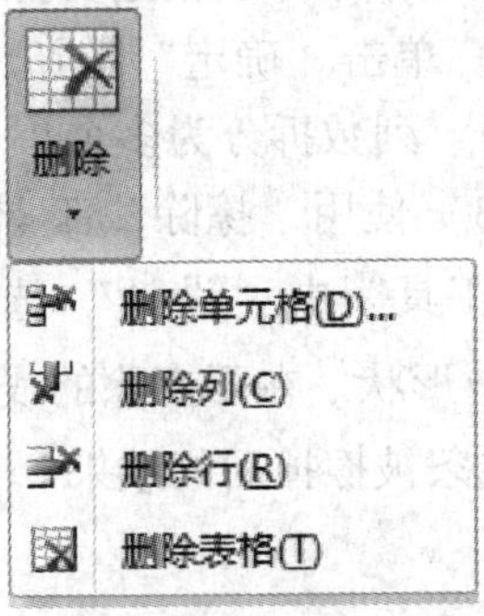

（3）选择"删除单元格"选项，删除选中的单元格；选择"删除列"选项，删除光标所在的列；选择"删除行"选项，删除光标所在的行；选择"删除表格"选项，删除光标所在的表格。

4. 表格的合并与拆分

把相邻单元格之间的边线擦除，可以将两个单

图4—53 "插入单元格"对话框

图4—54 "边框"下拉列表

图4—55 删除行、列或表格

元格合并成一个大的单元格，而在一个单元格中添加一条边线，则可以将一个单元格拆分成两个小单元格。这是表格的合并与拆分。对于一个复杂表格，可以先制作一个规则表格，然后对规则表格的单元格进行拆分或合并。

（1）合并单元格。合并单元格的操作方法如下：

1）选中要合并的两个或多个单元格，如图 4—56 所示。

课程表

时间	星期一	星期二	星期三	星期四	星期五
8:00~9:45					
10:00~11:45					
12:00~14:00					
14:00~15:45					

图 4—56　选中单元格

2）单击“表格工具”中的“布局”选项卡，在“合并”选项区，单击“合并单元格”选项，即可将选定的单元格合并为一个单元格，结果如图 4—57 所示。

课程表

时间	星期一	星期二	星期三	星期四	星期五
8:00~9:45					
10:00~11:45					
12:00~14:00					
14:00~15:45					

图 4—57　合并单元格

（2）拆分单元格。拆分单元格就是将选中的单元格拆分成等宽的多个小单元格。此外，用户还可以同时对多个单元格进行拆分，其操作步骤如下：

1）选中要拆分的一个单元格。

2）单击“表格工具”中的“布局”选项卡，在“合并”选项区，单击“拆分单元格”选项，打开“拆分单元格”对话框，如图 4—58 所示。

3）在“拆分单元格”对话框的“列数”和“行数”文本框中分别指定要拆分的列数和行数。

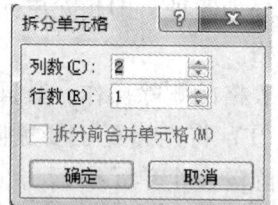

4）单击“确定”按钮，即可将选中的单元格按设置的行、列数拆分为多个小单元格。

图 4—58　“拆分单元格”对话框

（3）使用“擦除”工具修改表格。如果要擦除绘制错了或不要的线条，可以在“表格工具”中“设计”选项卡功能区中，单击“擦除”工具按钮，鼠标变成“ ”形状。在要擦除的线上拖动鼠标，当线条变为粗线条后释放鼠标，图 4—59 显示了线条被擦掉后的效果。

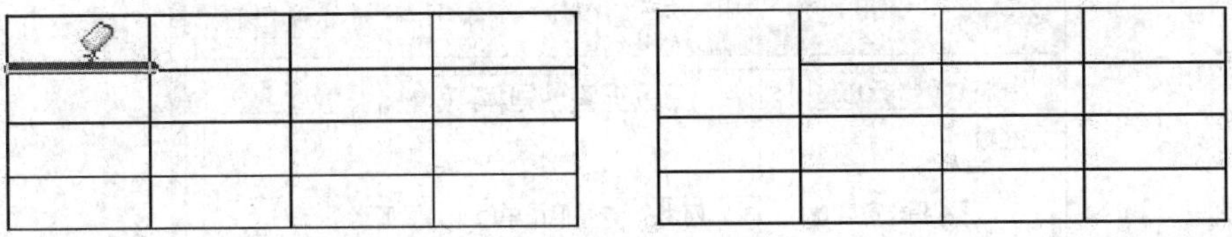

图 4—59 擦除表格线条

三、表格的格式处理

1. 设置表格的行高、列宽

在 Word 2010 中，虽然不同的行可以有不同的高度，但一行中的所有单元格必须具有相同的高度。因此调整某一个单元格的高度实际上是调整单元格所在行的高度。

（1）使用鼠标拖动调节表格的行高、列宽。直接利用鼠标来拖动表格或单元格的边框，即可改变单元格的行高和列宽，这是调整表格行高和列宽的最快捷方法。用手工拖动的方法改变行高和列宽的操作类似，下面仅以改变列宽为例，说明改变行高或列宽的方法。

1）移动光标到要调整列宽的列框线上。

2）当鼠标指针变成"↔"形状时按住鼠标并左、右拖动。此时会出现一条垂直的虚线，以显示单元格或列改变后的位置。

直接拖动"↔"形光标，只使框线左右两列的宽度发生变化，而整个表格的总宽度不变。按住〈Alt〉键拖动鼠标，可在标尺上显示列宽值。

按住〈Shift〉键后拖动"↔"形光标，将只改变框线左侧一列的宽度，并使整个表格的宽度也将发生相应变化，但表格中其他列的宽度不变。

按住〈Ctrl〉键后拖动"↔"形光标，框线右边的各列宽度发生均匀变化，整个表格的宽度不变。

3）拖动鼠标到所需的宽度时释放鼠标，即可完成改变列宽的操作。

（2）使用"表格属性"对话框设置行高、列宽。设置行高、列宽的操作基本相同，因此这里仅以设置列宽为例，介绍使用"表格属性"对话框设置列宽的操作步骤如下：

1）选中要改变列宽的一列或多列。

2）在"表格工具"中单击"布局"选项卡，如图 4—52 所示，单击"自动调整"下拉列表，然后单击"单元格大小"选项"对话框启动"按钮，打开"表格属性"对话框，如图 4—60 所示。

3）选中"指定宽度"复选框，并在其后面的方框中输入具体的列宽数值。

4）单击"前一列"或"后一列"按钮，能够在完成现有修改以后，自动选定相邻的前一列或后一列，继续进行设置宽度的操作，从而免去了关闭对话框再选择其他列的麻烦。

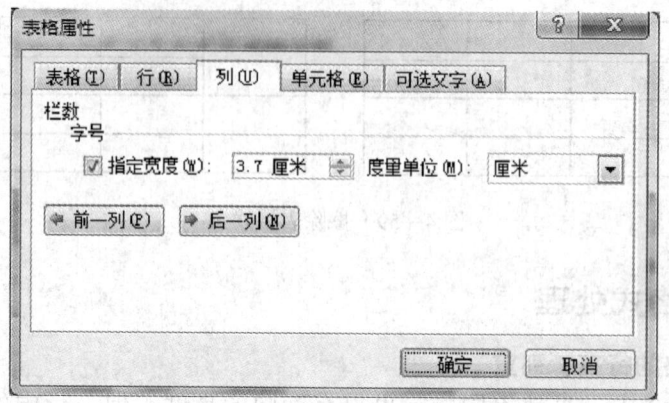

图4—60 "表格属性"对话框"列"选项卡

5)设置完成后,单击"确定"按钮。

2. 设置表格的对齐方式

表格的对齐方式是指表格在页面中的对齐位置,有"左对齐""居中""右对齐"等对齐方式,设置表格对齐方式的操作步骤如下:

(1)将鼠标定位到要设置表格属性的表格中。

(2)在"表格工具"中单击"布局"选项卡,如图4—52所示,单击"自动调整"下拉列表,然后单击"单元格大小"选项"对话框启动"按钮,打开"表格属性"对话框,如图4—60所示。单击"表格"标签,打开"表格"选项卡,如图4—61所示。

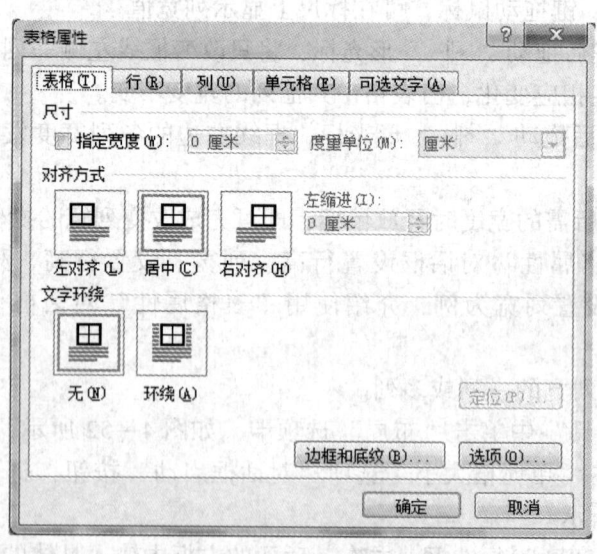

图4—61 "表格属性"对话框中的"表格"选项卡

(3)在"对齐方式"栏中,可以设置"左对齐""居中""右对齐"的对齐方式。

(4)单击"确定"按钮,完成设置。

典型操作案例

将附送的参考资料中 2010KSW\DATA2\TF4-3.docx 文件复制到 D 盘以用户名命名的文件夹中,并将文件改名为 A4-3.docx。用 Word 2010 打开文档 A4-3.docx,按照下列的要求创建、设置如【样文4—3】所示。

1. 表格的基本操作

(1) 将表格中的第 1 行(空行)拆分为 1 行 7 列,并依次输入相应的内容。

(2) 根据窗口自动调整表格后平均分布各列,将第 1 行的行高设置为 1.5 厘米。

(3) 将"7"一行移至"8"一行的上方。

2. 表格的格式设置

(1) 将表格第 1 行的字体设置为华文新魏,字号为三号,并为其填充浅青绿色(RGB:102,255,255)底纹,文字对齐方式为"水平居中";

(2) 其他各行单元格中的字体均设置为华文细黑、深蓝色,对齐方式为"靠下居中对齐"。

(3) 将表格的外边框线设置为 1.5 磅的单实线,第 1 行的下边框线设置为橙色的双实线。

【样文4—3】

第一学期成绩表

学号	姓名	数学	语文	自然	地理	历史
1	李艳	65	75	60	62	68
2	张萌	68	72	65	60	25
3	许新新	25	60	48	70	59
4	陈小平	59	60.5	60	60	80
5	宋远宏	80	61	60	63	60
6	方雅	60	85	60	64	61
7	万华	80	70	80	70	59
8	杨玲	61	62	60	60	60
9	严靓靓	60	60	60	60	70
10	陈江平	70	63	58	60	80

【解题步骤】

1. 表格的基本操作

(1) 打开文档 A4-3.docx,单击第 1 行,将光标定位到第 1 行。

(2) 在"表格工具"中单击"布局"标签,打开"布局"选项卡,单击"拆分单元格"按钮,打开"拆分单元格"对话框,如图 4—62 所示。调节"列数"微调按钮,将列数设置为 7 列,单击"确定"按钮,按照【样文

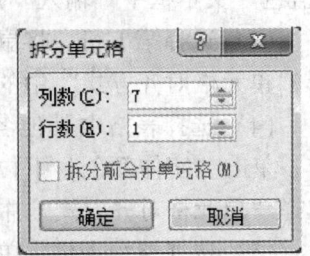

图 4—62 "拆分单元格"对话框

4—3】所示，在第1行中输入内容。

（3）选定整个表格，单击鼠标右键，在弹出的快捷菜单中，选择"平均分配各列"选项。

（4）选择第1行，单击"布局"标签，打开"布局"选项卡，调节"高度"微调按钮，将高度设置为1.5厘米。

（5）将鼠标移到最后一行学号为"7"的行左侧，双击鼠标选择整行。

（6）将鼠标移到该行的上方，按住鼠标的左键，拖动鼠标光标到学号为"8"的前面，放开鼠标，将"7"一行移至"8"一行的上方。

2. 表格的格式设置

（1）选择第1行，在"开始"选项卡中，单击"字体"下拉列表按钮，选择"华文新魏"字体；单击"字号"下拉列表按钮，选择"三号"字号；单击"表格工具""设计"选项卡"底纹"下拉菜单，选择"其他颜色"选项，打开"颜色"对话框，单击"自定义"标签，如图4—63所示。

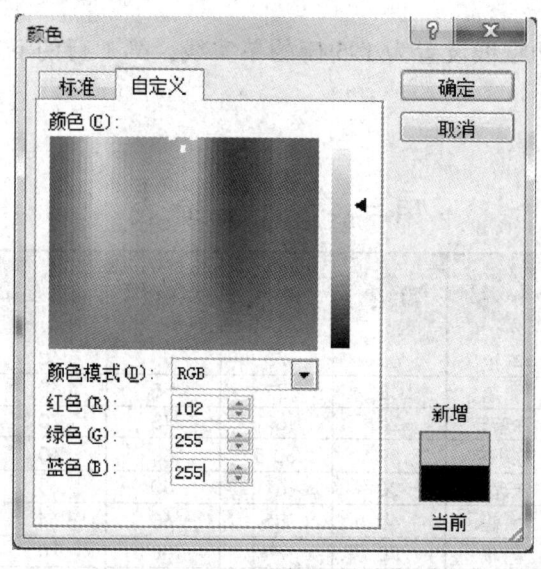

图4—63 "颜色"对话框，单击"自定义"标签

（2）在"红色"文本框中，输入"102"；在"绿色"文本框中，输入"255"；"蓝色"文本框中，输入"255"，单击"确定"按钮。

（3）选择第1行，将鼠标放置在第1行的上方，按鼠标右键，在快捷菜单中，选择"单元格对齐方式"中的"水平居中"按钮。

（4）选择表格中其他各行，单击"字体"下拉列表按钮，选择"华文细黑"字体；单击"字体颜色"下拉按钮，单击"深蓝色"按钮；按鼠标右键，在快捷菜单中，选择"单元格对齐方式"中的"靠下居中对齐"按钮。

（5）选择整张表格，单击鼠标右键，在弹出的快捷菜单中，选择"边框和底纹"选项，打开"边框和底纹"对话框，如图4—64所示。

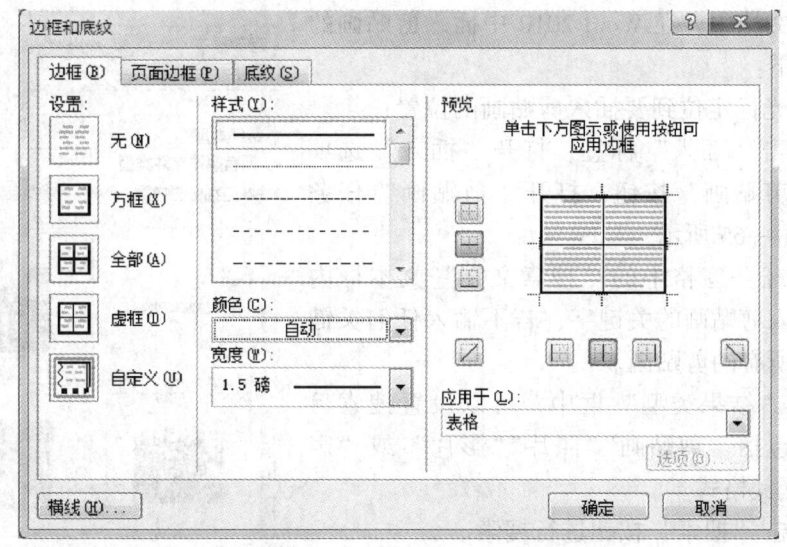

图4—64 "边框和底纹"对话框

（6）单击"自定义"按钮；单击"宽度"下拉列表按钮，选择"1.5磅"；在"预览"区单击选择上、下、左、右四个边框，单击"确定"按钮。

（7）选择第1行，单击鼠标右键，在弹出的快捷菜单中，选择"边框和底纹"选项，打开"边框和底纹"对话框，单击"自定义"按钮；在"样式"列表中，拖动滑块，选择"双实线"；单击"颜色"下拉列表按钮，在"颜色"列表中，选择"橙色"，在"预览"区单击选择底边，单击"确定"按钮。

第5节 对象基本处理

→ 能够在文档中插入剪贴画以及图形文件
→ 能够对插入的图片进行简单的编辑操作
→ 能够在文档中插入文本框
→ 能够修改和设置文本框
→ 能够对文档进行分栏操作
→ 能够在文档中插入分隔符

用户在Word 2010可以操作和改变的每一个项目都是对象。在Word 2010中，除了最常见的文本对象外，文本框、图形、图标、公式、段落、书签等都是对象，同时，这些对象都有自己的属性和操作方法。

一、插入图片

1. 插入剪贴画

Word 2010自带了一个内容十分丰富的剪贴画库，用户可以直接在其中选择需要的图片插入到文档中。在 Word 2010 中插入剪贴画的具体步骤如下：

(1) 将光标定位到要插入剪贴画的位置；

(2) 单击"插入"标签，打开"插入"选项卡，单击"剪贴画"按钮，打开"剪贴画"任务窗格，如图 4—65 所示。

(3) 在任务窗格中的"搜索文字"文本框内输入所要插入剪贴画的关键字，若不输入任何关键字，则搜索所有的剪贴画。

(4) 在"结果类型"框中，可以设置搜索目标的类型，包括"剪贴画""照片""影片"或"声音"，并选择其格式。

(5) 单击"搜索"按钮进行搜索。

(6) 单击所选图片即可将剪贴画插入到光标所在的位置。

2. 插入图片文件

编辑文档时，常需要插入一些图片。下面介绍插入图片文件的操作步骤：

(1) 将光标定位到要插入图片的位置；

(2) 单击"插入"标签，打开"插入"选项卡，在"插图"选项组中单击"图片"按钮，打开"插入图片"对话框，如图 4—66 所示。

(3) 在查找范围中，选择图片所在的文件夹。

(4) 选定需要插入的图片，单击"插入"按钮，在文档的相应位置就可以插入所选图片。

图 4—65 "剪贴画"任务窗格

图 4—66 "插入图片"对话框

提示：

也可以像复制文档一样，首先选定图片，使用〈Ctrl + C〉组合键复制图片，然后将鼠标定位到要插入图片的位置，按〈Ctrl + V〉组合键粘贴图片。

3. 编辑图片

（1）删除图片。如果要删除图片，则按照如下步骤操作：

1）选定要删除的对象。

2）按〈Del〉键。

（2）调整图形大小。用鼠标选中需要调整的图片后（在图片上单击），在图片的四角和边界会出现实心的控点（呈黑色），如图 4—67 所示。这时，可以通过用鼠标拖动这些控点来调整图形的大小。

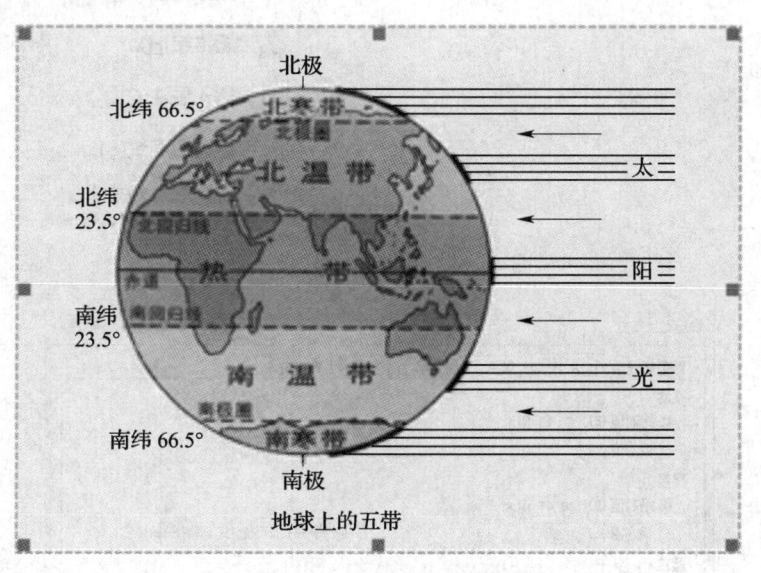

图 4—67　调整图片大小

用户也可以按照指定的长、宽百分比来精确地调整图片的大小，具体操作步骤如下：

1）选定要调整大小的图片对象。

2）单击鼠标右键，打开图片对象快捷菜单，如图 4—68 所示。

3）在图片快捷菜单的顶部，可以直接调节图片的高度和宽度。

4）也可以单击选择"设置图片格式"选项，打开"设置图片格式"对话框，单击"大小"标签，打开"大小"选项卡，如图 4—69 所示。

5）在"高度"设置区"绝对值"文本框中，设置图片的高度；在"宽度"设置区"绝对值"文本框中，设置图片的宽度。

提示：

在"缩放"设置区，勾选"锁定纵横比"表示如果调节图片高度的绝对值，宽度会按照图片原来的比例自动调整；如果调节图片宽度的绝对值，高度会按照图片原来的比例自动调整。去掉勾选"锁定纵横比"时，图片的高度和宽度就可以自由设置。

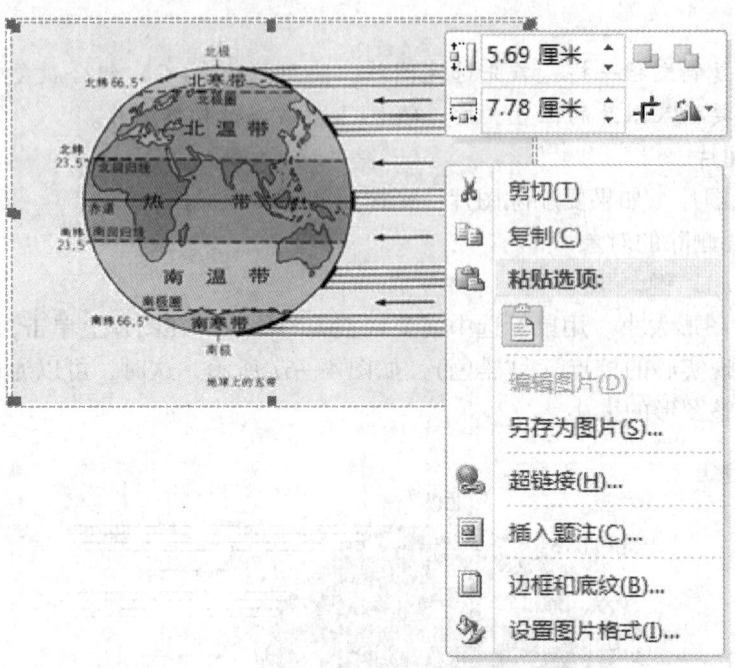

图4—68 图片对象快捷菜单

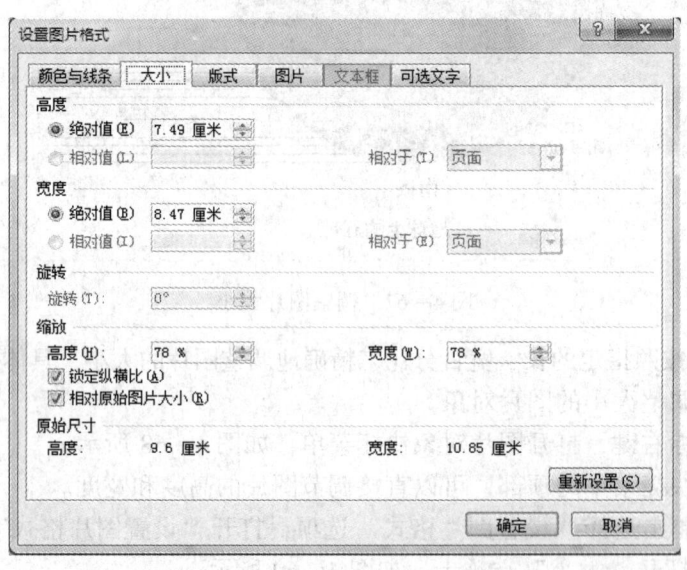

图4—69 "设置图片格式"对话框"大小"选项卡

6)单击"确定"按钮,完成调整。

4. 设置图片与文字环绕效果

环绕方式是指图片与周围文字的位置关系。Word 2010提供了嵌入型、四周环绕型、紧密环绕型、衬于文字下方和浮于文字上方5种类型。设置图片的环绕方式,可以在"设置图片格式"对话框中,单击"版式"标签,打开"版式"选项卡,如图4—70所示。在"环绕方式"选项区,可以选择需要的图片环绕方式。

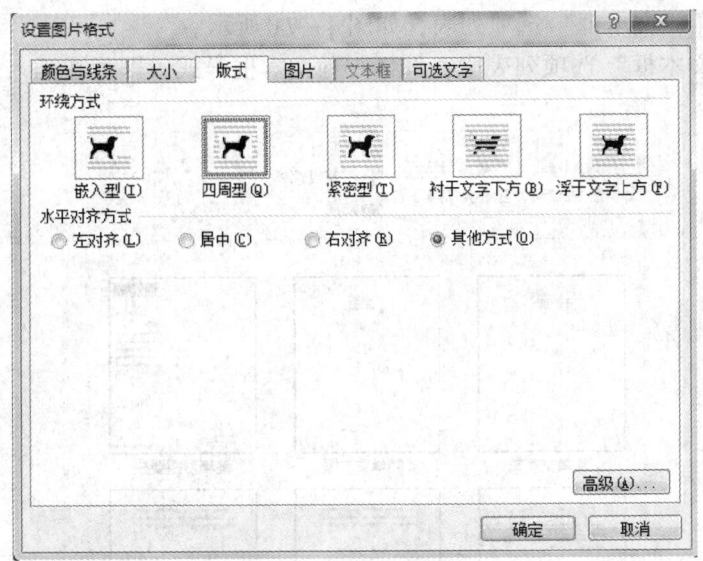

图4—70 "设置图片格式"对话框"版式"选项卡

二、文本框

文本框是一种图形对象。它作为存放文本或图形的容器，可放置在页面的任何位置上，并可随意调整文本框的大小。将文字或图像放入文本框后，可以进行一些特殊的处理，如更改文字方向、设置文字环绕或实现在不同的版面移动文本。

1. 文本框的性质

利用"文本框"可以束缚被它圈起来的文字或图片，很方便地实现图文混排。文本框的一些重要性质如下：

（1）文本框也属于图形对象，因此，所有编辑和处理图形的方法对文本框也适用；和图形一样，文本框也能够被多次复制，框中的文字同时也被复制。

（2）文本框的内部相当于一个小页面，可以独立设置各种段落格式；可以先插入文本框，然后输入文字，也可以先选定文字，再套上文本框。

（3）文本框具有5种环绕方式，它能够使文字环绕周围，也能与文字融为一体；可以把文本框连同内部的图片、文字拖动到页面的任何地方，包括页边距区。

（4）文本框的内部不能再插入文本框，但是可以将文本框叠放，使多个文本框能够相互叠加或拼接。

（5）文本框具有两种状态，单击文本框的边框线时，边框线的四周出现一圈雾状的小点这是文本框被选定的明显标志；如果文本框的四周是斜线表明当前处于编辑文字状态，这时，不能设置文本框的格式。

2. 插入文本框

在文档中插入文本框的操作步骤如下：

（1）将鼠标定位到要插入文本框的位置。

（2）单击"插入"标签，打开"插入"选项卡，在"文本"选项区，单击"文本框"按钮,打开"文本框"选项列表,如图4—71所示。

(3) 在"文本框"选项列表中,选择一种文本框样式,即可在插入点插入文本框。

图4—71 "文本框"选项列表

提示:

也可以在图4—71所示的"文本框"选项列表中,选择"绘制文本框"选项,这时鼠标变成一个十字,在插入文本框的位置拖放鼠标,即可插入一个文本框。

3. 设置文本框属性

选定文本框后,它的四周会出现八个控制点,也叫做文本框的句柄。

(1) 如果要删除文本框,则先单击要删除的文本框,然后按〈Del〉键将其删除。

(2) 将鼠标置于句柄上,当鼠标指针变为双向箭头时,按住左键拖动可改变文本框的大小。

(3) 将鼠标置于文本框边框上,当鼠标指针变为四向箭头时,按住左键拖动鼠标可将文本框拖动到文档中的任意位置。

4. 设置文本框的格式

如果要设置文本框的格式，可以用鼠标的右键单击文本框的边框在弹出的快捷菜单中选择"设置文本框格式"命令，打开"设置文本框格式"对话框，如图4—72所示。使用此对话框可以设置文本框的版式、大小、边框线条与颜色、边距等多种属性。

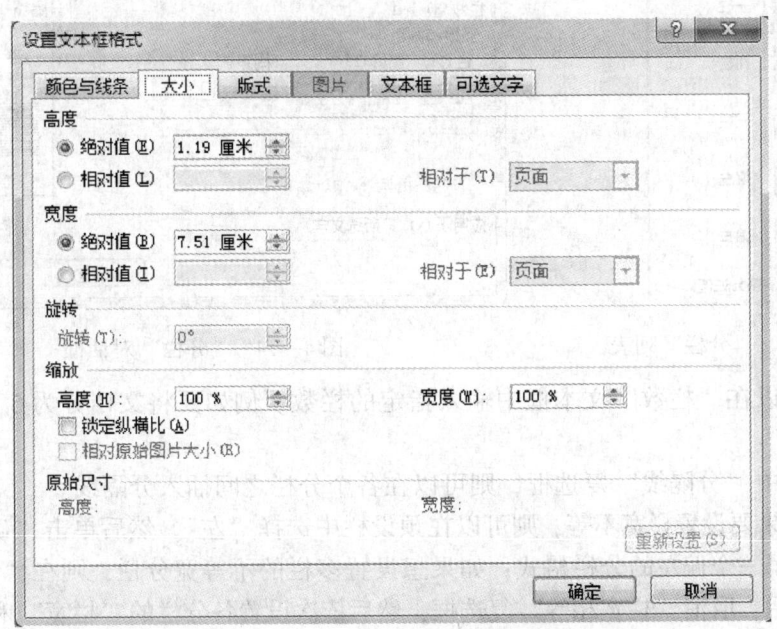

图4—72 "设置文本框格式"对话框

三、分栏和分页

分栏经常用于报纸、杂志和字典，它有助于版面的美观、便于阅读，同时起到节省纸张的作用。在 Word 2010 中设置分页与分节，可以使相应的内容安排在指定的位置。

1. 分栏排版

利用 Word 2010 的分栏排版功能，可以在文档中建立不同数量或不同版式的栏。在分栏的外观设置上，Word 2010 具有很大的灵活性，用户可以控制栏数、栏宽以及栏间距，还可以很方便地设置分栏长度。设置分栏后，Word 2010 的正文将逐栏排列。栏中文本的排列顺序是从最左边的一栏开始，自上而下地填满一栏后，再自动从一栏的底部接续到右边相邻一栏的顶端，并开始新的一栏。

如果要将一篇文档分栏排版，其操作步骤如下：

（1）选定需要设置分栏的文本。

（2）在"页面布局"选项卡中，单击"分栏"按钮，打开"分栏"列表，如图4—73所示。

（3）如果要将文档分两栏来排版，则可以选择"两栏"，文档就按两栏来排版了。

（4）如果要将文档分为指定的栏数，则单击选择"更多分栏"选项，打开"分栏"对话框，如图4—74所示。

计算机操作员(初级)(第2版)

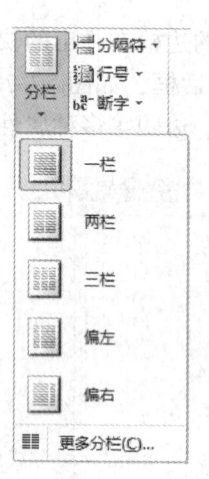

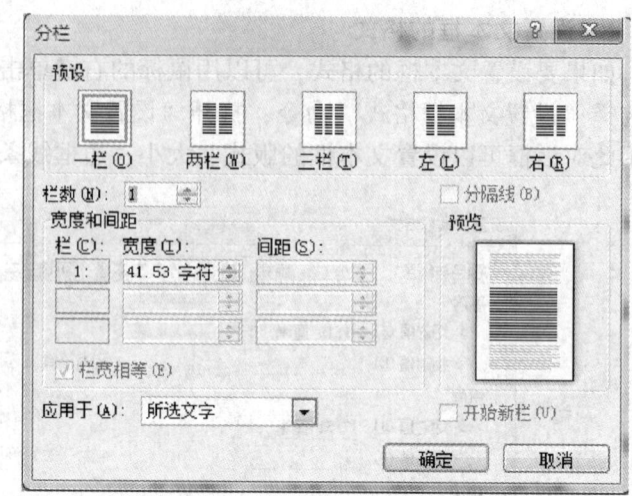

图4—73 "分栏"列表　　　　　图4—74 "分栏"对话框

(5) 可以在"栏数"文本框中输入指定的栏数。例如要将文档分为5栏,则可以输入数字5。

(6) 选中"分隔线"复选框,则可以在各个分栏之间插入分隔线。

(7) 如果要设置栏宽不等,则可以在预设栏中选择"左",然后单击"确定"按钮,这样就设置了一个偏左的分栏格式;如果想设置多栏的不等宽分栏,则在"栏数"框中输入分栏数后,取消"栏宽相等"复选框,然后依次设置各分栏的"栏宽"和"间距"。

2. 分隔符

(1) 设置分页。Word 2010 具有自动分页的功能,当输入的文本或插入的图形满一页时,Word 2010 将自动转到下一页,并且在文本中插入一个软分页符。用户也可以根据需要,在文本中手工分页,所插入的分页符称为手动分页符或硬分页符。

插入分页符的操作步骤如下:

1) 将光标定位到要作为下一页段落的开头。

2) 在"页面布局"选项卡中,单击"分隔符"按钮,打开"分隔符"下拉列表,如图4—75 所示。

3) 单击"下一页"选项,即可将光标所在位置后的内容下移一个页面。

(2) 设置分节符。所谓的"节",是指 Word 2010 用来划分段落的一种方式。对于新建立的文档,整个文档就是一节,只能用一种版面格式排版。为了对文档的多个部分使用不同的格式,要把文档分成若干节,即插入分节符。每一节可以独立设置页眉、页脚、页码的格式,从而使文档的编辑更加灵活。

插入分节符的操作步骤如下:

1) 将光标定位到要作为下一节段落的开头。

2) 在"页面布局"选项卡中,单击"分隔符"按钮,打开"分隔符"下拉列表,如图4—75 所示。

3) 从弹出的下拉菜单中选择一种分节符命令,即可插入相应的分节符。

4 种不同类型的分节符可以分别实现以下功能:

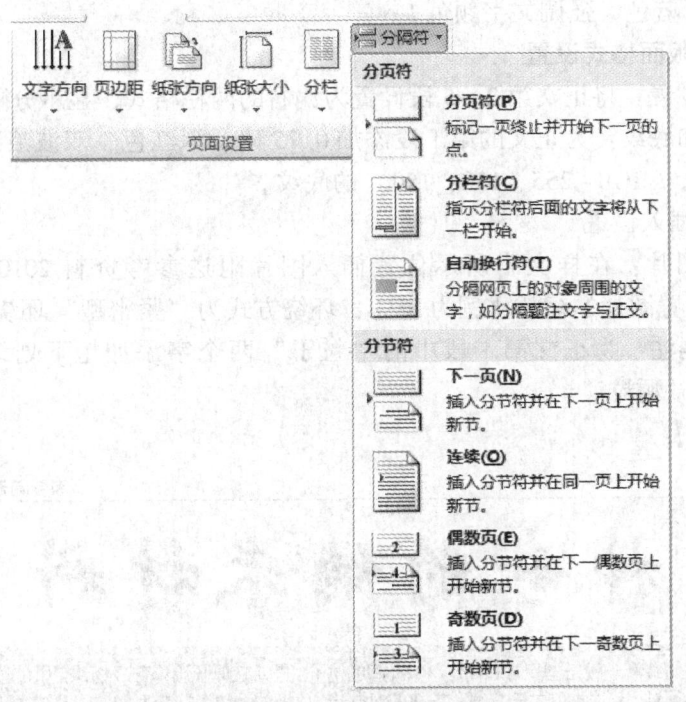

图4—75 "分隔符"下拉列表

➤ 下一页：Word 2010 文档会强制分页，在下一页开始新节。用户可以在不同的页面上分别应用不同的页码格式、页眉和页脚文字，以及改变页面的纸张方向等。

➤ 连续：新的一节从下一行开始。

➤ 偶数页：新的一节从偶数页开始，若分节符在偶数页上，下一个奇数页将是空白页。

➤ 奇数页：新的一页从奇数页开始，若分节符在奇数页上，下一个偶数将是空白页。

如果要取消分节，切换到"草稿"视图，将光标置于分节符上，然后按〈Delete〉键即可。

典型操作案例

将附送的参考资料中 2010KSW\DATA2\TF4－4.docx 文件复制到 D 盘以用户名命名的文件夹中，并将文件改名为 A4－4.docx。用 Word 2010 打开文档 A4－4.docx，按下列要求设置、编排文档的版面如【样文4—4】所示。

1. 页面设置

（1）自定义纸张大小为宽20厘米、高29厘米，设置页边距为上、下各2.8厘米，左、右各3.4厘米。

（2）按样文所示，在文档的页眉处添加页眉文字和页码，并设置相应的格式。

2. 标题设置

将标题"神奇的纳米材料"字体设置为华文新魏、加粗，字号为48磅，文本效果:渐变填充-蓝色,强调文字颜色1。

3. 文档的版面格式设置

(1) 分栏设置:将正文第2~5段设置为偏右的两栏格式,显示分隔线。

(2) 边框和底纹:为正文的第1段添加0.75磅、深红色、双波浪线的边框,并为其填充玫瑰红色(RGB:255,150,150)的底纹。

4. 文档的插入设置

(1) 插入图片:在样文中所示位置插入图片附送参考资料2010KSW\DATA2\pic5-4.jpg,设置图片的缩放比例为35%,环绕方式为"紧密型"环绕。

(2) 插入尾注:为正文第1段中的"粒子"两个字添加粗下划线,并插入尾注"粒子:也叫超微颗粒。"

【样文4—4】

科学前沿

神奇的纳米材料

纳米一般是指尺寸在1~100nm间的<u>**粒子**</u>,是处在原子簇和宏观物体交界的过渡区域,从通常的关于微观和宏观的观点看,这样的系统既非典型的微观系统亦非典型的宏观系统,是一种典型的介观系统,它具有表面效应、体积效应、小尺寸效应和宏观量子隧道效应。当人们将宏观物体细分成超微颗粒(纳米级)后,它将显示出许多奇异的特性,即它的光学、热学、电学、磁学、力学以及化学方面的性质与大块固体相比时将会有显著的不同。

那么,是不是所有的达到纳米级的粒子,就是纳米材料呢?答案是否定的。中国古代安徽墨,其颗粒可以是纳米级的,非常细,从烟道里扫出来后一遍遍地筛,研制出来的墨非常均匀、饱满,写字非常好,这实际就是纳米颗粒,但尺寸小并不一定有特殊效应。一定要有纳米尺寸所具有的与宏观物体不一样的量子效应、表面效应和介面效应,这样才能说这是一个纳米的现象。

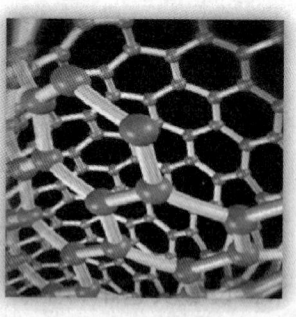

纳米材料的表面效应是指纳米粒子的表面原子数与总原子数之比随粒径的变小而急剧增大后所引起的性质上的变化,粒径在10nm以下,将迅速增加表面原子的比例。当粒径降到1nm时,表面原子数比例达到约90%以上,原子几乎全部集中到纳米粒子的表面。由于纳米粒子表面原子数增多,表面原子配位数不足和高的表面能,使这些原子易与其它原子相结合而稳定下来,故具有很高的化学活性。

由于纳米粒子体积极小,所包含的原子数很少,相应的质量极小。因此,许多现象就不能用通常有无限个原子的块状物质的性质加以说明,这种特殊的现象通常称之为体积效应。其中有名的久保理论就是体积效应的典型例子。

随着纳米粒子的直径减小,能级间隔增大,电子移动困难,电阻率增大,从而使能隙变宽,金属导体将变为绝缘体。

---

¹ 粒子:也叫超微颗粒。

【解题步骤】
1. 页面设置

（1）打开文档 A4-4.docx，单击"页面设置"标签，打开"页面设置"选项卡，单击"页边距"按钮，打开"页边距"下拉列表，选择"自定义边距"选项，打开"页面设置"对话框，单击"纸张"标签，打开"纸张"选项卡。在"宽度"文本框中，输入"20 厘米"；在"高度"文本框中，输入"29 厘米"。单击"页边距"标签，打开"页边距"选项卡，在"上"和"下"文本框中输入"2.8 厘米"；在"左"和"右"文本框中输入"3.4 厘米"，单击"确定"按钮。

（2）单击"插入"标签，打开"插入"选项卡，单击"页码"按钮，打开"页码"下拉列表，选择"页面顶端"选项，单击"普通数字 1"选项；用空格键将光标移到页眉的右侧，输入"科学前沿"；将光标移到文本区，双击鼠标左键。

2. 标题设置

（1）选择标题"神奇的纳米材料"文字，单击"开始"标签，单击"字体"下拉列表按钮，选择"华文新魏"字体；单击"加粗"按钮；单击"字号"下拉列表按钮，在列表中选择"48"磅。

（2）单击"文本效果"下拉列表按钮，打开"文本效果"下拉列表，在其中选择"渐变填充-蓝色，强调文字颜色 1"按钮，如图 4—76 所示。

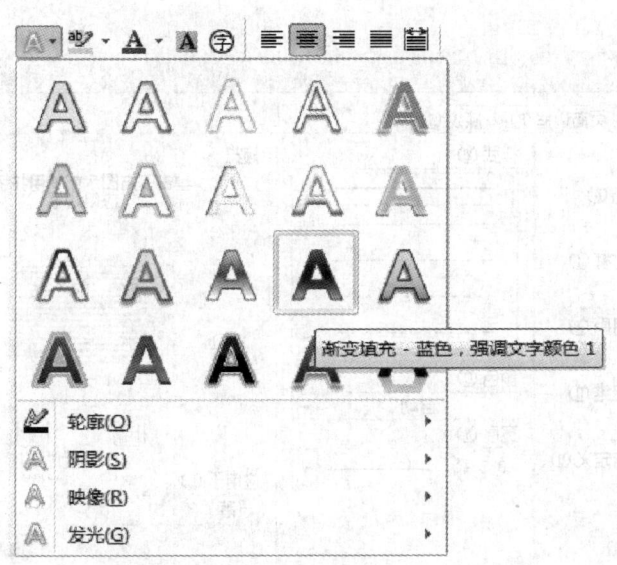

图 4—76 "文本效果"下拉列表

3. 文档的版面格式设置

（1）选择正文第 2~5 段落，单击"页面布局"标签，打开"页面布局"选项卡，单击"分栏"按钮，选择"更多分栏"选项，打开"分栏"对话框，如图 4—77 所示。

（2）单击"预设"栏中选择"右"；在"栏数"文本框中输入"2"；勾选"分隔线"多选项，单击"确定"按钮。

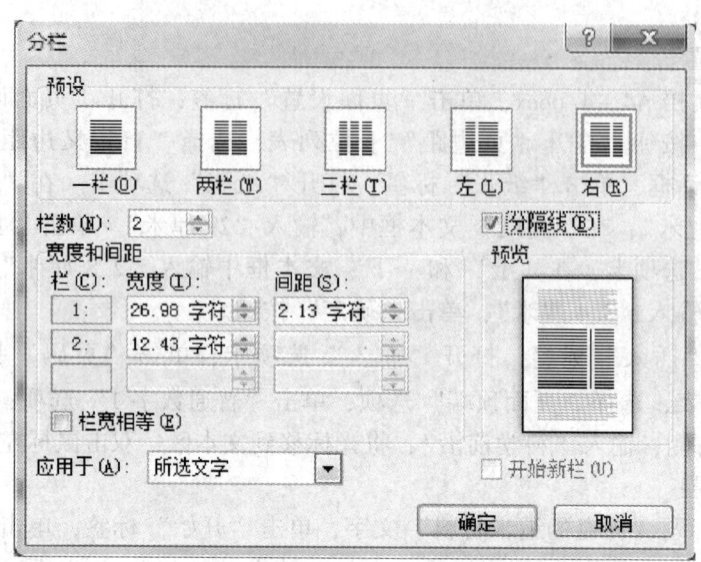

图4—77 设置分栏

（3）选择第1段文字，单击"页面布局"标签，打开"页面布局"选项卡，单击"页面边框"按钮 ，打开"边框和底纹"对话框，单击"边框"标签，如图4—78所示。

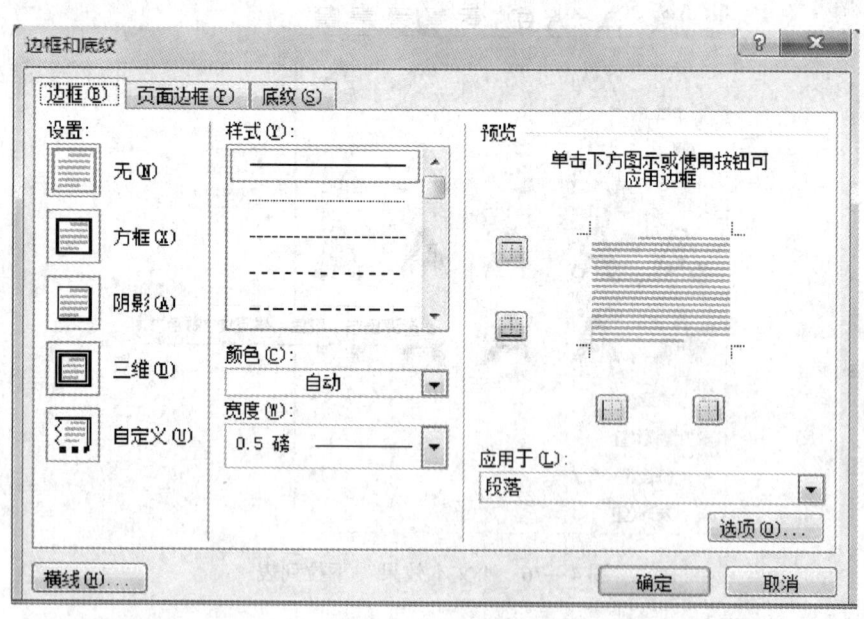

图4—78 设置边框

（4）单击"设置"区"自定义"按钮 ；在"样式"列表中，鼠标拖动滑块，选择"双波浪线"；单击"颜色"下拉列表，选择"深红色"；单击"宽度"下拉列表按钮，选择"0.75磅"；在"预览"区，单击外边框线按钮，单击"确定"按钮。

（5）单击"底纹"标签，单击"填充"下拉列表按钮，选择"其他颜色"，打开"颜色"对话框，选择"自定义"选项卡，如图4—79所示。

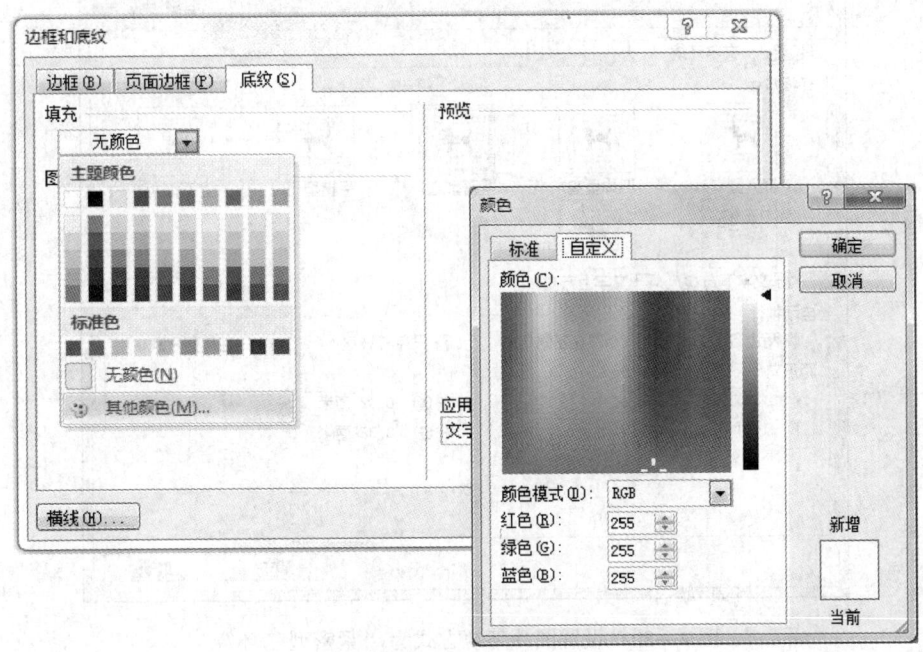

图4—79　设置底纹颜色

（6）在"红色"文本框中，输入"255"；在"绿色"文本框中，输入"150"；"蓝色"文本框中，输入"150"，单击"确定"按钮。

4．文档的插入设置

（1）将光标定位到正文的第2段落，单击"插入"标签，打开"插入"选项卡，单击"图片"按钮 ，打开"插入图片"对话框；在"导航窗格"中选择附送参考资料2010KSW\DATA2\文件夹，单击选择"pic5-4.jpg"；单击"插入"按钮。

（2）鼠标右键单击插入的图片，在弹出的快捷菜单中，选择"大小和位置"选项，打开"布局"对话框，单击"文字环绕"标签，单击"紧密型"按钮，如图4—80所示。

（3）单击"大小"标签，如图4—81所示，在"缩放"区，调节"高度"的值为"35%"，单击"确定"按钮。

（4）切换到"开始"选项卡，选择正文第1段"粒子"两个字，单击"下划线"下拉列表按钮，在列表中选择"粗线"。

（5）单击"引用"标签，打开"引用"选项卡，单击"脚注"功能区中的对话框按钮 。打开"脚注和尾注"对话框，如图4—82所示。

（6）在"位置"功能区，选择"尾注"单选项，选择"文档结尾"，单击"插入"按钮；在插入尾注的位置输入"粒子：也叫超微颗粒。"

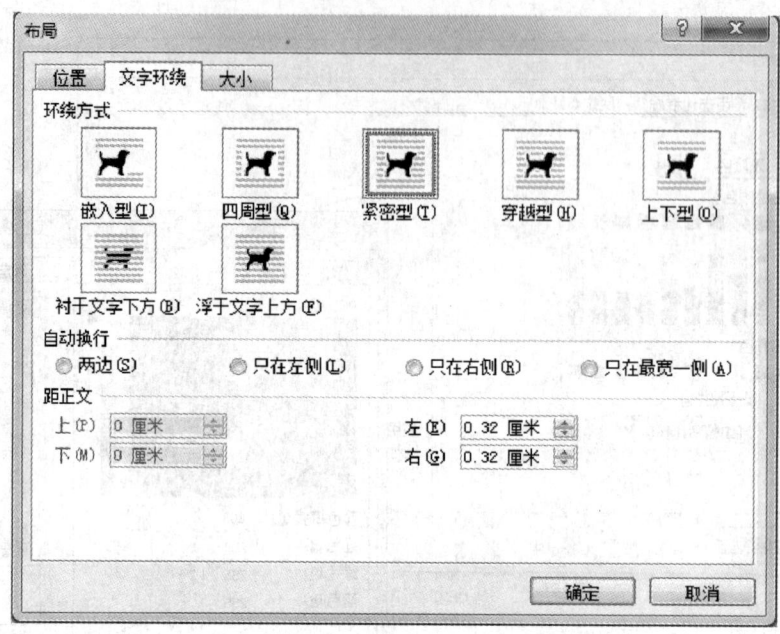

图 4—80 设置图片环绕方式为"紧密型"环绕

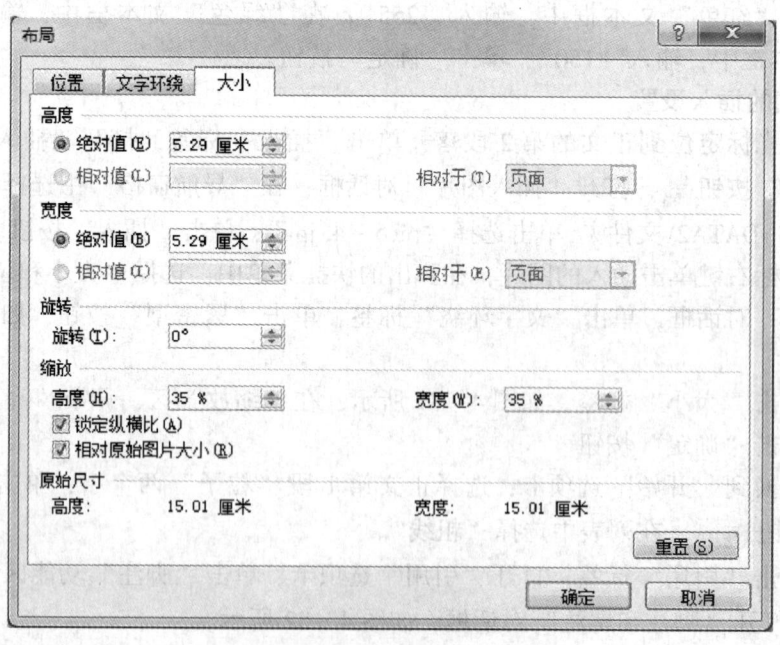

图 4—81 设置图片缩放比例

通用文档处理

图 4—82　设置尾注

第 6 节　文档输出处理

学习目标
→ 能够打印预览文档
→ 能够打印文档
→ 能够进行打印机设置

对于已输入了各种对象格式并且设置好格式的文档，可以直接打印出来。在此之前也可以借助"打印预览"功能，能够在屏幕上显示打印的效果。

一、打印预览

为了保证打印输出的品质及准确性，在正式打印前需要先进入预览状态，检查文档整体版式布局是否还存在问题，确认无误后再进入下一步的打印设置及打印输出。打印预览文档的操作步骤如下：

（1）单击快速访问工具栏下拉列表按钮，打开快速访问工具栏下拉列表，如图 4—83 所示。

（2）在列表中单击勾选"打印预览和打印"选项，此时在快速访问工具栏中，将显示"打印预览和打印"按钮。

（3）单击快速访问工具栏中的"打印预览和打印"按钮，打开"打印"中间窗格，如图 4—84 所示，文档窗口中将显示所有与打印有关的命令，在最右侧的窗格中能够预览打印效果。

（4）在窗口的右下角，拖动"显示比例"滚动条上的滑块能够调整文档的显示大小；单击"下一页"按钮和"前一页"按钮，能够进行预览的翻页操作。

计算机操作员（初级）（第2版）

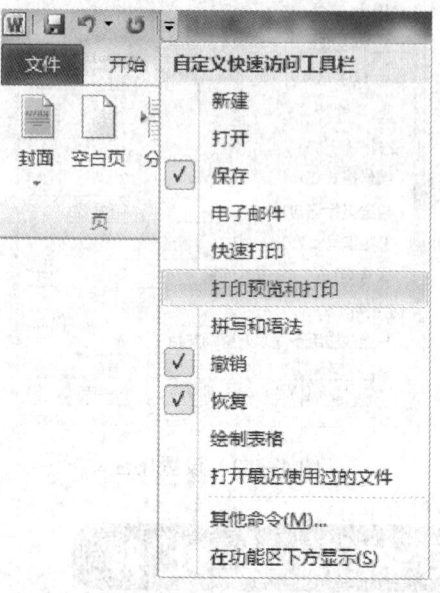

图4—83 快速访问工具栏下拉列表

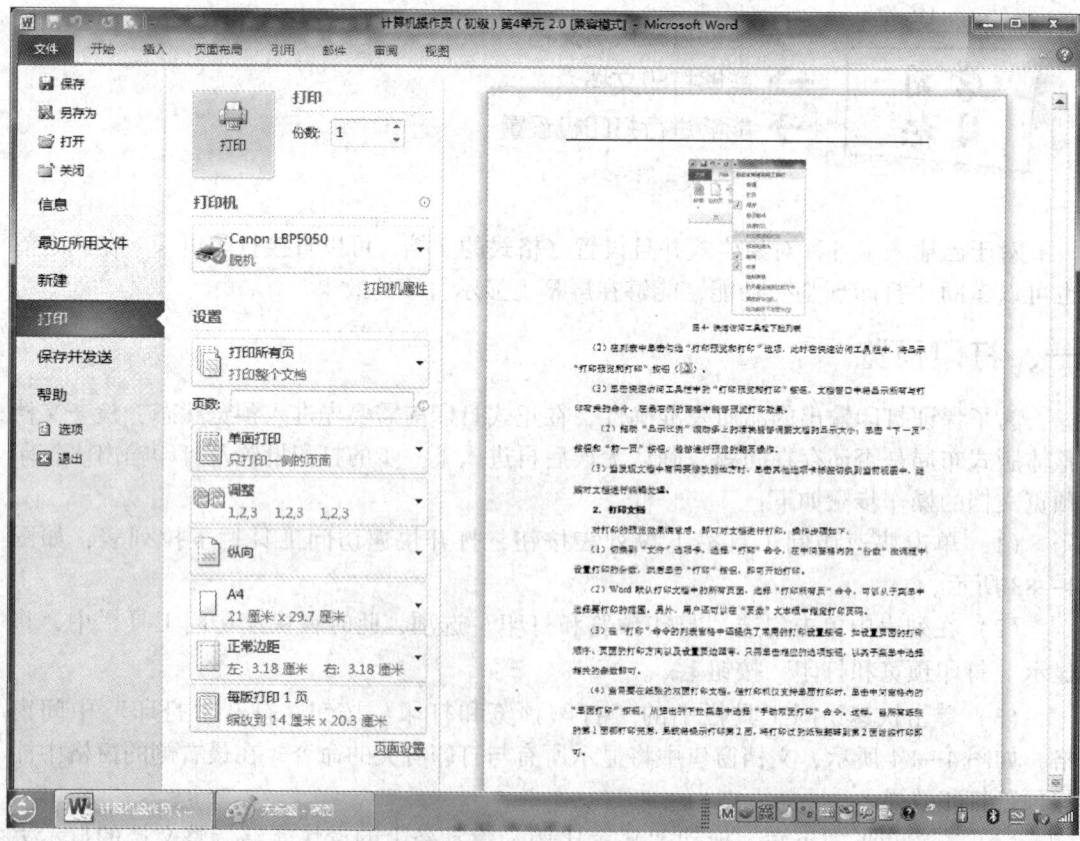

图4—84 "打印"中间窗格

（5）当发现文档中有需要修改的地方时，单击其他选项卡标签切换到当前视图中，继续对文档进行编辑处理。

二、打印文档

对打印的预览效果满意后，即可对文档进行打印，操作步骤如下：

（1）单击"文件"标签，选择"打印"命令，打开"打印"中间窗格，如图4—84所示。

（2）在"打印"中间窗格内的"份数"微调框中设置打印的份数。

（3）Word 2010默认打印文档中的所有页面，在"页数"文本框中指定打印的页码。

（4）单击"打印所有页"选项，打开"打印所有页"列表，如图4—85所示，可以从列表中选择打印范围，例如"打印当前页""仅打印奇数页"和"仅打印偶数页"等。

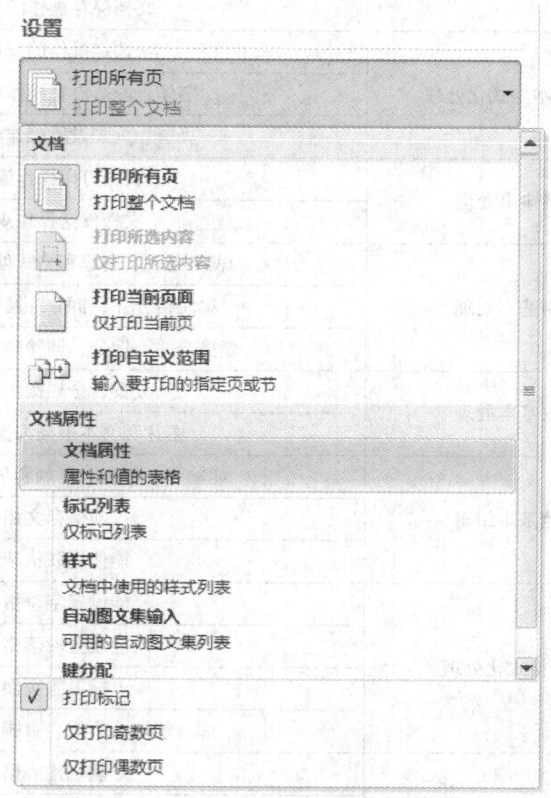

图4—85　"打印所有页"列表

（5）在"打印"命令的列表窗格中还提供了常用的打印设置按钮，如设置页面的打印顺序、页面的打印方向以及设置页边距等，只需单击相应的选项按钮，在其子菜单中选择相关的参数即可。

（6）当需要在纸张的双面打印文档，但打印机仅支持单面打印时，单击中间窗格内的"单面打印"按钮,从弹出的下拉菜单中选择"手动双面打印"命令。这样,当所有纸张的第 1 面都打印完后,系统将提示打印第 2 面,将打印过的纸张翻转到第 2 面继续打印即可。

(7) 如果想把几页缩小打印到一张纸上,可以单击中间窗格内的"每版打印 1 页"按钮,从弹出的下拉菜单中选择每版打印的页数。

(8) 都设置好后,单击"打印"按钮,即可开始打印。

单元考核要点

考核类型	考核范围	考核点
理论知识	设置工作界面	界面属性
		文档属性
	文档基本编辑	文档基本操作特点
		文档保存操作的种类
	文档基本格式化处理	选定操作的应用
		字体、段落设置操作注意事项
		页眉、页脚设置操作注意事项
	文档输出处理	文档打印操作流程
		文档发送操作规定
	表格基本处理	表格插入、删除和格式处理注意事项
		单元格合并、拆分、调整操作规定
		表格合并、拆分、调整和绘制操作规定
	对象基本处理	分页、分栏操作规定
		图片和文本框插入操作规定
技能操作	文档基本编辑	能输入、修改、复制和移动文档内容
		能保存文档
		能使用联机帮助
	文档格式化处理	能设置字符格式
		能设置段落格式
		能设置页面
		能插入页眉、页脚和页码
	表格基本处理	能创建表格
		能修改表格
		能设置表格的格式
	对象基本处理	能插入图片
		能插入文本框
		能设置插入对象的属性

单元测试题

一、单项选择题（下列每题有4个选项，其中只有一个是正确的，请将正确答案的代号填在括号内）

1. 在Word 2010中，如果没有到达行尾就想另起一行，可以用（　　）组合键实现。
   A.〈Shift + Enter〉　　　　　B.〈Shift + Ctrl〉
   C.〈Ctrl + Enter〉　　　　　　D.〈Shift + Tab〉

2. 在Word 2010中，输入过程中Word 2010会自动调整每一行中的文字，以保证标点符号不出现在（　　）。
   A. 行尾　　　B. 行首　　　C. 行中　　　D. 段落结尾

3. 在Word 2010中，（　　）就是当前光标所在的位置。
   A. 插入点　　　　　　　　　B. 段结束符
   C. 快速选择区　　　　　　　D. 标点符号

4. 在Word 2010中，按（　　）键可以在"插入"和"改写"之间进行切换。
   A.〈Insert〉　B.〈End〉　C.〈Home〉　D.〈Delete〉

5. 在Word 2010中，撤销的组合键是（　　）。
   A.〈Ctrl + C〉　B.〈Ctrl + V〉　C.〈Ctrl + Z〉　D.〈Ctrl + Y〉

6. 在Word 2010的默认情况下，保存文件的扩展名是（　　）。
   A. .dco　　　B. .txt　　　C. .doc　　　D. .dot

7. 在Word 2010中，可以将文档另存为以（　　）为扩展名的文件。
   A. .rm　　　B. .3gp　　　C. .rtf　　　D. .jpg

8. 在Word 2010中，Web版式视图方式的排版效果与打印结果不一致，其外观与在Web或（　　）上发布时的外观一致。
   A. Access　　　　　　　　　B. Excel
   C. Web版式视图　　　　　　 D. PDF

9. 在Word 2010中，（　　）视图是一种按照窗口大小进行折行显示的视图方式。
   A. Web版式　B. 阅读版式　C. 页面　　　D. 大纲

10. 在Word 2010中，用户可以折叠文档，只查看主标题，或者扩展文档，查看整个文档内容的视图是（　　）。
    A. 缩简视图　B. 折叠视图　C. 大纲视图　D. 页面视图

11. 在Word 2010中，按一次〈Ctrl + Y〉组合键实现的结果是（　　）。
    A. 可以恢复多步操作　　　　B. 可以恢复一步操作
    C. 什么都不做　　　　　　　D. 可以撤销一步操作

12. 在Word 2010中，要选择整个段落可用鼠标在该段落上（　　）。
    A. 单击　　　B. 双击　　　C. 三击　　　D. 四击

13. 在Word 2010中，可以通过（　　）对话框来设置字符格式。
    A. 段落　　　B. 页面设置　C. 图表　　　D. 字体

14. 在Word 2010中,加粗文本的组合键是(   )。
    A.〈Ctrl + B〉   B.〈Ctrl + I〉   C.〈Ctrl + U〉   D.〈Ctrl + L〉

15. 在Word 2010中,设置文本左对齐的组合键是(   )。
    A.〈Ctrl + B〉   B.〈Ctrl + I〉   C.〈Ctrl + U〉   D.〈Ctrl + L〉

16. Windows剪贴板中可存放包括文本、表格、图形等类型对象(   )个。
    A. 无数个   B. 20   C. 24   D. 1

17. 在Word 2010中,悬挂缩进除段落的(   )保持左对齐状态外,其他各行都向右缩进。
    A. 第一行   B. 最后一行   C. 中间一行   D. 标题

18. 在Word 2010中,要缩进到下一个制表位时,按(   )组合键。
    A.〈Shift + M〉   B.〈Ctrl + Shift + M〉
    C.〈Ctrl + Shift + N〉   D.〈Ctrl + M〉

19. 在Word 2010中,可以使用(   )对话框设置页边距。
    A."边距设置"   B."页面设置"
    C."表格设置"   D."文本设置"

20. 在Word 2010中,取消上一步操作的方法是(   )。
    A. 按下〈Esc〉键   B. 按下〈Backspace〉键
    C. 单击撤销按钮   D. 单击恢复按钮

21. 在Word 2010中,通过"格式刷"按钮可以快速(   )。
    A. 剪切格式   B. 撤销格式
    C. 粘贴格式   D. 复制格式

22. 在Word 2010中,一页没满的情况下需要强制换页,应该(   )。
    A. 插入分段符   B. 插入分页符
    C. 插入命令符   D. Ctrl + Shift

23. 在Word 2010中,选择(   )菜单的"合并单元格"命令将合并已选单元格。
    A. 表格   B. 插入   C. 格式   D. 编辑

24. 在Word 2010中,单元格的拆分是指将一个单元格变为(   )单元格。
    A. 一个   B. 两个   C. 三个   D. 多个

25. 在Word 2010中,(   )是指单元格与单元格之间的距离,默认为零。
    A. 单元格边距   B. 单元格间距
    C. 单元格大小   D. 单元格范围

26. 在Word 2010中,设置页边距,即是(   )
    A. 设置纸张的大小   B. 设置版面
    C. 设置文本与页面四周的距离   D. 设置文本的对齐方式

二、**判断题**（下列判断正确的请打"√",错误的请打"×"）

(   ) 1. 在Word 2010中,如果还没有到达行尾就想另起一行,可以用〈Shift + Ctrl〉组合键实现。

（　　）2. 在Word 2010中，移动插入点指的是用键盘上的方向键移动光标。

（　　）3. 在Word 2010的默认情况下，保存文件的扩展名是.rtf。

（　　）4. 在Word 2010中，Web版式视图是一种按照窗口大小进行折行显示的视图方式。

（　　）5. 在Word 2010中，大纲视图中只能折叠文档，不能扩展文档。

（　　）6. 在Word 2010中，在段落中双击，可以方便地选择整个段落。

（　　）7. 在Word 2010中，"格式刷"按钮是一个用于快速复制格式的工具。

（　　）8. 在Word 2010中，段落只能是文字，不可以是图片。

（　　）9. 在Word 2010的默认状态下，段落的左、右缩进尺寸是0磅。

（　　）10. 在Word 2010中，若要缩进到上一个制表位，应按〈Ctrl + M〉组合键。

（　　）11. 在Word 2010中，只有在页面视图中才可以见到页边距的效果。

（　　）12. 在Word 2010中，文档版式的作用单位是节。

（　　）13. Word 2010支持单线表头、双线不同偏向的表头以及三线和四线表头。

（　　）14. 在Word 2010中，选择表格和边框工具栏中的"合并单元格"按钮可以合并单元格。

（　　）15. 在Word 2010中，单元格的合并是指将一个单元格变为多个单元格。

（　　）16. 在Word 2010中，将鼠标置于表格的左上角时，表格的左上角就会出现一个十字光标。

（　　）17. Word 2010中，单元格边距指的是单元格中正文距离上、下、左、右边框线的距离。

（　　）18. 用户在Word 2010中可以操作和改变的每一个项目都是一个对象。

（　　）19. 在Word 2010中，要插入公式，需要在"插入"菜单中选择对象。

（　　）20. Word 2010中的文档最多可以分为20栏。

三、技能题

第一题　文字录入与编辑

【操作要求】

1. 新建文件夹：在Word 2010程序中，新建一个文件夹，以A4-5.docx为文件名保存至D盘的根目录下以用户名为文件夹名的文件夹中。

2. 录入文本与符号：按照【样文4—5A】，录入文字、数字、标点符号、特殊符号等。

3. 复制与粘贴：将本书附送的参考资料中\2010KSW\DATA2\TF4-5.docx文档全部文字复制到用户录入的文档中，将用户录入文档作为第2段插入到复制文档中。

4. 查找与替换：将文档中所有"网银"替换为"网上银行"，结果如【样文4—5B】所示。

【样文4—5A】

　　网银（Internet bank or E-bank），包含两个层次的含义。一个是机构概念，指通过信息网络开办业务的银行；另一个是业务概念，指银行通过信息网络提供的金融服务，包括传统银行业务和因信息技术应用带来的新兴业务。在日常生活和工作中，我们所提及的网银，更多是第二层次的概念，即网银服务的概念。网银业务不仅仅是传统银行产品简单向网上的转移，其服务方式和内涵发生了一定的变化，而且由于信息技术的应用，又产生了全新的业务品种。

【样文4—5B】

网上银行（Internet bank or E-bank），包含两个层次的含义。一个是机构概念，指通过信息网络开办业务的银行；另一个是业务概念，指银行通过信息网络提供的金融服务，包括传统银行业务和因信息技术应用带来的新兴业务。在日常生活和工作中，我们所提及的网上银行，更多是第二层次的概念，即网上银行服务的概念。网上银行业务不仅仅是传统银行产品简单向网上的转移，其服务方式和内涵发生了一定的变化，而且由于信息技术的应用，又产生了全新的业务品种。

网上银行☆又称网络银行、在线银行，是指银行利用Internet技术，通过Internet向客户提供开户、查询、对账、行内转账、跨行转账、信贷、网上证券、投资理财等传统服务项目，使客户可以足不出户就能够安全便捷地管理活期和定期存款、支票、信用卡及个人投资等。可以说，网上银行是在Internet上的虚拟银行柜台。

网上银行又被称为"3A银行"，因为它不受时间、空间限制，能够在任何时间（Anytime）、任何地点（Anywhere）、以任何方式（Anyway）为客户提供金融服务。

第二题　文档的格式设置与编排

将附送参考资料2010KSW\DATA2\TF4-6.docx文件复制到D盘以用户名命名的文件夹中，并将文件改名为A4-6.docx。打开A4-6.docx文档，按照下列要求设置、编排文档格式。设置结果如【样文4—6】所示。

1. 设置字体格式

（1）将文档标题行的字体设置为华文中宋，字号为小初，字体加粗。

（2）将文档副标题的字体设置为隶书，字号为四号。

（3）将正文歌词部分的字体设置为楷体_GB2312，字号为四号，字体加粗。

（4）将文档最后一段的字体设置为微软雅黑，字号为小四，并为文本"《北京精神》"添加着重符号。

2. 设置段落格式

（1）将文档的标题居中对齐，将副标题文本右对齐。

（2）将正文歌词部分的左、右侧均缩进10个字符，对齐方式为分散对齐，行距为1.5倍。

（3）将正文最后一段落的首行缩进2个字符，并设置段前间距1行，行间距为单倍行距。

3. 页面设置

将页面的上边距设置为2厘米，下边距均设置为3厘米；左边距和右边距均设置为3.3厘米。

4. 插入页眉、页脚和页码

按【样文4—6】所示内容添加页眉文字，插入页码，并设置相应的格式。

【样文4—6】

云剑作品集

歌曲《北京精神》

（作词：云剑 作曲：鹏来 演唱：韩琳）

北 京 精 神， 爱 国 见 行 动

北 京 精 神， 创 新 拓 前 程

北 京 精 神， 包 容 促 和 谐

北 京 精 神， 厚 德 树 新 风

爱 国　 创 新　 包 容　 厚 德

北 京 精 神 好， 永 远 记 心 中

《北京精神》这首歌曲由著名词作家云剑、著名曲作家鹏来以及青年歌手韩琳共同打造而成，其旋律简洁大气，歌词朴实深邃，演唱优美亲切。参加歌曲合唱的有老红军、工人、教师，他们都是精神文明和物质文明的缔造者，他们通过自身的典型精神风貌以及澎湃的激情表演来阐释北京这座古城的文化和精神底韵。

1/2

第三题　文档表格的创建与设置

将附送参考资料 2010KSW\DATA2\TF4-7.docx 文件复制到 D 盘以用户名命名的文件夹中，并将文件改名为 A4-7.docx。打开 A4-7.docx 文档，按照下列的要求创建、设置如【样文4—7】所示。

1. 表格的基本操作

（1）将表格中"上午"行下方的一空行删除，将表格中"星期四"一列移到"星

期五"一列的前面。

(2) 将表格中第1列的宽度调整为3厘米，并将其他各列平均分布宽度。

(3) 将单元格"上午"与其下方的三个单元格合并为一个单元格，将单元格"下午"与其下方的两个单元格合并为一个单元格。

2. 表格的格式设置

(1) 将表格中所有单元格的对齐方式均设置为"水平居中"格式。

(2) 将表格中第1行的字体均设置为微软雅黑、五号、加粗。

(3) 将表格中第1、3、5列的底纹设置为天蓝色（RGB：180，220，230），将表格中第2、4、6列的底纹设置为浅绿色（RGB：230，240，220）将表格的外边框线设置为【样文4—7】所示的线型，所有内部网格线均设置为1磅的单实线。

【样文4—7】

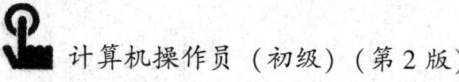

科目\日程	星期一	星期二	星期三	星期四	星期五
上午	语文	数学	英语	化学	英语
	数学	语文	数学	物理	化学
	英语	物理	化学	数学	语文
	数学	化学	语文	英语	体育
下午	化学	英语	物理	历史	英语
	物理	美术	英语	语文	数学
	政治	地理	计算机	音乐	物理

第四题　文档的版面设置与编排

将附送参考资料2010KSW\DATA2\TF4－8.docx文件复制到D盘以用户名命名的文件夹中，并将文件改名为A4－8.docx。打开A4－8.docx文档，按下列要求设置、编排文档的版面如【样文4—8】所示。

1. 页面设置

自定义纸张大小为宽20厘米、高28厘米，设置页边距上、下、左、右均为3厘米。按样文所示，在文档的页眉处添加页眉文字，页脚处添加页码，并设置相应的格式。

2. 艺术字设置

将标题"端午节的由来"字体设置为华文中宋、加粗、字号为50磅，对齐方式为居中，文本效果填充－橄榄色，强调文字颜色3，轮廓－文本2。

3. 文档的版面格式设置

(1) 分栏设置：将正文第2～5段设置为栏宽相等的三栏格式，不显示分隔线。

(2) 边框和底纹：为正文的第1段添加1.5磅、深绿色（RGB：100，120，50）、双实线边框，并为其填充绿色（RGB：160，200，120）底纹。

4. 文档的插入设置

(1) 插入图片：在样文中所示位置插入图片 D:\2010KSW\DATA2\pic5-5.jpg，设置图片的缩放比例为30%，环绕方式为"穿越型"，并为图片添加"简单框架，黑色"的外观样式。

(2) 插入脚注：为正文第4段中的文本"屈原"两个字插入脚注"屈原（前340—前278），是我国最早的浪漫主义诗人。"

【样文4—8】

民俗民风大全

端午节的由来

端午节为每年农历五月初五，又称端阳节、午日节、五月节等；端午节是中国汉族人民纪念屈原的传统节日，更有吃粽子、赛龙舟，挂菖蒲、蒿草、艾叶，熏苍术、白芷，喝雄黄酒的习俗。"端午节"为国家法定节假日之一，并被列入世界非物质文化遗产名录。

"端"字有"初始"的意思，因此"端五"就是"初五"。而按照历法五月正是"午"月，因此"端五"也就渐渐演变成了现在的"端午"。《燕京岁时记》记载："初五为五月单五，盖端字之转音也。"

据统计端午节的名称在我国所有传统节日中叫法最多，达二十多个，堪称节日别名之最。如端五节、端阳节、重五节、重午节、天中节、夏节、五月节、菖节、蒲节、龙舟节、屈原日、午日节、女儿节、诗人节、龙日、午日、灯节、五蛋节等等。

据说，屈原投汨罗江后，当地百姓闻讯马上划船捞救，一直行至洞庭湖，始终不见屈原的尸体。那时，恰逢雨天，湖面上的小舟一起汇集在岸边的亭子旁。当人们得知是为了打捞贤臣屈大夫时，再次冒雨出动，争相划进茫茫的洞庭湖。为了寄托哀思，人们荡舟江河之上，此后才逐渐发展成为龙舟竞赛。百姓们又怕江河里的鱼吃掉他的身体，就纷纷回家拿来米团投入江中，以免鱼虾糟蹋屈原的尸体，后来就成了吃粽子的习俗。看来，端午节吃粽子、赛龙舟与纪念屈原相关，有唐代文秀《端午》诗为证：

"节分端午自谁言，万古传闻为屈原。堪笑楚江空渺渺，不能洗得直臣冤。"

屈原选择在端午节殉国，把端午节的人文精神提升了。本来这是一个伸张正义的节日，表现的是对龙图腾的崇拜，是出于人们对自然的恐惧；而屈原，赋予了这个节日新的意义，《离骚》是千秋绝妙词，"若无泽畔行吟苦，哪得千秋绝妙词"。这个古老的民族的习惯，因为屈原，得到了新的意义。

屈原（公元前340—前278），是我国最早的浪漫主义诗人。

单元 4

单元测试题答案

一、单项选择题

1. A 2. B 3. A 4. A 5. C 6. C 7. C 8. C
9. A 10. C 11. B 12. C 13. D 14. A 15. D 16. C
17. A 18. D 19. B 20. C 21. D 22. B 23. A 24. D
25. B 26. C

二、判断题

1. × 2. √ 3. × 4. √ 5. × 6. × 7. √ 8. ×
9. √ 10. × 11. √ 12. √ 13. √ 14. √ 15. × 16. ×
17. √ 18. √ 19. √ 20. ×

三、技能题

答案略。

第5单元

电子表格处理

- 第1节　Excel 2010 简介/176
- 第2节　数据输入与编辑/179
- 第3节　表格操作界面设置与打印输出/189
- 第4节　表格基本属性处理/196
- 第5节　基本计算处理/207
- 第6节　基本统计分析/212

第 1 节　Excel 2010 简介

- 了解 Excel 2010 工作界面的组成与功能
- 了解工作簿、工作表、单元格的概念
- 能够启动和关闭 Excel 2010
- 能够操作 Excel 2010 窗口

电子表格软件是一种数据处理系统和报表制作工具，只要将数据输入到按规律排列的单元格内，便可利用多种公式和函数进行算术和逻辑运算，分析汇总各单元格中的数据信息，并且把相关数据用统计图表的形式表示出来。由于电子表格具有操作简单、函数类型丰富、数据更新及时等特点，在财务、统计、经济分析等领域都得到了广泛的应用。Excel 2010 是 Microsoft 公司推出的 Office 2010 中的重要组件，也是最常见的电子表格处理软件。

一、Excel 2010 的启动与退出

1. 启动 Excel 2010 程序

安装 Office 2010 后，有多种方法启动 Excel 2010，操作方法如下：

（1）单击"开始"→"所有程序"→"Microsoft Office"→"Microsoft Excel 2010"命令，启动 Excel 2010。

（2）双击扩展名为". xls"或". xlsx"的文件，可以启动 Excel 2010，同时打开该文件。

（3）如果桌面有 Excel 2010 的快捷方式，双击该快捷方式，也可以启动 Excel 2010。

2. 关闭 Excel 2010 程序

关闭 Excel 2010，可以选择下列方法进行：

（1）单击标题栏中的"关闭"按钮。

（2）按〈Alt + F4〉组合键。

（3）单击"文件"→"退出"命令。

二、Excel 2010 的工作界面及操作

1. Excel 2010 窗口组成

Excel 2010 窗口主要由标题栏、功能区、状态栏、工作表区和窗口控制按钮、功能按钮等屏幕元素组成，如图 5—1 所示。

（1）标题栏。表示窗口的名称。如果该窗口为活动窗口，标题区的颜色是深色调；如果是文件窗口，则标题区会出现该文件的文件名。

电子表格处理

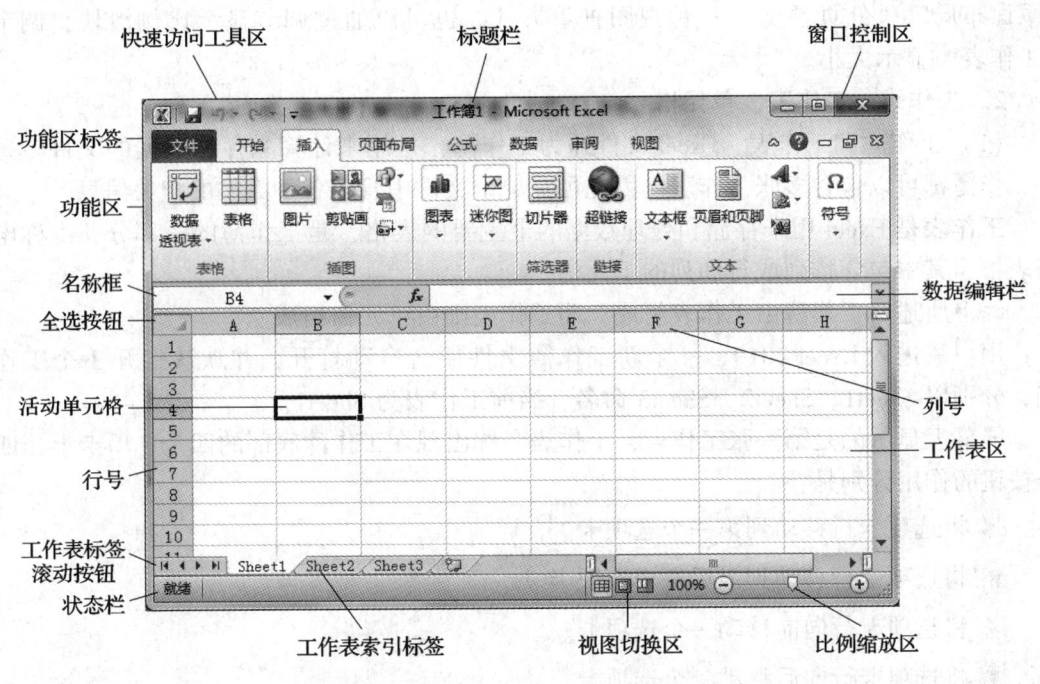

图 5—1 Excel 2010 窗口组成

（2）功能区。功能区位于标题栏下方，它包含了大部分 Excel 2010 的功能按钮，其中包含多个选项卡。单击选项卡的标签，可以实现选项卡间的切换。

（3）工作表区。工作表区是由多个单元表格行和单元表格列组成的网状编辑区域，用户可以在这个区域中进行数据处理。

（4）状态栏。显示目前被选取单元格的状态，如，当用户正在单元格输入内容时，状态栏上会显示"输入"两个字。

（5）名称框。显示目前被使用者选取单元格的行列号，如图 5—1 中名称框内所显示的是被选取单元格的行列号"B4"。

（6）数据编辑栏。数据编辑栏是用来显示目前被选取单元格的内容的，用户除了可以直接在单元格内修改数据之外，也可以在数据编辑栏中修改数据。

（7）全选按钮。单击全选按钮，可以选中工作表中所有的单元格。

（8）活动单元格。使用鼠标单击工作表中某一单元格时，该单元格的周围就会显示黑色粗边框，表示该单元格已被选取，称为"活动单元格"。

（9）工作表标签滚动按钮。有时一个工作簿中可能包含大量的工作表而使工作表索引标签的区域无法一次性显示所有的索引标签，这时就需要利用标签翻动按钮来帮助用户将显示区域以外的工作表索引标签翻动至显示区域内。

（10）工作表索引标签。每一个工作表索引标签都代表一张独立的工作表，使用者可通过单击工作表索引标签来选取某一张工作表。

（11）水平与垂直滚动条。使用水平或垂直滚动条，可滚动整个文档。

（12）视图切换区和比例缩放区。方便用户选用合适的视图效果，可选用"普通"

"页面布局""分页预览"三种视图查看方式,也可以通过调节显示比例滑块,调节"工作表"显示大小。

2. 工作簿、工作表、单元格

(1) 工作簿和工作表。Excel 文件即为工作簿,是用来计算和存储数据的文件。每个工作簿都可以包含多张工作表,因此可在单个文件中管理各种类型的相关信息。

工作表是 Excel 用来存储和处理数据的最主要的表格,是工作簿的一部分,也称电子表格,其中包含排列成行和列的单元格。

综上所述,工作簿由工作表组成,而工作表则由单元格组成。

用户一进入 Excel 2010,一个新工作簿文件便会自动打开,并默认打开 3 个工作表,分别以 Sheet1,Sheet2,Sheet3 命名,当前工作表为 Sheet1。

屏幕上显示的是第一张工作表,工作表名称出现在工作簿底部的四个选项卡上,四个按钮的作用分别是:

将选项卡行移动到第一个选项卡。

将选项卡行移动到最后一个选项卡。

将选项卡行向前移动一个选项卡。

将选项卡行向后移动一个选项卡。

用户也可以通过直接在选项卡上单击来切换到对应的工作表。

提示:

一个工作簿文件无论有多少个工作表,保存时,都将会保存在一个工作簿文件中(其扩展名为 .xlsx),而不是按照工作表的个数保存。

用户是在工作簿窗口中处理电子表格的,工作簿窗口显示在 Excel 2010 窗口的工作区中。

(2) 单元格。每张工作表是由多个"存储单元"所构成的,这些"存储单元"被称为"单元格"。输入的任何数据都将保存在这些"单元格"中。这些数据可以是一个字符串、一组数字、一个公式或者一个图形等。

1) 单元格地址。每个单元格都有其固定的地址,其位置由"列名+行名"确定。例如单元格 A1 表示该单元格位于第 A 列第 1 行。同样,一个地址也唯一地表示一个单元格。活动单元格是指正在使用的单元格,在其外有一个黑色的方框,如图 5—1 所示。这时可以在该单元格中输入数据。

使用单元格时在名称框中会显示它的地址,在编辑栏中会显示它的内容。要将某单元格设置为当前单元格,可以在工作表中移动"✥"状的鼠标指针,在需要的单元格上单击。

2) 选中单元格的方法。Excel 2010 的许多命令都是针对单元格的操作,故首先得选中单元格。如果用鼠标选择单元格,方法是将鼠标指针指向被选的单元格,然后单击,此时被选中的单元格呈粗框显示。如果用键盘选择单元格,可使用键盘的方向键。表 5—1 给出了可用于移动或选择单元格的键。

表 5—1　　　　　　　　　用于移动单元格的键

按键	功能	按键	功能
←	左移一个单元格	Ctrl + ←	到工作表行头
→	右移一个单元格	Ctrl + →	到工作表行尾
↑	上移一个单元格	Ctrl + ↑	到工作表列头
↓	下移一个单元格	Ctrl + ↓	到工作表列尾
Page Up	上移一屏幕	Ctrl + Page Up	到上一个工作表
Page Down	下移一屏幕	Ctrl + Page Down	到下一个工作表

第 2 节　数据输入与编辑

→ 能够在 Excel 表格中输入各种数据和信息
→ 能够选定单元格，并对单元格内容进行修改、清除操作
→ 能够复制和移动单元格数据
→ 能够保存工作簿
→ 能够插入、删除工作表
→ 能够复制和移动工作表

一、输入数据的方法

1. 输入数据的基本概念

（1）在输入数据之前，必须先选定想要输入数据的单元格，可以选择一个单元格，也可以选择相邻的或不相邻的单元格区域。当选定一个单元格后，它会被粗线框包围。如果要选定不相邻的单元格，可按住〈Ctrl〉键，利用鼠标单击所要选择的单元格。

（2）在输入正确的数据后，可以单击数据编辑栏的确认按钮 ✓，或者按下回车键，确认输入的数据到单元格中。

（3）如果要取消在当前单元格中输入的数据，可以单击数据编辑栏的取消按钮 ✗，或者按〈Esc〉键。

2. 常量值的分类及格式

在 Excel 工作表中可以输入两类数据：常量值和公式。这里先介绍常量值的输入，常量值是可以直接键入到单元格中的数据，它可以是数字值（包括日期、时间、货币、百分比、分数、科学计数）或者是文字。

（1）要将数字作为常量值输入，只需选定单元格后键入数字即可。

（2）数字可以包括数字字符 0 ~ 9 和 +、-、*、/、$、%、,、A、a 等。例如 8,000,000。

(3) 在数字前输入的正号"+"被忽略。例如输入"+88",确定后成为"88"。

(4) 在负数前加上一个负号"-",例如"-12";也可以将数值置于括号中表示负数,如(68)。

(5) 单一的句点被视为小数点。例如在单元格中输入".89",确定后成为"0.89"。

(6) 为了避免把输入的分数视为日期,在分数前要输入0和空格,例如"0 1/6"确定后成为"1/6"。

(7) 单元格中的数据格式将决定工作表中数字的显示方式。如果单元格的数据格式为"常规"格式输入数字,Excel 2010 会根据具体情况自动套用数字格式。当输入一个数字,而该数字前有货币符号或者其后有百分符号时,Excel 会自动地改变单元格格式,从通用格式分别改为货币格式或百分比格式。例如输入了"5-8",确认输入后,Excel 2010 将自动套用"日期"格式;如果输入了"¥8.5",Excel 2010 将自动套用"货币"格式,显示为"¥8.50"。

(8) 默认情况下,单元格中的数字靠右对齐。而其他字符,如汉字和英文字符等靠左对齐。

提示:
在输入像身份证这类长数字型字符时,应首先输入单引号'后,再输入身份证号码。

3. 输入日期

在 Excel 2010 中,日期的格式可以是"年-月-日",也可以是"年/月/日",或者"月-日""月/日"等格式。日期在单元格中是右对齐。

在单元格中键入"5-4"或"5/4",按回车键确定输入后,显示为"5月4日";在单元格输入"Mar-2016"或"2016-3",确认后,显示为"Mar - 2016"。

而在单元格输入"2016.5.1",确认后显示仍为"2016.5.1";在单元格输入"5/1/2016",确认后显示仍为"5/1/2016"。Excel 2010 没有把这些数据看作是日期数据,而是把它们视为文本,因此 A1 和 B1 里的数据为左对齐。

提示:
如果要在单元格输入当前日期,先选定单元格,再按下〈Ctrl + ;〉组合键即可。

4. 输入时间

输入时间时,如果要使用 12 小时制的时钟显示时间,需键入 am 或 pm。例如 6:00pm。可以键入 a 或 p 来代替 am 或 pm,在时间与字母之间必须有一空格。除非键入 am 或 pm,否则 Excel 将自动地使用 24 小时制时钟显示,例如 18:00。

因此要输入时间下午 6 点,其操作步骤如下:

(1) 选定想要输入时间数据的单元格。

(2) 再输入 24 小时制时间"18:00";或者输入 12 小时制时间"6:00"后跟一个空格,接着键入字符"p"或者"pm"。

(3) 按回车键确认。

提示：

如果要在某个单元格输入当前时间，在选定单元格后，可按下〈Ctrl＋Shift＋;〉组合键。

5. 快速输入有序的数据

表格上的有些栏目是由序列产生的，如编号、序号、星期等。在 Excel 2010 中，有的序列不必一个一个地输入，可以通过拖动鼠标的方式在某个区域内快速地建立序列。

快速地建立序列就是 Excel 2010 的自动填充功能。所谓的自动填充功能是指通过鼠标拖动填充柄，可在工作表上建立一个有序的增量值或固定值序列。

快速输入有序数据的操作要领是：

（1）先在单元格 A2 中键入"星期一"，单元格 A4 中键入"甲"，单元格 A6、B6 中分别键入 1 和 2，如图 5—2 所示。

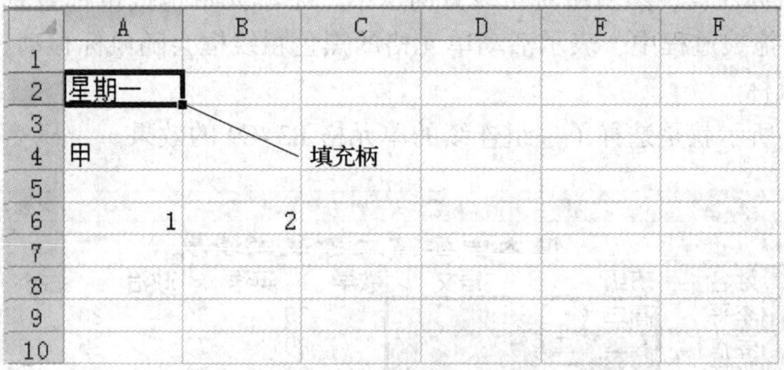

图 5—2　快速输入有序数据（一）

（2）然后将鼠标指针移到"星期一"单元格的右下角，此时指针会变成黑十字（此黑十字所在的点即为填充柄）。按住鼠标左键并拖动填充柄通过要填充的单元格，然后松开鼠标按钮，Excel 2010 便会将星期二、星期三等填入相应单元格中。与此类似，甲、乙、丙、丁等与 1、2、3、4 等也可出现在相应的单元格中，如图 5—3 所示。

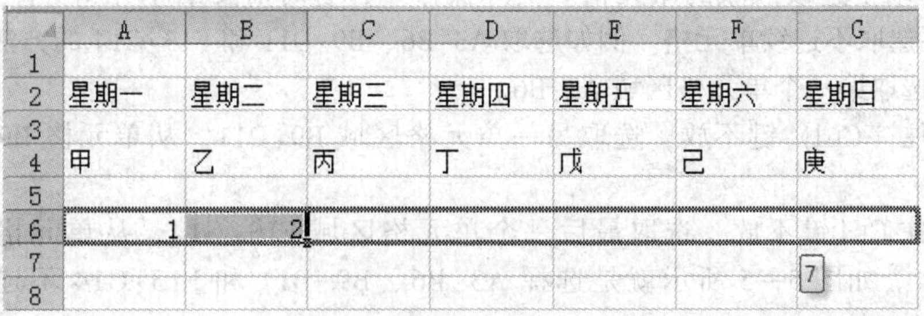

图 5—3　快速输入有序数据（二）

提示：

在快速输入 1、2、3、…序列数时，要最少选定前面的两个数，再拖放填充柄，如果只选定一个数值，鼠标拖放填充柄时，将完成复制所选内容。

如果要依次输入 1、3、5 等奇数，则可以先在头 2 个单元格中输入 1 和 3，然后选中这 2 个单元格，再拖动填充柄，即可填充其他奇数了。

二、编辑数据

1. 选择单元格操作

（1）选择一个单元格。选择一个单元格，用鼠标指向它，并单击鼠标左键。当该单元格外框变成粗体黑色方框时，表示该单元格已被选中，成为活动单元格。

（2）选择一组连续的单元格。Excel 2010 通过位于区域的左上角和右下角单元格来表示区域，例如 B3：C9 表示单元格 B3 和 C9 间的所有单元格。

若要选择一组连续的单元格，例如 B3：C9 的方法如下：

1）将鼠标指向要选取区域的第一个单元格 B3。

2）按住鼠标左键，然后沿对角线方向从第一个单元格拖拽鼠标直到包括最后一个单元格 C9。在拖拽过程中，表示活动单元格的黑色粗线框会随鼠标移动。

3）松开鼠标。

如图 5—4 所示就是选择了一组连续的单元格 B3：C9 的效果。

	A	B	C	D	E	F	G
1			恒大中学高二考试成绩表				
2	姓名	班级	语文	数学	英语	政治	总分
3	李平	高二（一）班	72	75	69	80	296
4	麦孜	高二（二）班	85	80	73	83	321
5	张江	高二（一）班	97	83	89	80	349
6	王硕	高二（三）班	76	80	84	82	322
7	刘梅	高二（三）班	72	75	69	63	279
8	江海	高二（一）班	92	86	74	84	336
9	李朝	高二（三）班	76	85	84	83	328
10	各科平均分		81.4	80.6	77.4	79.3	

图 5—4　选择一组连续的单元格

（3）选取不连续区域的单元格。实际操作中，有时需要的单元格并不是相邻的，此时就需要选取不连续单元格。例如选取 A3：B6、B9：D11 和 F13：G14 的方法如下：

1）先选取第一个单元格区域 A3：B6。

2）按住〈Ctrl〉键不放，选取另一单元格区域 B9：D11，从单元格 B9 拖拽鼠标到 D11。

3）按住 Ctrl 键不放，选取最后一个单元格区域 F13：G14，从单元格 F13 拖拽鼠标到 G14。如图 5—5 所示就是选择 A3：B6、B9：D11 和 F13：G14 不连续区域的效果。

（4）选择行与列。选择整行或整列的操作比较简单，只需要在工作表上单击要选取的行号或列号即可。例如，要选取第 F 列，只需单击列号"F"即可；同理，要选取第 9 行，只需单击行号"9"。

（5）选择整个工作表。在工作表的左上角有一个按钮，单击此按钮即可选择整个工作表。

电子表格处理

	A	B	C	D	E	F	G
1	恒大中学高二考试成绩表						
2	姓名	班级	语文	数学	英语	政治	总分
3	李平	高二（一）班	72	75	69	80	296
4	麦孜	高二（二）班	85	80	73	83	321
5	张江	高二（一）班	97	83	89	80	349
6	王硕	高二（三）班	76	80	84	82	322
7	刘梅	高二（三）班	72	75	69	63	279
8	江海	高二（一）班	92	86	74	84	336
9	李朝	高二（三）班	76	85	84	83	328
10	许如润	高二（一）班	87	83	90	80	340
11	张玲铃	高二（三）班	89	67	92	87	335
12	赵丽娟	高二（二）班	76	67	78	97	318
13	高峰	高二（二）班	92	87	74	84	337
14	刘小丽	高二（三）班	76	67	90	95	328
15	各科平均分		82.5	77.9	80.5	83.2	

图5—5　选择不连续区域的单元格

2. 修改和清除单元格的内容

（1）修改单元格内容。双击待编辑数据所在的单元格，使其成为活动单元格，就可以在当前插入点位置插入键入的数据，修改其中的内容，文本自动向右移动。

修改结束，按〈Enter〉键可确认所做的改动，按〈Esc〉键则将取消所做的改动。

（2）清除单元格的内容。清除单元格中内容的操作步骤如下：

1）选定要清除的单元格。

2）在"编辑"功能区中单击"清除"按钮 ，弹出一个子菜单，如图5—6所示。

3）选择"清除内容"命令后，被选定单元格区域的内容即被清除。

（3）插入单元格。在对工作表的输入或者编辑过程中，有时需要在某一单元格的位置插入一个单元格。插入单元格的操作步骤如下：

1）将单元格指针指向要插入的单元格，使该单元格成为活动单元格。

2）单击鼠标右键，打开快捷菜单，选择"插入"命令，打开"插入"对话框，如图5—7所示。

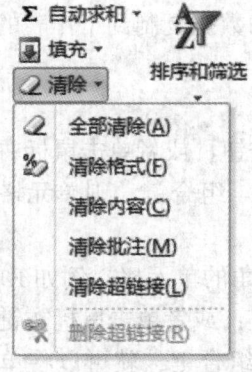

图5—6　"清除"下拉列表

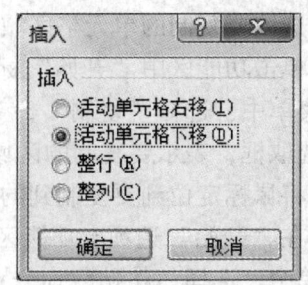

图5—7　"插入"对话框

"插入"对话框中，各选项的含义如下：

"活动单元格右移"单选项：在选定单元格左侧插入一个空白单元格，当前活动单元格右移一格，活动单元格指针位于新插入的单元格上。

"活动单元格下移"单选项：在选定单元格上方插入一个空白单元格，当前活动单元格下移一格，活动单元格指针位于新插入的单元格上。

"整行"单选项：在当前活动单元格所在行上面插入一空白行。

"整列"单选项：在当前活动单元格所在列左面插入一空白列。

3）单击"确定"按钮，插入新的单元格。

(4) 删除单元格。删除单元格不同于清除单元格，清除只是从工作表中移去单元格中的内容、格式，单元格本身仍然留在工作表中；而删除单元格则是将选定单元格从工作表中除去，同时和它相邻的其他单元格会相应地调整位置填补删除后的空缺。

删除单元格的操作方法如下：

1）选取要删除的单元格。

2）单击鼠标右键，打开快捷菜单，选择"删除"命令，打开"删除"对话框，如图 5—8 所示。

"删除"对话框中，各选项的含义如下：

"右侧单元格左移"单选项：删除选定单元格后，该单元格右面的单元格自动向左移动一格填补空缺。

"下方单元格上移"单选项：删除选定单元格后，该单元格下面的单元格自动向上移动一格填补空缺。

"整行"单选项：删除选定单元格所在行，下面的行自动向上移动一行填补空缺。

"整列"单选项：删除选定单元格所在列，右侧的列自动向左移动一列填补空缺。

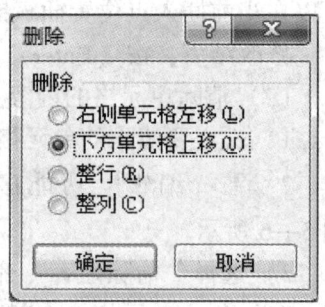

图 5—8 "删除"对话框

3）单击"确定"按钮，即删除选定单元格。

3．复制和移动单元格数据

(1) 使用复制命令复制单元格数据。单元格中的数据可以通过复制操作，将它们复制到同一张工作表的其他单元格、另一张工作表或其他工作簿中。

使用复制或粘贴命令可以将单个或多个单元格中的数据复制到工作表的其他单元格区域，具体操作步骤如下：

1）选取要复制的单元格区域，例如 C3:G4。

2）单击功能区中"开始"标签，单击"复制"按钮；或者单击鼠标右键，在打开的快捷菜单中，选择"复制"命令；或者按〈Ctrl + C〉组合键，则单元格区域周围出现虚线选取框，表示要复制的区域。

3）将鼠标定位到要复制到的目的单元格区域左上角的单元格，例如 E12。

4）在"开始"选项卡功能区，单击"粘贴"按钮；或者单击鼠标右键，在打开的快捷菜单中，选择"粘贴"命令；或者按〈Ctrl + V〉组合键，就可以将单元格数据复制到目标区域。其过程如图 5—9 所示。

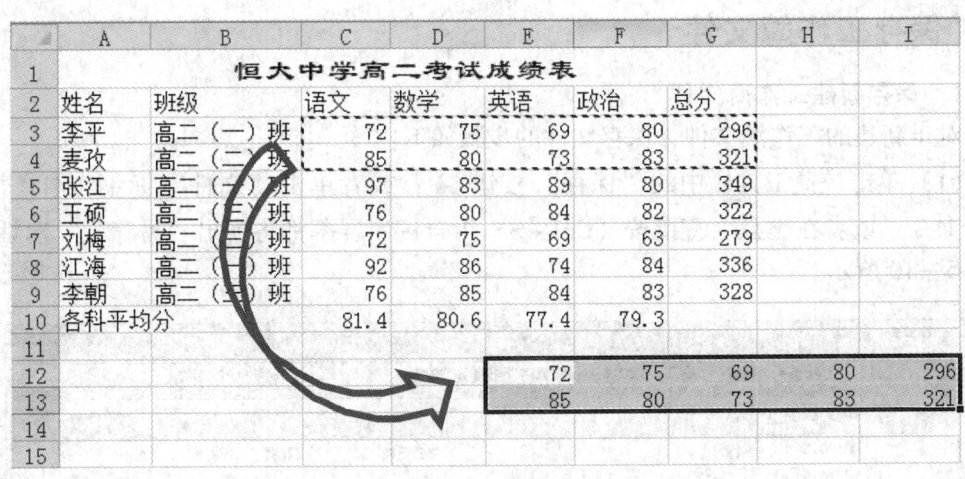

图5—9 复制单元格过程

（2）使用鼠标拖放复制单元格数据。可以使用鼠标左键的拖放操作来复制数据，具体操作步骤如下：

1）选取要复制源数据区域。

2）将鼠标指向选定单元格四条边框中的任意一条边位置，此时，光标将成为箭头符号"✥"，按住〈Ctrl〉键不放，用鼠标左键拖拽选定单元格区域到目标单元格区域。

3）松开鼠标，即可将源数据区域中的内容复制到目的单元格区域中。

（3）移动单元格数据。移动单元格数据的方法与复制单元格数据的方法类似，只是复制单元格数据后，在源单元格中数据仍然存在；而移动单元格数据后，源单元格则变成空白单元格。

操作方法一：

1）选取要移动的单元格区域，例如C3:G4。

2）单击"功能区"中"开始"标签，单击"剪切"按钮；或者单击鼠标右键，在打开的快捷菜单中，选择"剪切"命令；或者按〈Ctrl+X〉组合键，则单元格区域周围出现虚线选取框，表示要剪切的区域。

3）选择目的单元格区域左上角的单元格，例如E12。

4）按下回车键，则源单元格中的内容将出现在目的单元格中，同时源单元格变成空白单元格。

操作方法二：

也可以使用鼠标来移动单元格的内容，其操作步骤如下：

1）选取要移动的源数据区域。

2）将鼠标指向选定单元格四条边框中的任意一条边位置，光标将成为箭头符号"✥"。

3）拖拽选定单元格区域到目标单元格区域。

4）松开鼠标左键，则源数据区域中的内容将移动到新的位置上。

三、保存工作簿文件

1. 保存新建工作簿文件

对于新建的工作簿文件，保存文件的步骤如下：

（1）单击快捷工具栏中的"保存"按钮 ；或者单击"文件"标签，选择"保存"命令；或者在键盘上直接按〈Ctrl＋S〉组合键。屏幕都将弹出"另存为"对话框，如图5—10所示。

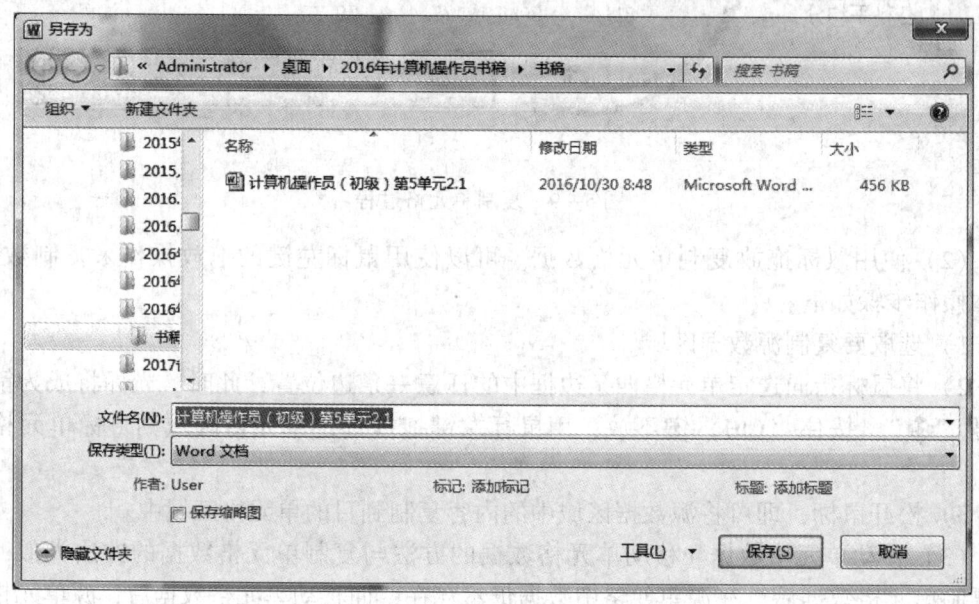

图5—10　"另存为"对话框

（2）在"文件名"框中输入一个文件名，在右边的中间窗格中选择保存文件位置，单击"保存"按钮。

2. 保存已有的工作簿文件

如果用户打开的工作簿文件是已有的文件，则对它进行修改后，可以直接单击快捷工具栏中的"保存"按钮 ；或者单击"文件"标签，选择"保存"命令；或者在键盘上按〈Ctrl＋S〉组合键进行保存。

以上操作方法都可用于保存当前工作簿文件，且保存后的文件名及存储位置保持不变。

3. 换名保存工作簿文件

如果希望将当前的工作簿文件换个名字保存，则可以执行以下操作：

（1）单击"文件"标签，选择"保存"命令，打开"另存为"对话框，如图5—10所示。

（2）在"文件名"框中输入一个文件名；在右边的中间窗格中选择保存文件位置。

（3）单击"保存"按钮，则当前文件将以新定义的文件名保存。

四、工作表的管理

一个工作簿可以存入 255 个工作表,因此管理好这些工作表是很重要的。

1. 选择工作表

要编辑工作簿中某一张工作表时,只需要在工作表选项卡中单击 Excel 2010 工作窗口底部的工作表标签即可切换到该工作表。例如,要选取第 2 张工作表 Sheet 2,只要在工作表选项卡标签 Sheet 2 上单击。选中的工作表选项卡将用白底黑字表示,而未选中的工作表用灰底黑字表示。如果 Excel 2010 工作簿中有多张工作表,而无法在一行中显示时,还可以使用工作表选项卡前部的四个按钮来移动显示工作表选项卡。

若要选取相邻工作表组,可以先单击想要选取的第一张工作表选项卡,再按住〈Shift〉键,然后用鼠标单击工作表组中最后一张工作表选项卡,则需要的工作表将被选中,其选项卡都变成白底黑字,并且在工作簿的标题栏上出现"工作组"字样。

若要选取的工作表在工作簿内的位置并不相邻,则在选取工作表组时,可以先单击想要选取的第一张工作表选项卡,然后再按住〈Ctrl〉键,单击其他想要选取的工作表选项卡。

2. 插入空白工作表

通常在一个新打开的工作簿中包含三张默认的工作表,如果需要还可以插入新的工作表,其操作步骤如下:

(1)选择当前工作表。

(2)按〈Shift + F11〉组合键,则新建的工作表会插入到当前工作表前面,新的工作表被按照顺序命名为 Sheet x。例如要在工作表 Sheet 1 和 Sheet 2 之间插入一张工作表,则选择工作表选项卡 Sheet 2。

提示:

也可以在 Excel 2010 窗口的底部,工作表标签区单击"插入工作表"按钮,如图 5—11 所示,即可以在工作表选项卡的最后面插入一个新的工作表。

"插入工作表"按钮

图 5—11 插入新工作表

3. 删除工作表

要删除不需要的工作表,其操作步骤如下:

(1)选取要删除的工作表。

(2)单击鼠标右键,打开"工作表"快捷菜单,如图 5—12 所示。

(3)选择"删除"命令,屏幕出现要求确认是否删除这张工作表的对话框,如图 5—13 所示。

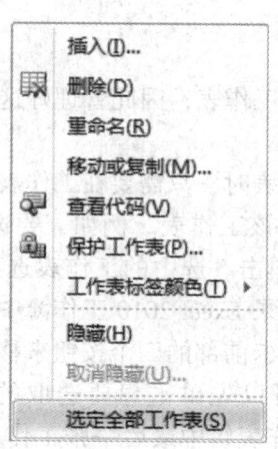

图5—12 "工作表"快捷菜单

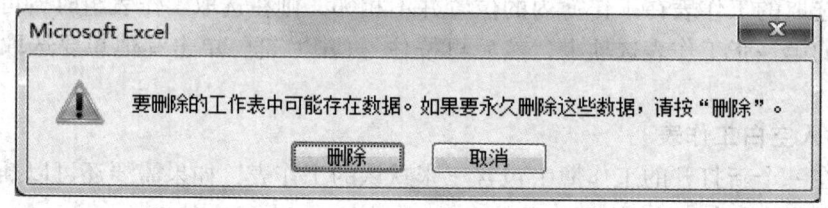

图5—13 删除确认对话框

(4) 单击"删除"按钮，则该张工作表将从工作簿内删除。

4. 更改工作表的名字

默认情况下 Excel 2010 中的新工作表都是以 "Sheet + 数字" 来命名的。实际上，也可以为工作表另外起个名字。例如，要将工作表 "Sheet 1" 改名为 "成绩表"，其操作步骤如下：

(1) 选择工作表 Sheet 1 为活动工作表。

(2) 单击鼠标右键，打开"工作表"快捷菜单，如图5—12所示，选择"重命名"命令，则工作表选项卡标签名将会用黑底白字显示。

(3) 输入新的名字"成绩表"，按回车键确认。新的工作表名将取代旧的名字，出现在选项卡标签栏内。

提示：

也可以将鼠标指针直接指向"Sheet 1"，然后双击使工作表选项卡标签名用黑底白字显示，处于编辑状态。

5. 复制/移动工作表

复制/移动工作表的操作步骤如下：

(1) 选取要复制/移动的源工作表。

(2) 单击鼠标右键，打开"工作表"快捷菜单，如图5—12所示，选择"移动或复制"命令，打开"移动或复制工作表"对话框，如图5—14所示。

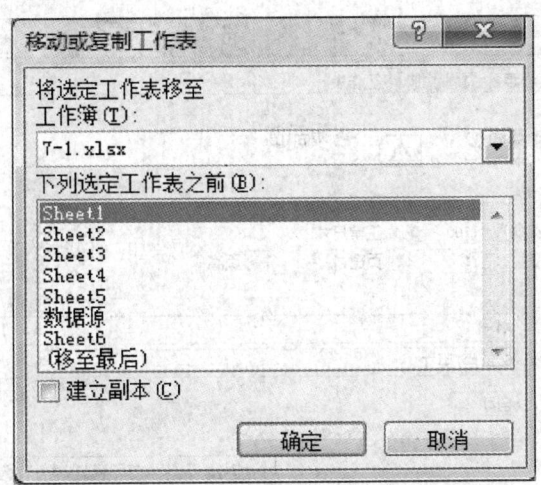

图 5—14 "移动或复制工作表"对话框

(3) 在"下列选定工作表之前"列表中选择源工作表要复制/移动到的位置。

(4) 如果是复制工作表，还需要选择"建立副本"复选框。

(5) 按下"确定"按钮，则源工作表将复制/移动到目的工作簿中相应的位置。

提示：

这一操作过程也可以将工作表复制/移动到其他工作簿中，复制/移动时需要打开对应的目的工作簿文件，然后在"工作簿"下拉列表中选择目的工作簿名称。

第3节 表格操作界面设置与打印输出

→ 能够设置表格页面、页边距、页眉和页脚

→ 能够设置工作表选项卡

→ 能够设置视图和显示比例

→ 能够预览和打印工作表

一、设置表格的页面

"页面设置"功能用于设置工作表的打印输出版面，可以分别对"页面""页边距""页眉和页脚"进行相应的设置。

1. "页面"的设置

单击"页面布局"标签，打开"页面布局"选项卡，单击"页面设置"按钮，打开"页面设置"对话框，系统默认打开"页面"选项卡，如图5—15所示。

在该对话框中可以进行打印方向、缩放比例、纸张大小等项的设置。

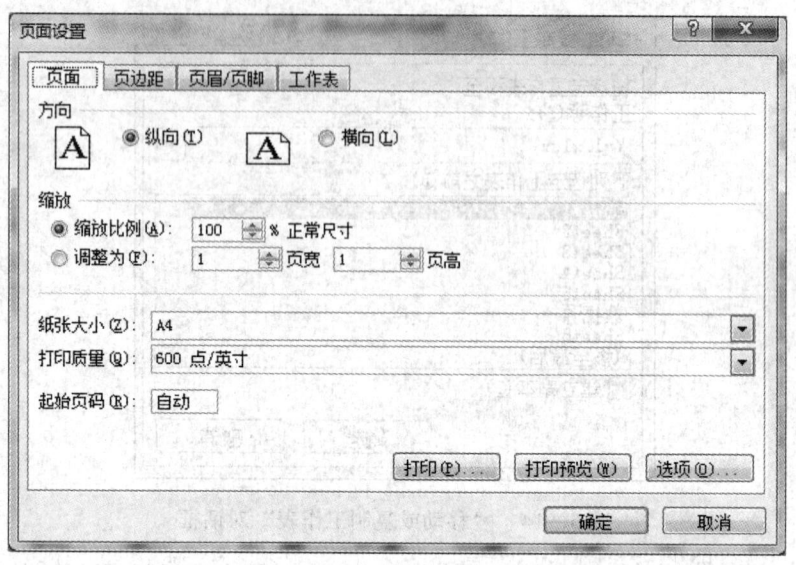

图 5—15 "页面设置"对话框"页面"选项卡

"页面"选项卡中主要选项的功能如下：

(1) 在"方向"框中可选择纸张的方向是"纵向"排版或"横向"排版。

(2) 在"纸张大小"下拉列表框中可选择所需的纸型。

(3) 在"缩放"框中的"缩放比例"项可设置将表格缩小或者放大打印的比例。如输入"50"，表示工作表缩小为正常大小的 50%。

(4) 在"打印质量"列表框中可选择所需的打印质量。"打印质量"是指打印时所用的分辨率，分辨率越大，打印质量越好。

2."页边距"的设置

在"页面设置"对话框中，单击"页边距"选项卡标签，屏幕显示如图 5—16 所示，在此对话框中即可进行"页边距"的设置。

"页边距"选项卡中主要选项的功能如下：

(1) "上""下""左""右"四个微调框可分别设置上、下、左、右的页边距。

(2) "页眉""页脚"两个微调框可分别设定页眉、页脚与上、下纸边的距离。

(3) "居中方式"组中可设置打印内容是"水平居中"还是"垂直居中"。

3."页眉/页脚"的设置

在"页面设置"对话框中，单击"页眉/页脚"选项卡标签，屏幕显示如图 5—17 所示，在此对话框中即可进行"页眉和页脚"的设置。

"页眉/页脚"选项卡中主要选项的功能如下：

(1) 可在"页眉"列表框中选择所需的页眉；也可单击"自定义页眉"按钮，在弹出的对话框中输入自定义的页眉。

(2) 可在"页脚"列表框中选择所需的页脚；也可单击"自定义页脚"按钮，在弹出的对话框中输入自定义的页脚。

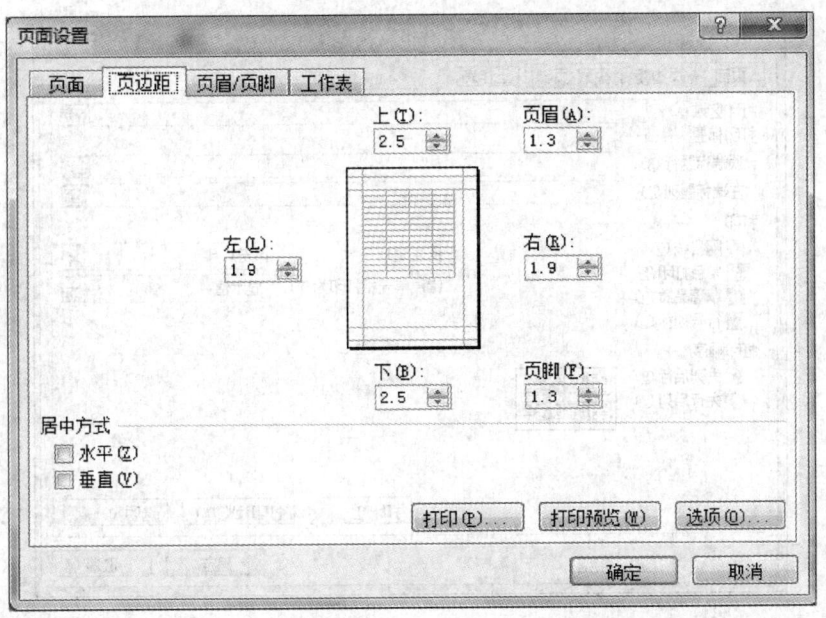

图 5—16 "页面设置"对话框"页边距"选项卡

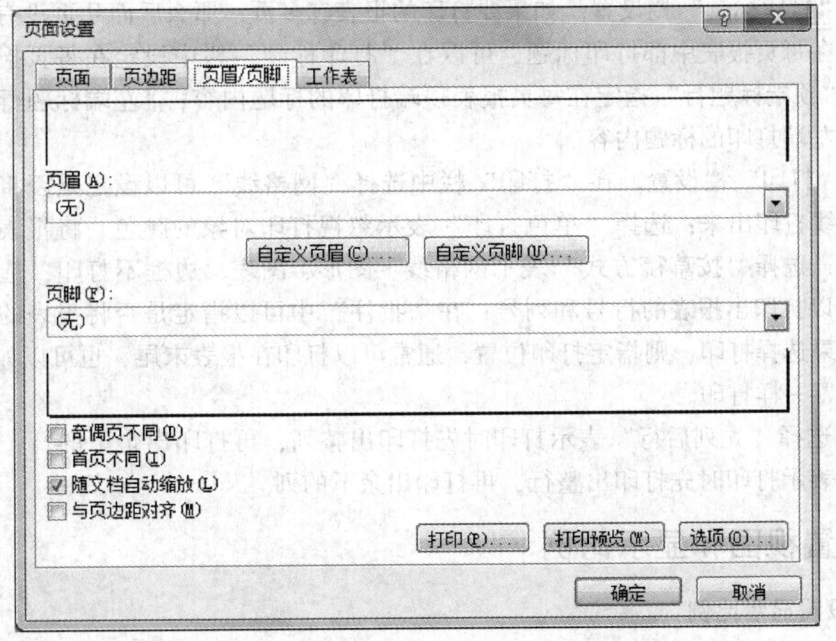

图 5—17 "页面设置"对话框"页眉/页脚"选项卡

4. "工作表"的设置

在"页面设置"对话框中单击"工作表"标签，如图 5—18 所示。此时可以进行打印网格线、打印区域、打印标题、打印顺序等项目的设置，这是 Excel 2010 独有的功能。

（1）可以在"打印区域"指定需要打印的报表区域，如果已经指定了需要打印的范围，那么在此栏中会显示已经指定的范围。

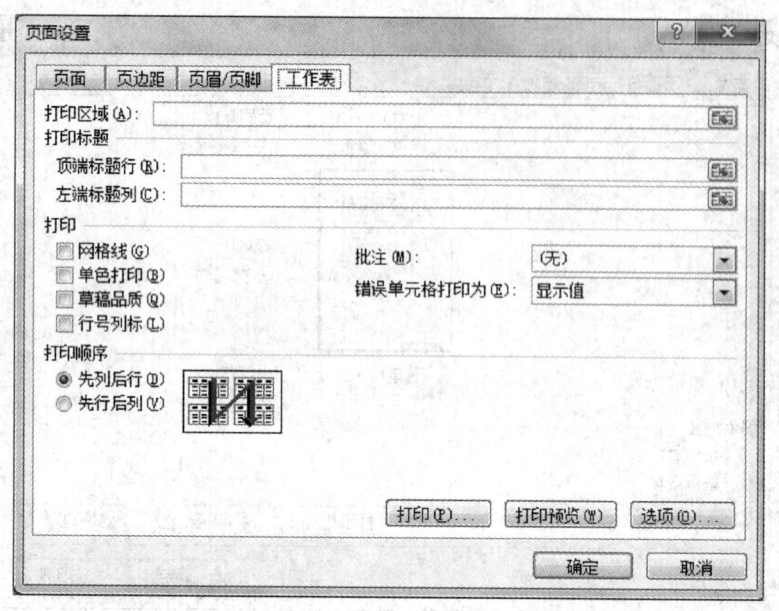

图 5—18 "页面设置"对话框"工作表"选项卡

（2）"打印标题"栏设置。如果要打印的报表有多页，那么后面几页没有报表的标题，为了在每页报表中都打印标题，可以在"打印标题"栏中设定在每页报表中都打印标题。"顶端标题行"指定在每页报表顶端打印的标题内容；"左端标题行"指定在每页报表左端打印的标题内容。

（3）"打印"栏设置。在"打印"栏中选择"网格线"可以设定是否将报表中单元格网格线打印出来；选择"单色打印"表示忽视打印对象的颜色，将报表作为黑白两色打印；选择"按草稿方式"表示网格线、图形、图表、边框不打印；选择"行号列标"可以打印出报表的行号和列号；在"批注"中可以指定是否将报表的批注打印出来，如果选择打印，则指定打印位置，通常可以打印在报表末尾，也可以如同工作表中显示位置一样打印。

（4）选择"先列后行"表示打印时先打印出整列，再打印出余下的行；选择"先行后列"表示打印时先打印出整行，再打印出余下的列。

二、设置视图和显示比例

1. 设置显示比例

要设置工作表窗口中数据的显示比例，可以在"状态栏"右边的"比例缩放区"中（100%）调节显示比例滑块，设置需要的显示比例。向左拖动滑块，工作表数据显示比例变小；向右拖动滑块，工作表数据显示比例变大。

2. 分页预览视图

前面介绍的输入数据与编辑、修改数据均是在普通视图下完成，Excel 2010 还提供了页面布局视图和分页预览视图用来帮助用户完成工作表打印前的准备工作。

在默认状态下，Excel 2010 会自动选择有文字的最大行和列作为打印区域。如果需要打印的工作表中的内容不止一页，Excel 2010 会自动插入分页符，将工作表分成多页。这些分页符的位置取决于纸张的大小、页边距设置和设定的打印比例。用户可以通过插入水平分页符来改变页面上数据行的数量；也可以通过插入垂直分页符来改变页面上数据列的数量。

如果要事先了解 Excel 2010 的分页情况，则可以在"视图切换区"单击"分页预览"按钮，切换到"分页预览"视图，如图 5—19 所示。

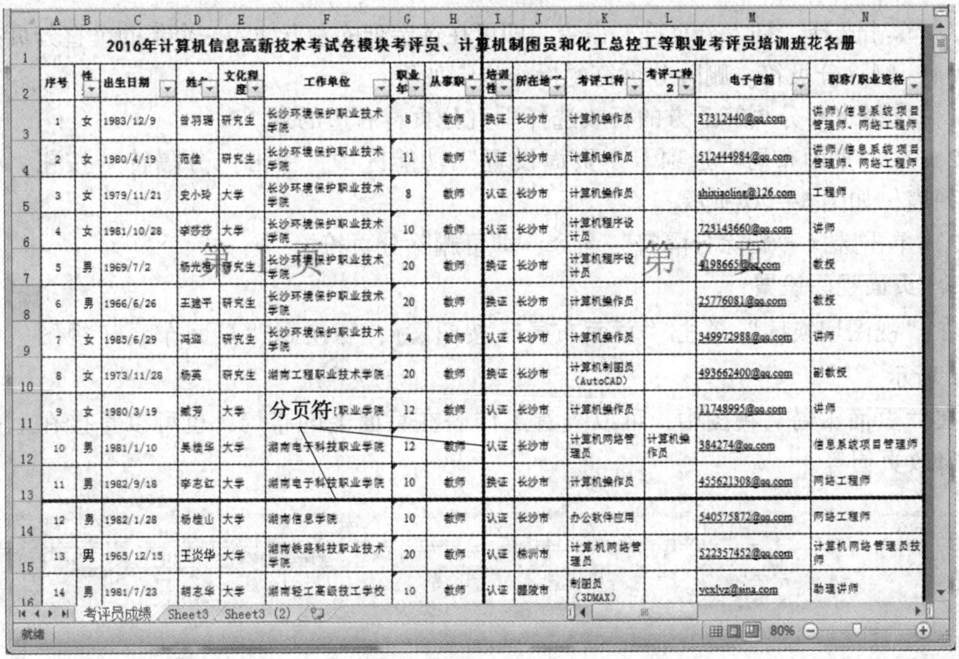

图 5—19 "分页预览"视图

在"分页预览"视图中可以观察到工作表的分页情况，图中用蓝色外框包围的部分就是系统根据工作表的内容自动产生的分页符。

（1）调整分页符的位置。在"分页预览"视图中，可以用鼠标拖拽分页符的方式调整分页符的位置，操作要领是：

1）鼠标滑过水平分页符线，当鼠标变成上下实心箭头形状（↕）时，按住鼠标的左键，拖放鼠标，就可以调整水平分页符的位置。

2）鼠标滑过垂直分页符线，当鼠标变成左右实心箭头形状（↔）时，按住鼠标的左键，拖放鼠标，就可以调整垂直分页符的位置。

（2）插入水平分页符。可以采用插入分页符的方式来改变工作表的分页设置，操作步骤如下：

1）选择需要插入水平分页符的行。

2）在"页面布局"选项卡"页面设置"功能区中，单击"分隔符"按钮，弹出下拉列表，如图 5—20 所示。

3）单击选择"插入分页符"命令，即可在选定行的上方插入一个新的水平分页符。

（3）插入垂直分页符。插入垂直分页符的操作步骤如下：

1）选择需要插入垂直分页符的列。

2）在"页面布局"选项卡"页面设置"功能区中，单击"分隔符"按钮，弹出下拉列表，如图5—20所示。

图5—20 "分隔符"下拉列表

3）单击选择"插入分页符"命令，即可在选定列的左方插入一个新的垂直分页符。

（4）删除分页符。删除分页符的操作步骤如下：

1）选择水平分页符下方的行或选择垂直分页符右边的列。

2）在"页面布局"选项卡"页面设置"功能区中，单击"分隔符"按钮，弹出下拉列表，如图5—20所示。

3）单击选择"删除分隔符"命令，即可删除分页符。

3．页面视图设置

在"视图切换区"单击"页面布局"按钮，切换到"页面布局"视图，如图5—21所示。

在"页面布局"视图中，可以查看工作表在页面上的布局，也可以直接在上面添加与修改页眉等。

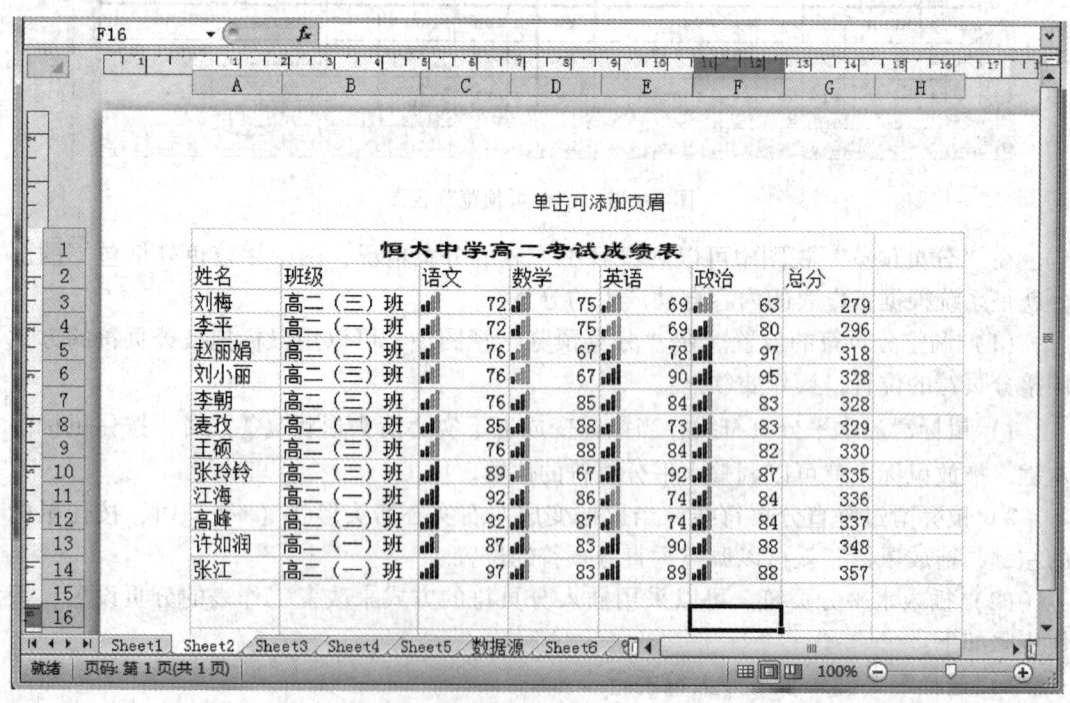

图5—21 "页面布局"视图

三、打印工作表

1. 打印工作表的步骤

工作中，常常需要将表格打印出来。Excel 2010 可轻易、方便地打印出具有专业水平的工作表。打印工作表，一般可按照下述步骤进行：

（1）设置打印范围（如果打印整个工作表，则可不设置）。

（2）进行页面设置。

（3）设置分页。

（4）打印预览。

（5）如果对打印预览的效果不满意，可对工作表重新编辑修改，然后再次进行打印预览，直至满意为止。

（6）打印。

2. 打印预览

在使用打印机打印工作表前，可以使用"打印预览"功能在屏幕上查看打印的整体效果，当满意时再进行打印。

单击"文件"标签，在下拉菜单中的"打印"命令，屏幕弹出"打印"中间窗格，如图 5—22 所示，窗格中显示了所有与打印工作表有关的命令，在最右侧的窗格中能够预览打印效果。

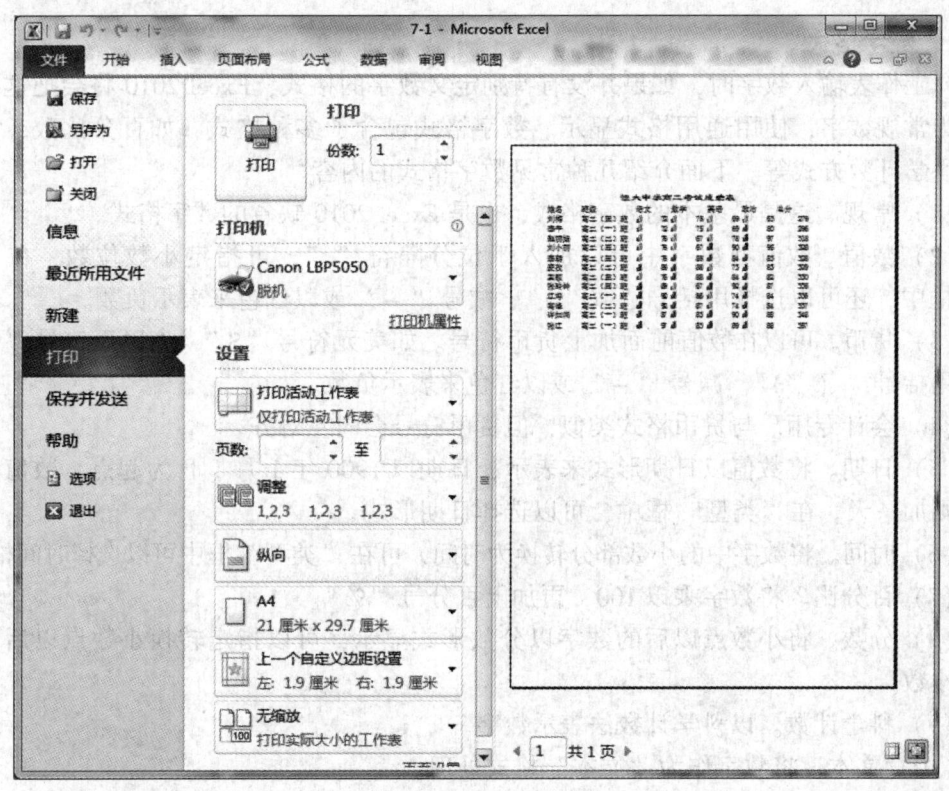

图 5—22 打印预览

用户可以根据预览的效果，直接在"打印"中间窗格中，修改打印方向、页面大小、页边距等页面参数，也可以关闭预览窗格，回到工作表编辑区修改。

3．打印输出

对于要打印的工作表，经过页面设置、打印预览后，即可进行打印输出操作。打印时，打开打印机电源开关，安装好打印纸，选择"文件"下拉菜单中的"打印"命令，屏幕将弹出图 5—22 所示的"打印"中间窗格，然后再根据需要进行有关设置，最后单击"打印"按钮，开始打印工作表。

第 4 节　表格基本属性处理

→ 了解工作表中常见的数字格式
→ 能够设置单元格的数字格式
→ 能够设置单元格内容的对齐方式与合并居中操作
→ 能够设置行高和列宽
→ 能够设置工作表的边框、底纹和背景

一、设置数字格式

1．数字格式

向工作表输入数字时，如果并没有特别定义数字的格式，Excel 2010 将会把这些数字视为常规数字，使用通用格式显示。数字格式包含了多种格式，如百分比数、货币值、科学计数方式等。下面介绍几种常见数字格式的内容。

（1）常规。这是最基本的数字格式，也是 Excel 2010 缺省的数字格式。

（2）数值。数值型数字中可以加入千位分隔符"，"，可指定小数位数，在"类型"框中，还可以选择用括号"（　）"、减号"－"或以红色来表示负数。

（3）货币。可以在数值前面加上货币符号。如美元符号"＄"，人民币符号"￥"。可以用括号"（　）"、减号"－"或以红色来表示负数。

（4）会计专用。与货币格式类似，但货币符号会向左对齐。

（5）日期。将数值以日期形式来表示，日期以 1900 年 1 月 1 日为起点，数值每增加 1 则加一天。在"类型"框中，可以选择日期形式。

（6）时间。将数字中的小数部分转换为时间，可在"类型"框中可以选择时间格式。

（7）百分比。将数字乘以 100，再加上百分号"％"。

（8）分数。将小数点以后的数字以分数形式显示，可以指定转换小数点以后几位数的小数。

（9）科学计数。以科学计数法表示数字。

（10）文本。将数字作为"文本"格式处理。

（11）特殊。包含三种日常生活中常用到的特殊格式，如邮政编码、中文小写数字、中文大写数字等。

（12）自定义。使用自定义可以使数值按用户自己设定的方式显示。

图5—23所示就是输入数据"66 666 666.6"后，在不同数字格式下的显示结果。

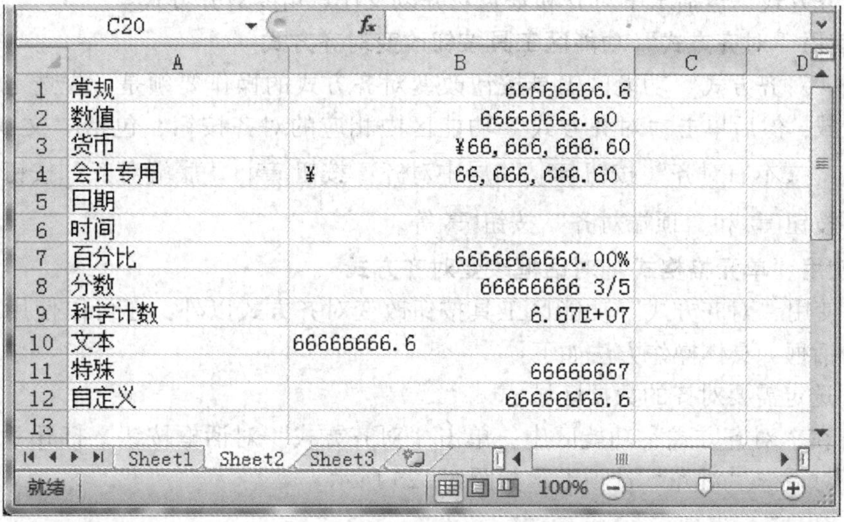

图5—23 各种数字格式

2. 设置数字的格式

设置数字格式的操作步骤如下：

（1）选择要设置数字格式的单元格。

（2）单击鼠标右键，在弹出的快捷菜单中，选择"设置单元格格式"命令，打开"设置单元格格式"对话框"数字"选项卡，如图5—24所示。

（3）用户可以在分类列表中，选择各种数字格式。

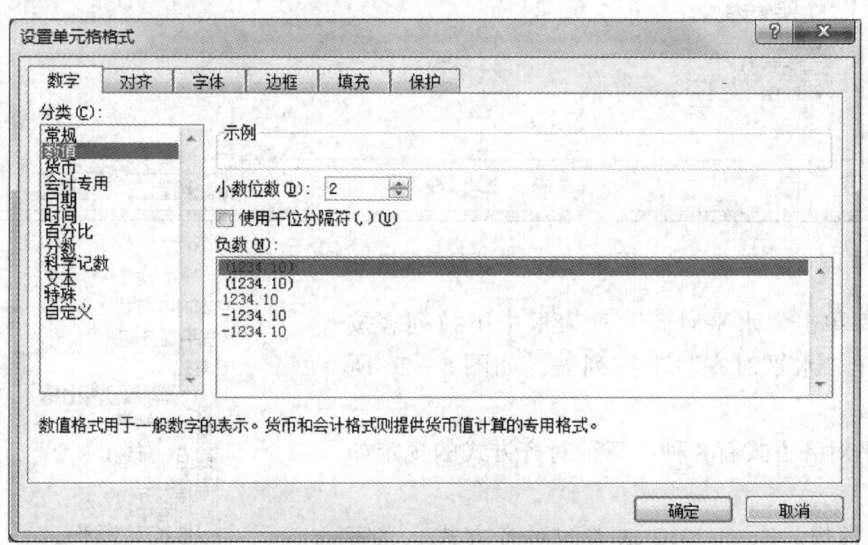

图5—24 "设置单元格格式"对话框"数字"选项卡

二、设置对齐方式

向单元格中输入的数据长度往往有差异,为了保持工作表的整洁,Excel 2010 提供多种的对齐方式,包括水平对齐和垂直对齐以及任意角度对齐方式。

1. 使用"对齐方式"功能区工具按钮改变对齐方式

使用"对齐方式"功能区工具按钮改变对齐方式的操作要领是:先选定需要对齐的数据区域,然后单击"对齐方式"功能区中相应的对齐按钮,包括"文本左对齐"按钮、"文本右对齐"按钮、"居中对齐"按钮、"底端对齐"按钮、"垂直居中"按钮和"顶端对齐"按钮等。

2. 使用"单元格格式"对话框改变对齐方式

除了使用"对齐方式"功能区工具按钮改变对齐方式以外,还可以使用"单元格格式"对话框,具体操作方法如下:

(1) 选定需要对齐的数据区域。

(2) 在"对齐方式"功能区中,单击"对齐方式"对话框按钮,打开"设置单元格格式"对话框"对齐"选项卡,如图5—25所示。

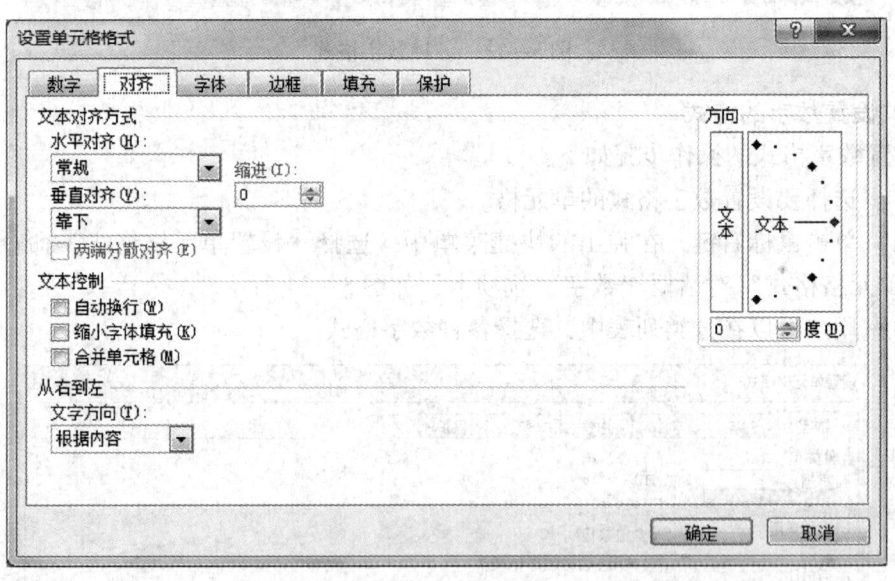

图5—25 "设置单元格格式"对话框

(3) 单击"水平对齐"列表框中下拉列表按钮,打开"水平对齐"下拉列表,如图5—26所示。

水平对齐方式有8种,每种对齐方式的规定如下:

1) 常规。Excel 2010 缺省的对齐方式。文字向单元格的左方对齐、数值向单元格右方对齐、逻

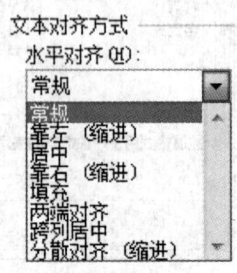

图5—26 "水平对齐"下拉列表

辑值向单元格中央对齐。

2）靠左（缩进）。单元格内任意数据向单元格左边界对齐，靠左对齐时，可以在"缩进"栏中选择数据的缩进距离。

3）居中。单元格内任意数据向单元格中央对齐。

4）靠右（缩进）。单元格内任意数据向单元格右边界对齐。

5）填充。重复原来的单元格数据，直到数据填充满整个单元格。

6）两端对齐。当文字超过单元格宽度时，则会将文字换行，并左右对齐单元格边界。

7）跨列居中。当文字超过单元格宽度时，则会根据区域大小使数据居中。

8）分散对齐。将数据平均分散到整个单元格。

（4）单击"垂直对齐"列表框中下拉列表按钮，打开"垂直对齐"下拉列表，如图5—27所示。

单击选择需要的垂直对齐方式，垂直对齐方式有5种，每种对齐方式的规定如下：

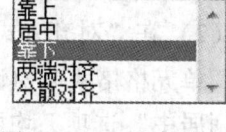

1）靠上。单元格内数据向上边界对齐。

2）居中。单元格内数据向中间对齐。

3）靠下。单元格内数据向下边界对齐。

图5—27 "垂直对齐"下拉列表

4）两端对齐。将单元格中的数据两端对齐，垂直分布于整个单元格。

5）分散对齐。将单元格中的数据垂直平均分布于整个单元格中。

（5）在图5—25所示"设置单元格格式"对话框中，在"方向"框中拖动红色的按钮可以设置数据的倾斜角度，如果要精确设定可以使用下方微调按钮设定。

图5—28所示就是不同对齐方式的效果。

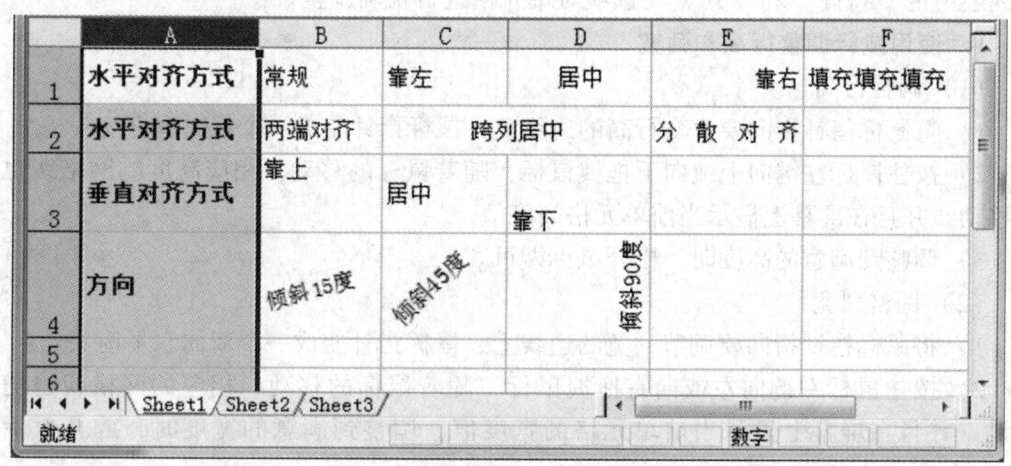

图5—28 不同对齐方式的效果

（6）文本控制

1）自动换行。如果要在单元格中显示多行，可以在"文本控制"中选择"自动换行"复选框。否则，当输入的文本超出了单元格的长度时，Excel 2010 有可能把超出的内容显示在下个单元格中，也有可能隐藏这部分内容不显示。

2）缩小字体填充。如果用户希望保持每行相同的行距而又要把所有的内容显示出来，可以选中"缩小字体填充"复选框，则系统会自动缩小单元格中文本。

提示：
如果先选择了"自动换行"复选框，那么"缩小字体填充"复选框会变为不可用。

3）合并单元格。当用户选择"合并单元格"复选框时，Excel 2010 只保存左上角单元格中的内容到新合并的单元格中。如果希望把其他合并前单元格中的内容也保存进来，可以先将它们复制到区域内的左上角单元格中再进行操作。

3. 合并及居中

如果表格的标题都比较长，跨过几列，此时可以进行如下操作：

(1) 选定要跨列居中的单元格区域。

(2) 在"对齐方式"功能区中，单击"合并后居中"按钮 合并后居中▼ ；或打开"设置单元格格式"对话框，如图5—25所示，在"水平对齐方式"下拉列表中，选择"跨列居中"选项，均可完成合并及居中操作。

三、设置单元格的行高和列宽

Excel 2010 在建立工作表时，单元格缺省宽度设定为 8.38 个字符宽度，缺省高度设定为 14.25 磅。当单元格中输入的数据超过单元格的大小时，就要改变行高和列宽以便能把整个单元格中的数据完全显示出来。

改变行高和列宽有两种方法，一种是使用鼠标调整，另一种就是使用"格式"下拉列表中的"行高"和"列宽"选项对单元格进行精确调整。

1. 使用鼠标调整行高和列宽

(1) 调整行高

1) 将鼠标指针指向要改变行高的边线上，鼠标指针变成一个双向垂直箭头。

2) 按住鼠标左键向上或向下拖拽鼠标，随着鼠标的移动，相应高度的网格线也随之移动，并且在屏幕上显示当前单元格高度值。

3) 调整到满意的高度时，松开鼠标即可。

(2) 调整列宽

1) 将鼠标指针指向要调节列宽的边线上，鼠标指针变成一个双向水平箭头。

2) 按住鼠标左键向左或向右拖拽鼠标，随着鼠标的移动，相应的网格线也随之移动，并且在屏幕上显示当前单元格的宽度值，调整到满意的宽度时，放开鼠标即可。

提示：
可以通过用鼠标左键双击行标（或列标）的边界线可以自动改变行高或（列宽）。

2. 使用"行高"和"列宽"对话框，精确调整行高和列宽

使用菜单方式可以精确调整行高和列宽，其操作步骤如下：

（1）调整行高

1）选取要调整行高的区域。

2）在"开始"选项卡中，单击"格式"按钮，选择"行高"命令，打开"行高"对话框，如图5—29所示。

3）直接在"行高"文本框中输入行的高度值。

4）单击"确定"按钮。

（2）调整列宽

1）选取要调整列宽的区域

2）在"开始"选项卡中，单击"格式"按钮，选择"列宽"命令，打开"列宽"对话框，如图5—30所示。

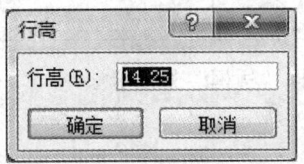

图5—29 "行高"对话框

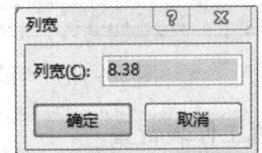

图5—30 "列宽"对话框

（3）直接在"列宽"文本框中输入列的宽度值。

（4）单击"确定"按钮。

四、工作表的边框、底纹和背景

1. 设置边框

设置单元格边框的操作步骤如下：

（1）选定需要设置边框的数据区域。

（2）在"开始"选项卡"对齐方式"功能区中，单击"对齐方式"对话框按钮，打开"设置单元格格式"对话框，单击"边框"标签，打开"边框"选项卡，如图5—31所示。

（3）在"线条"设置区，在"样式"中选择边框线的式样；在单击"颜色"下拉列表框，选择线条的颜色。

（4）在"预置"设置区中，可以设置选择线型的应用范围。

（5）在"边框"设置区中，有8个按钮可以详细设置单元格的边框，且边框的设置结果会显示在中间的预览图中。

（6）边框设置完成后，单击"确定"按钮。

提示：

也可以在"开始"选项卡"字体"选项功能区，单击"下框线"下拉列表按钮，打开"边框"下拉列表，从中选择各种类型的边框线，设置表格的边框。

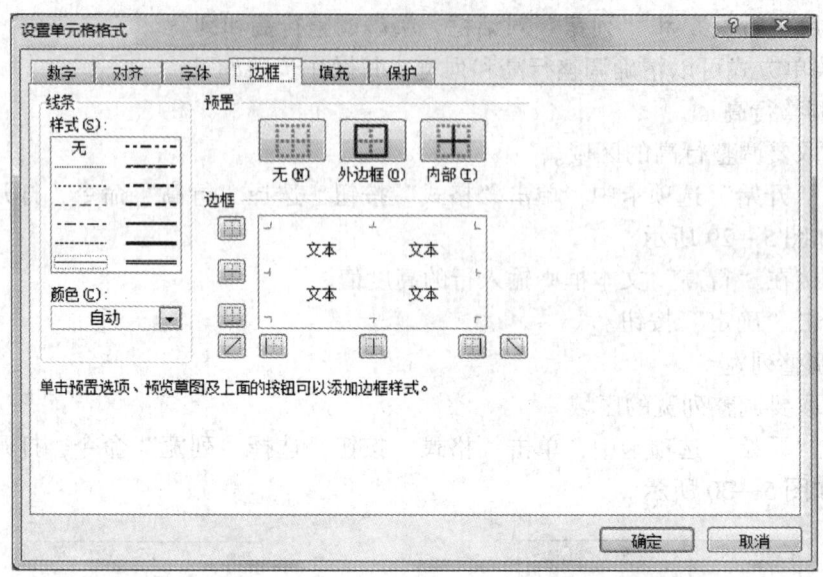

图 5—31　"设置单元格格式"对话框"边框"选项卡

2. 设置工作表背景

要将图片设置为工作表的背景，其操作步骤如下：

（1）单击"页面布局"选项卡标签，在"页面设置"选项组中，单击"背景"按钮，打开"工作表背景"对话框，如图 5—32 所示。

图 5—32　"工作表背景"对话框

（2）在"工作表背景"对话框左边的中间窗格中，选择背景图片保存的位置，然后再选择背景图片。

（3）单击"打开"按钮，即可将图片作为背景插入到表格中。

3. 设置单元格和表格底纹

为了美观起见，可以为单元格填充底纹。为单元格填充底纹主要有两种方式：一种是填充色彩，另一种是填充图案。填充色彩的操作方法如下：

（1）选定需要设置单元格底纹的数据区域。

（2）单击鼠标右键，在弹出的快捷菜单中，选择"设置单元格格式"命令，打开"设置单元格格式"对话框，选择"填充"标签打开"填充"选项卡，如图5—33所示。

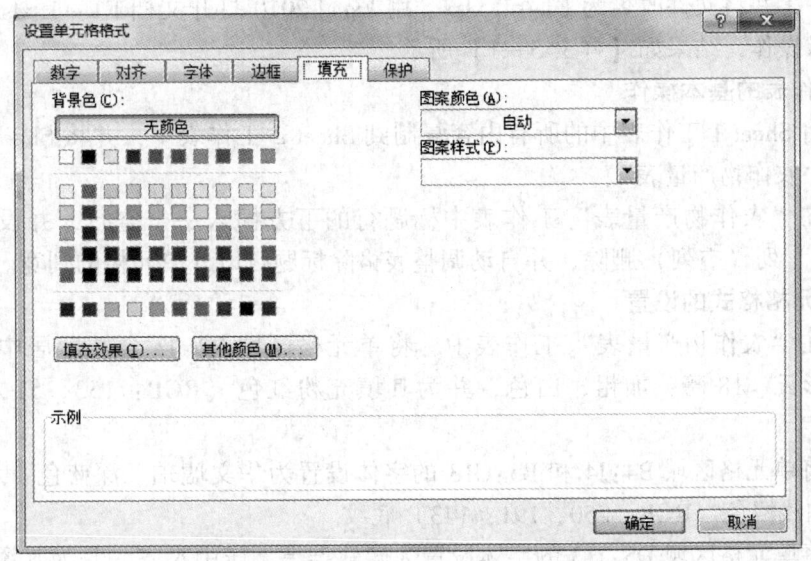

图5—33 "设置单元格格式"对话框"填充"选项卡

（3）在"背景色"颜色选择区，选择单元格背景的颜色。

（4）单击"图案样式"下拉列表按钮，可以选择单元格的背景图案，如图5—34所示。

（5）单击"确定"按钮，即可得到一个带有颜色和背景图案的单元格或表格。

提示：

也可以"开始"选项卡"字体"功能区中，单击"填充颜色"下拉按钮，打开主题颜色调色板，如图5—35所示，从中选择一种合适的颜色。

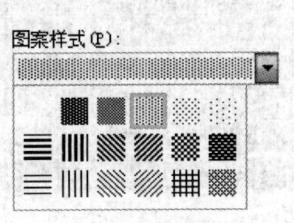

图5—34 图案样式

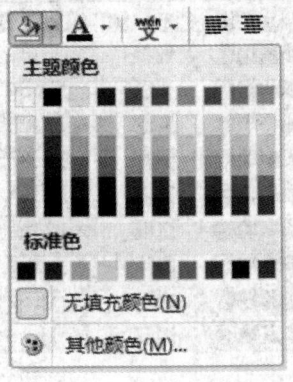

图5—35 主题颜色调色板

典型操作案例

【操作要求】

将附送的参考资料中 2010KSW\DATA2\TE1-1.xlsx 文件复制到 D 盘以用户名命名的文件夹中,并将文件改名为 E1-1.xlsx。用 Excel 2010 打开文档 E1-1.xlsx,并按照下列的要求操作,结果如【样文5—1】所示。

1. 工作表的基本操作

(1) 将 Sheet 1 工作表中的所有内容复制到 Sheet 2 工作表中,并将 Sheet 2 工作表重命名为"农作物产量表"。

(2) 在"农作物产量表"工作表中标题行的下方插入一个空行,并设置行高为10,将"E"列(空列)删除,并自动调整表格除标题行以外单元格的列宽。

2. 单元格格式的设置

(1) 在"农作物产量表"工作表中,将单元格区域 B2:J3 合并后居中,设置字体为华文彩云、18 磅、加粗、白色,并为其填充粉红色(RGB:153,51,102)底纹。

(2) 将单元格区域 B4:J4 和 B5:C13 的字体设置为华文琥珀、深蓝色、水平居中,并为其添加浅橙色(RGB:250,191,143)底纹。

(3) 将单元格区域 D5:J13 的字体设置为微软雅黑、居中对齐,并为其添加浅绿色底纹。

(4) 为单元格区域 B2:J13 的外边框设置为浅蓝色的粗点画线;内部横向框线设置为双实线,内部竖向框线设置为粗虚线,颜色均为白色。

3. 工作表的打印设置

(1) 在"农作物产量表"工作表第 11 行的上方插入分页符。

(2) 设置表格的打印区域为单元格区域 A1:J18,设置完成后进行打印预览。

【样文5—1】

	A	B	C	D	E	F	G	H	I	J
1										
2		各地全年农作物产量表								
3										
4		所属地区	省市名称	根茎类作物	花生	油菜籽	芝麻	纤维植物	总产量	人口
5		华东地区	安徽	1532	1424	1452	1752	1234	7393.7	1100
6		华北地区	河北	1834	1442	1133	1804	1234	7446.6	15000
7		华中地区	河南	1243.5	1858	1357	1342	1523	7323	2500
8		华中地区	湖南	1234.3	1627	1234	1523	1428.9	7047.2	2000
9		华东地区	江苏	1845	1328	1852	1201	1309	7535.4	1800
10		华中地区	江西	1735.7	1543	1142	1522	1234	7177	6400
11		华东地区	山东	1587	1852	1409	1432	1825	8104.8	8000
12		华北地区	山西	1357	1675	1204	1523	1759	7518	11000
13		华东地区	浙江	1573	1742	1520	1540	1423	7798	7500

【解题步骤】
1. 工作表的基本操作

（1）在 Sheet 1 工作表中，单击"全选工作表"按钮 ▭，选择整张表格；在"开始"选项卡中，单击"复制"按钮 🗎复制▾，单击"Sheet 2"标签，选择 Sheet 2 工作表，单击"粘贴"按钮 🗎。

（2）双击"Sheet 2"标签，输入"农作物产量表"。

（3）在"农作物产量表"工作表中，单击第 3 行标签，选择第 3 行，单击鼠标右键，选择"插入"命令，即可在标题行的下方插入一个空行；单击鼠标右键，选择"行高"命令，打开"行高"对话框，在"行高"文本框中，输入"10"，单击"确定"按钮。

（4）单击"E"列标签，选择 E 列，单击鼠标右键，选择"删除"命令。

2. 单元格格式的设置

（1）在"农作物产量表"工作表中，选择单元格区域 B2:J3，在"对齐方式"功能区，单击"合并后居中"按钮 🗎合并后居中。在"开始"选项卡中，单击"字体"下拉列表按钮 宋体 ▾，选择"华文彩云"字体；单击"加粗"按钮 B；单击"字号"下拉列表按钮 五号，在列表中选择"18 磅"；单击"颜色"下拉列表按钮 A▾，选择"白色"。在"对齐方式"功能区中，单击"对齐方式"对话框按钮，打开"设置单元格格式"对话框，单击"填充"标签，如图 5—33 所示，单击"其他颜色"按钮，打开"颜色"对话框，在"红色"文本框中输入"153"，在"绿色"文本框中输入"51"，在"蓝色"文本框中输入"102"，单击"确定"按钮。

（2）选择单元格区域 B4:J4 和 B5:C13，单击"字体"下拉列表按钮，选择"华文琥珀"；单击"颜色"下拉列表按钮 A▾，选择"深蓝色"；在"对齐方式"功能区，单击"居中"按钮 ≡。在"对齐方式"功能区中，单击"对齐方式"对话框按钮，打开"设置单元格格式"对话框，单击"填充"标签，单击"其他颜色"按钮，打开"颜色"对话框，在"红色"文本框中输入"250"，在"绿色"文本框中输入"191"，在"蓝色"文本框中输入"143"，单击"确定"按钮。

（3）选择单元格区域 D5:J13，单击"字体"下拉列表按钮，选择"微软雅黑"字体；在"对齐方式"功能区，单击"居中"按钮 ≡；单击"对齐方式"对话框按钮，打开"设置单元格格式"对话框，单击"填充"标签，在其中单击"浅绿色"颜色按钮，单击"确定"按钮。

（4）选择单元格区域 B2:J13，在"对齐方式"功能区中，单击"对齐方式"对话框按钮，打开"设置单元格格式"对话框，单击"边框"标签，如图 5—31 所示。在"样式"列表中，选择"粗点画线"；单击"颜色"下拉列表按钮，在其中选择"浅蓝色"；单击"外边框"按钮 ▭；在"样式"列表中，选择"双实线"；单击"颜色"下拉列表按钮，在其中选择"白色"；单击"内部横向框线"按钮 ▤；在"样式"列表中，选择"粗虚线"；单击"颜色"下拉列表按钮，在其中选择"白色"；单击"内部竖向框线"按钮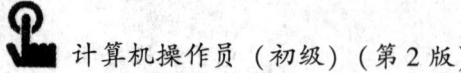,单击"确定"按钮。

3. 工作表的打印设置

(1) 在"农作物产量表"工作表中,单击第 11 行标签,选择第 11 行,切换到"页面布局"选项卡,单击"分隔符"下拉列表按钮,在打开的下拉列表中,选择"插入分页符"命令。

(2) 在"页面布局"选项卡中,单击"打印标题"按钮,打开"页面设置"对话框,单击"工作表"标签,如图 5—36 所示。

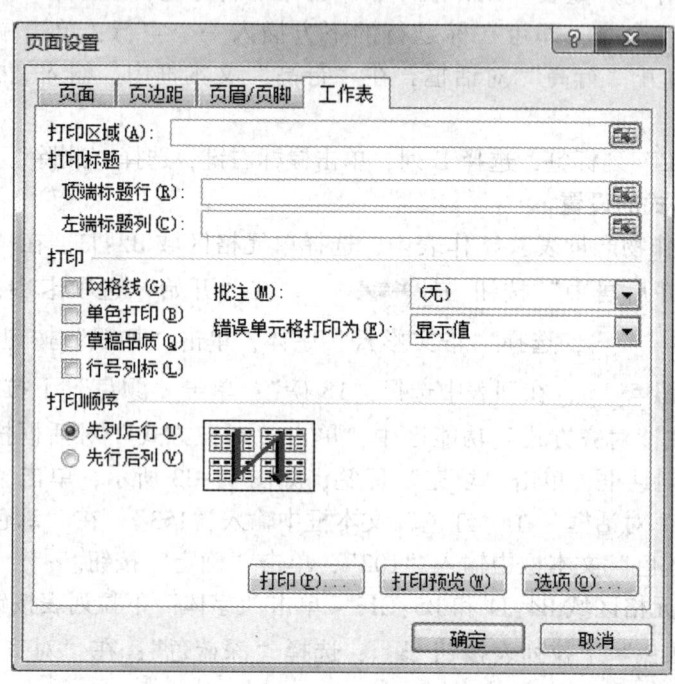

图 5—36 "页面设置"对话框"工作表"选项卡

(3) 在"打印区域"文本框中,输入单元格区域"A1:J18",单击"打印预览"按钮,可以预览设置后的效果,单击"确定"按钮。

提示:

也可以单击"打印区域"文本框右侧的选择单元格按钮,打开"页面设置-打印区域"对话框,如图 5—37 所示,然后鼠标选择打印区域为"A1:J18"。

图 5—37 "页面设置-打印区域"对话框

第5节 基本计算处理

学习目标
→ 了解公式及其运算符号
→ 了解常用的函数及其用法
→ 能够使用公式对数据进行计算
→ 能够使用函数进行计算

一、工作表中的快速计算

为了提高工作效率，Excel 2010 为用户提供了几个不必输入计算公式即可完成计算的快速计算方法。

完成自动计算的操作步骤如下：

（1）将鼠标定位到要自动计算的单元格。

（2）单击"公式"标签，单击"自动求和"下拉列表按钮，打开"自动求和"下拉列表，如图5—38所示。

（3）选择"求和""平均值""计数""最大值""最小值"等命令，确认要进行的自动计算。

（4）选择要自动计算的单元区域。

（5）单击确认按钮 ✓ ，将自动计算，并在单元格中显示计算结果。

提示：

也可以在"公式"选项卡中，直接单击"自动求和"按钮 Σ ，如图5—39所示，完成自动求和计算。

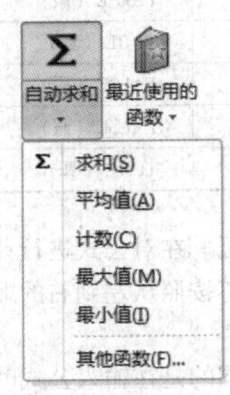
图5—38 "自动求和"下拉列表

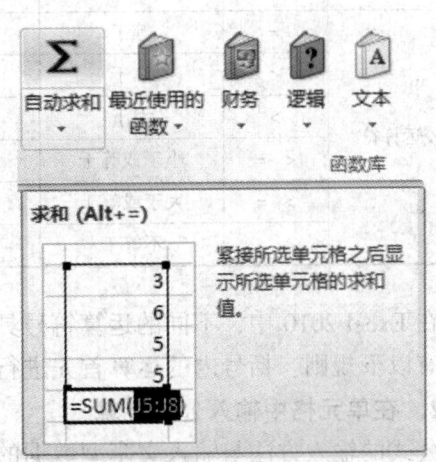
图5—39 自动求和计算

二、利用公式进行计算

1. 公式及其运算符号

公式可以用来加、减、乘、除和比较运算,可以包括以下的任何元素:运算符、单元格引用位置、数值、工作表函数以及名称。在 Excel 2010 中使用公式不但可以直接对数值进行处理,还可以应用别的单元格中的数据进行运算,而且一旦应用的单元格数值发生变化时,也会自动重新计算结果。

(1) 公式。在 Excel 2010 的单元格中可以输入公式。公式是由数据、单元格地址、函数以及运算符等组成的表达式。

公式必须以等号"="开头,系统将"="号后面的字符串识别为公式。例如:

=287+76*23　　　　　　常量表达式
=B5:B6+C1:C3　　　　　使用单元格地址的表达式
=SUM(D2:D16)　　　　　使用了函数表达式

(2) 公式中的运算符号。Excel 2010 中允许的公式运算符包括算术运算符、字符运算符、比较运算符三类,详情见表 5—2 所示。

表 5—2　　　　　　　　　　各种运算符

运算类型	运算符	运算功能	举例	运算结果
算术运算符	+	加法	=10+5	15
	−	减法	=D3−B5	单元格 D3 的值减 B5 的值
	*	乘法	=B4*12	单元格 B4 的值乘 12
	/	除法	=A5/4	单元格 A5 的值除 4
	%	求百分数	=68%	0.68
	^	乘方	=2^4	16
字符运算符	&	字符串连接	="Excel"&工作表 =C4&"工作簿"	Excel 工作表 C4 中的字符串与"工作簿"连接
比较运算符	=	等于	=100−20=70	FALSE(假)
	<	小于	=100−20<70	FALSE(假)
	>	大于	=100−20>70	TURE(真)
	<=	小于或等于	=100<=98	FALSE(假)
	>=	大于或等于	=200/4<=20	FALSE(假)
	<>	不等于	=100<>110	TURE(真)

在 Excel 2010 中,不同的运算符号具有不同的优先级。在对公式进行计算时的优先次序有以下规则:括号内的运算首先进行,同级别运算符按照从左到右的顺序计算。

2. 在单元格中输入公式计算

公式的输入方法与输入文字型数据的方法类似,不同的是在输入公式时,总是以等号"="作为开头,然后再输入公式的表达式。在单元格中输入公式的步骤如下:

（1）选择要输入公式的单元格。

（2）单击〈=〉键，或在编辑栏的输入框中输入一个等号"="，再输入表达式，表达式中可以包含各种算术运算符、常量、变量、函数和单元格地址等。

（3）结束公式的输入时，可以按下回车键或者单击编辑栏上的"确认"按钮 ✓。如果要取消输入的公式，可以按下编辑栏中的"取消"按钮 ✗，使输入的公式作废。

可见，输入公式时，总是以等号"="作为开头，然后再输入公式的表达式。例如，在单元格 C2 中输入公式"=3/2+8×6"后，按下"确认"按钮，窗口显示如图5—40所示。

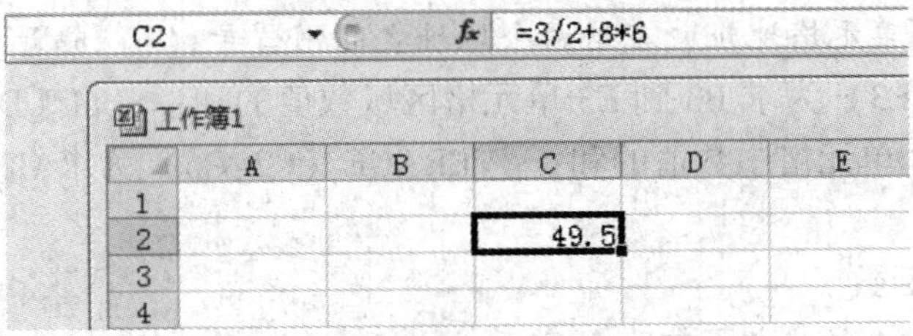

图5—40 输入计算公式计算数据

提示：

Excel 2010 中输入的公式不区分大括号、中括号和小括号，它们统一用小括号来代替。例如，对于数学公式 6－[8＋11×（15－13）]，在 Excel 2010 中应该输入为：=6－(8＋11*(15－13))。

如果在公式中引用了单元格的地址，则一旦所引用的单元格的值发生变化，则公式也会自动重新计算结果。

三、使用函数进行计算

函数是 Excel 2010 系统已经定义好的具有特定功能的内置公式。用户需要时，可在公式中直接调用这些函数。

1. 函数的语法

Excel 2010 中的函数是由函数名和用括号括起来的一系列参数构成。即：

＜函数名＞（参数1，参数2，…）。

函数名可以大写也可以小写，当有两个或两个以上的参数时，参数之间要用逗号（或分号）隔开。例如，函数 SUM（A2，F2，J2），其中 SUM 是函数名，A2、F2、J2 是参数。

2. 参数的类型

Excel 2010 函数中的参数可以是以下几种类型之一。

（1）数值，如10，15.5，－20等。

（2）字符串，如"Excel""工作簿""abc"等。

(3) 逻辑值，即 TRUE（真）和 FALSE（假）。也可以是一个表达式，如 "20＞10"，由表达式的结果判断是 TRUE 或 FALSE。

(4) 错误值，当一个单元格中的公式无法计算时，在单元格中显示一个错误值。例如，#NAME?（无法识别的名字），#UNM!（数字有问题），#REF!（引用了无效的单元格）。错误值可用于某些函数的参数。

(5) 引用，如 A10，B5，$A12，B$6 等。可以引用一个单元格、单元格区域，或多重选择。引用可以是相对引用、绝对引用或混合引用。

提示：

如果参加运算的单元格是一个区域，可以在函数的参数括号内只输入左上角的单元格地址和右下角的单元格地址，在这两个地址之间用冒号（:）隔开。

如 SUM（B3:E3）为求 B3 到 E3 单元格区域数值的和；SUM（D2，D3，D5）为求 D2，D3 和 D5 三个单元格中数值的和；AVERAGE（C2:C6）为求 C2 到 C6 单元格区域数值的平均值。

3. 部分常用函数

(1) SUM——数据求和函数

使用格式：SUM（number1，number2，…）

使用功能：求出连续或不连续单元格区域的数值之和。参数最多允许有 30 个。如 SUM（10，20，70）的值为 100；SUM（C2:C12）表示求 C2 至 C12 区域单元格中的数值之和。

(2) AVERAGE 和 AVERAGEA——求平均函数

使用格式：AVERAGE（number1，number2，…）和 AVERAGEA（number1，number2，…）

使用功能：求连续或不连续单元格区域的平均值。Number 参数最多允许有 30 个。AVERAGE 要求参数的值必须是数值，而 AVERAGEA 则允许参数的值为数值、字符串或逻辑值。参数间可以用 ":" 分隔，此时表示区域。

(3) MAX——找出最大值函数

使用格式：MAX（number1，number2，…）

使用功能：求连续或不连续单元格区域的最大值。如 MAX（A1:A7）表示找 A1 至 A7 单元格区域中的最大值。

(4) MIN——找出最小值函数

使用格式：MIN（number1，number2，…）

使用功能：找出连续或不连续单元格区域的最小值。如 MIN（C2:D12，B9）表示求 C2 至 D12 单元格区域和 B9 单元格中的最小值。

(5) COUNT——计算区域数字个数函数

使用格式：COUNT（nurnber1，number2，…）

使用功能：计算连续或不连续单元格区域的数字个数。如 COUNT（C2:D12）表示计算 C2 至 D12 区域数字的个数。COUNT（A1，C2:D12）表示计算 A1 单元格和 C2 至

D12 区域数字的个数。

（6）DATE——返回日期的序列号函数

使用格式：DATE（year, month, day）

使用功能：返回代表特定日期的序列号。参数 year 可以为 1~4 位数字，Excel 2010 将根据所使用的日期系统来解释 year 参数。month 代表每年中月份的数字。如果所输入的月份大于 12，将从指定年份的一月份开始往上加算。例如，DATE（2008，14，12）返回代表 2009 年 2 月 12 日的序列号。day 代表在该月份中第几天的数字。如果 day 大于该月份的最大天数，则将从指定月份的第一天开始往上累加。例如，DATE（2008，3，38）将返回代表 2008 年 4 月 7 日的序列号。如果在输入函数前，单元格格式为"常规"，则结果将设为日期格式。

4．利用函数计算

利用函数进行计算的一般步骤为：先选取单元格，然后输入等号" = "，再输入函数，最后确认。

例如，在 F11 单元格中计算 F3 至 F10 单元格的平均数，可以在工作表的 F11 单元格中输入公式"= SUM（F3:F10）/8"，或者"= AVERAGE（F3:F10）"，再按回车键。

典型操作案例

【操作要求】

将附送的参考资料中 2010KSW\DATA2\TE2 – 1.xlsx 文件复制到 D 盘以用户名命名的文件夹中，并将文件改名为 E2 – 1.xlsx。用 Excel 2010 打开文档 E2 – 1.xlsx，并按照下列的要求操作，结果如【样文5—2】所示。

按【样文5—2】所示，使用 Sheet 1 工作表中的数据，应用函数公式统计出各班的"总分"，并计算"各科平均分"，结果分别填写在相应的单元格中。

【样文5—2】

图 7-1

	A	B	C	D	E	F	G
1			恒大中学高二考试成绩表				
2	姓名	班级	语文	数学	英语	政治	总分
3	李平	高二（一）班	72	75	69	80	296
4	麦孜	高二（二）班	85	80	73	83	321
5	张江	高二（一）班	97	83	89	80	349
6	于硕	高二（三）班	76	80	84	82	322
7	刘梅	高二（三）班	72	75	69	63	279
8	江海	高二（一）班	92	86	74	84	336
9	李朝	高二（三）班	76	85	84	83	328
10	许如润	高二（一）班	87	83	90	80	340
11	张玲铃	高二（三）班	89	67	92	87	335
12	赵丽娟	高二（二）班	76	67	78	97	318
13	高峰	高二（二）班	92	87	74	84	337
14	刘小丽	高二（三）班	76	67	90	95	328
15	各科平均分		82.5	77.9	80.5	83.2	
16							

【解题步骤】

（1）将鼠标定位到 G3 单元格，切换到"公式"选项卡，单击"自动求和"按钮，鼠标拖动选择 C3:F3 区域，如图 5—41 所示，单击回车键。

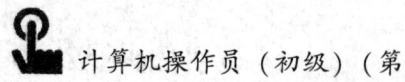

图 5—41　选择 C3:F3 区域

（2）鼠标移到 G3 单元格的右下角的位置，当鼠标的形状变为"+"时，按住鼠标左键拖动鼠标至 G14 单元格。

（3）将鼠标定位到 C15 单元格，在"公式"选项卡中，单击"自动求和"下拉列表按钮，选择"平均值"选项，鼠标拖动选择 C3:C14 区域，单击回车键。

（4）鼠标移到 C15 单元格的右下角的位置，当鼠标的形状变为"+"时，按住鼠标左键拖动鼠标至 F15 单元格。

第6节　基本统计分析

→ 了解合并计算的概念
→ 了解排序和筛选的概念
→ 能够按位置和按分类进行合并计算
→ 能够对工作表数据进行排序操作
→ 能够对工作表数据进行筛选操作

一、合并计算

1. 合并计算的概念

一个公司内可能有很多分公司，各个分公司具有各自的销售报表，为了对整个公司的所有情况进行全面的了解，就要将这些分散的数据进行合并，从而得到一份完整的销售统计报表。在 Excel 2010 中系统提供了合并计算的功能，来完成这些汇总工作。

所谓合并计算是指通过合并计算的方法来汇总一个或多个工作表中的数据。Excel 2010 提供了两种合并计算的方法，按位置进行合并计算和按分类进行合并计算。按位置进行合并计算指按同样的顺序排列所有工作表中的数据，并将它们放在同一位置中，这要求参与合并计算的每个数据区域都具有相同的布局。当源区域没有相同的布局时，则可以按分类进行合并计算。

要想合并计算数据，还必须为汇总信息定义一个目的区域用来显示合并后的信息，它可以在与源数据相同的工作表上，或在另一个工作表上或工作簿内。

2. 按位置进行合并计算

下面以如图 5—42 所示的“上半年各车间产品合格情况表”和“下半年各车间产品合格情况表”表格中的数据为例，介绍如何通过按位置合并计算，在“全年各车间产品合格情况统计表”中统计全年各车间产品合格数量的操作过程。其操作步骤如下：

上半年各车间产品合格情况表				
车间	产品型号	不合格产品(个)	合格产品(个)	总数(个)
第一车间	G-06	132	4856	4988
第二车间	G-06	65	6235	6300
第三车间	G-07	238	4953	5191
第四车间	G-07	252	5364	5616
第五车间	G-05	342	6245	6587
第六车间	G-05	108	6874	6982
第七车间	G-06	154	9854	10008
第八车间	G-07	55	5666	5721

下半年各车间产品合格情况表				
车间	产品型号	不合格产品	合格产品(	总数(个)
第一车间	G-06	82	4956	5038
第二车间	G-06	165	8235	8400
第三车间	G-07	138	5953	6091
第四车间	G-07	352	8364	8716
第五车间	G-05	242	5845	6087
第六车间	G-05	118	7874	7992
第七车间	G-06	54	8854	8908
第八车间	G-07	155	4666	4821

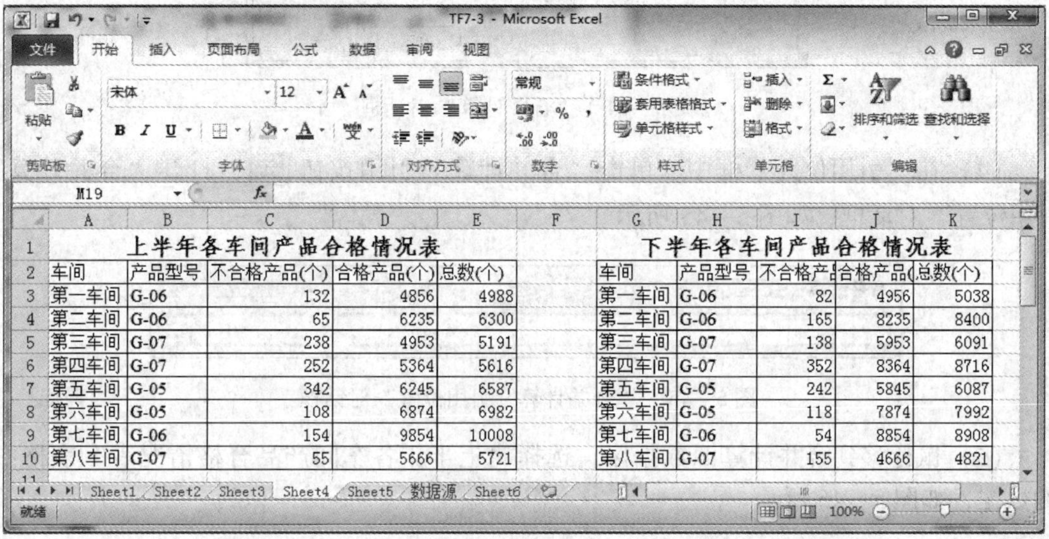

图 5—42　上半年和下半年结构相同的各车间合格产品情况表

（1）为合并计算的数据选定目的区域，如图 5—43 所示。

全年各车间产品合格情况统计表				
车间	产品型号	不合格产品(个)	合格产品(个)	总数(个)
第一车间	G-06			
第二车间	G-06			
第三车间	G-07			
第四车间	G-07			
第五车间	G-05			
第六车间	G-05			
第七车间	G-06			
第八车间	G-07			

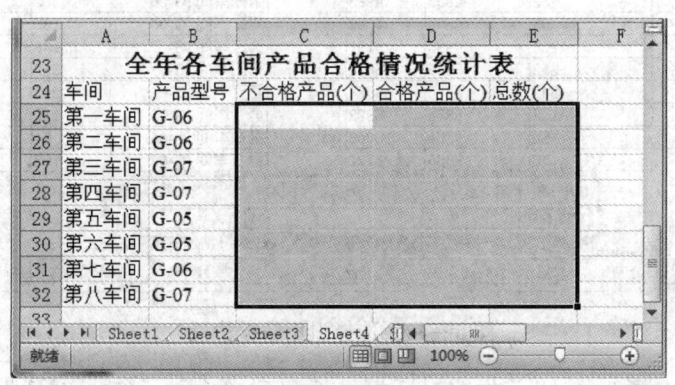

图 5—43　选定目标区域

（2）单击“数据”标签，打开“数据”选项卡，在“数据工具”功能区，单击“合并计算”按钮，打开“合并计算”对话框，如图 5—44 所示。

（3）在“函数”下拉列表中，可以选择用来合并计算数据的汇总函数，这里选择“求和”选项。

单元 5

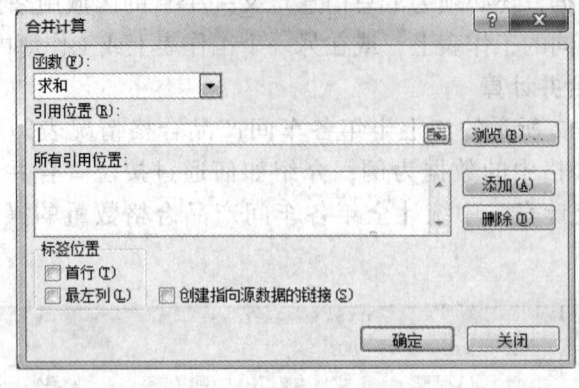

图 5—44 "合并计算"对话框

(4) 在"引用位置"框中,单击"合并计算"引用按钮，打开"合并计算-引用位置"对话框,如图 5—45 所示。

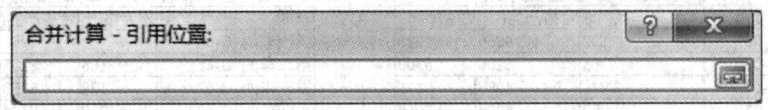

图 5—45 "合并计算 – 引用位置"对话框

(5) 鼠标移到合并计算源数据区,选择"上半年各车间产品合格情况表"表格中的数据,如图 5—46 所示。

图 5—46 选择引用数据位置

(6) 单击"　"按钮,收缩对话框,返回到"合并计算"对话框。

(7) 在"所有引用位置"设置区,单击"添加"按钮,将选定的源数据区添加到"所有引用位置"文本区。

(8) 重复以上步骤,将"下半年各车间产品合格情况表"表格中的数据区添加到"所有引用位置"文本区,如图 5—47 所示。

(9) 单击"确定"按钮,就可以得到图 5—48 所示的合并计算结果。

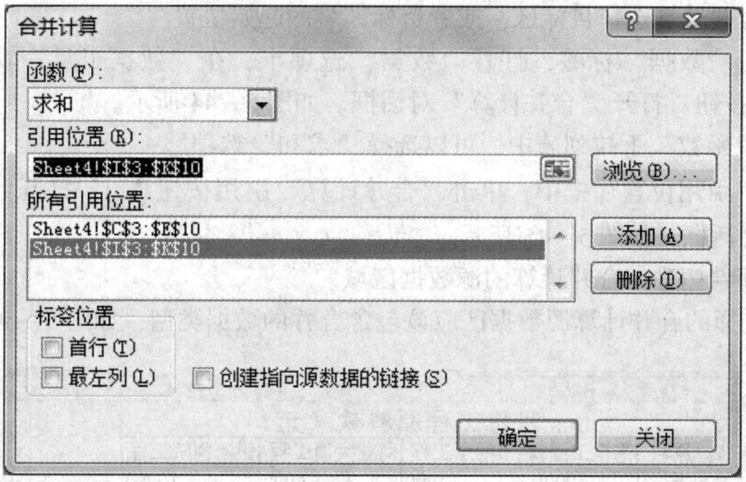

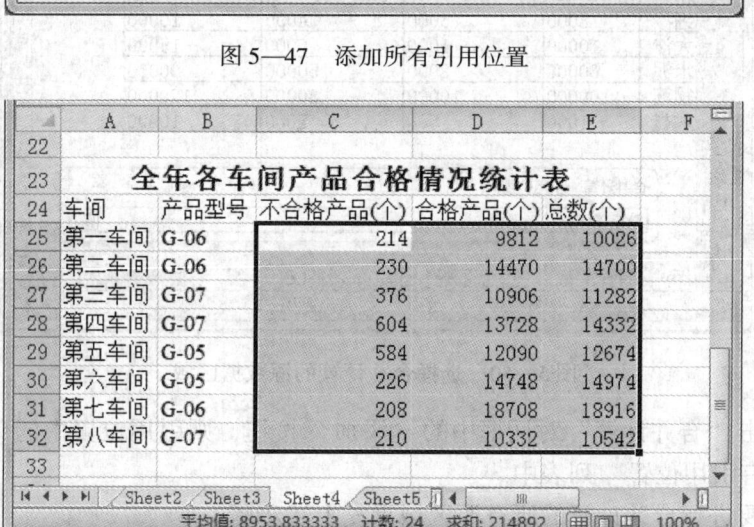

图 5—47　添加所有引用位置

	A	B	C	D	E
22					
23	全年各车间产品合格情况统计表				
24	车间	产品型号	不合格产品(个)	合格产品(个)	总数(个)
25	第一车间	G-06	214	9812	10026
26	第二车间	G-06	230	14470	14700
27	第三车间	G-07	376	10906	11282
28	第四车间	G-07	604	13728	14332
29	第五车间	G-05	584	12090	12674
30	第六车间	G-05	226	14748	14974
31	第七车间	G-06	208	18708	18916
32	第八车间	G-07	210	10332	10542
33					

图 5—48　按位置合并计算结果

3. 按分类进行合并计算

下面以如图 5—49 所示的“一月份工程原料款（元）”和“二月份工程原料款(元)”表格中的数据为例，介绍如何通过按分类合并计算，统计到“前两个月所付工程原料款（元)”数据表中的操作过程，操作步骤如下：

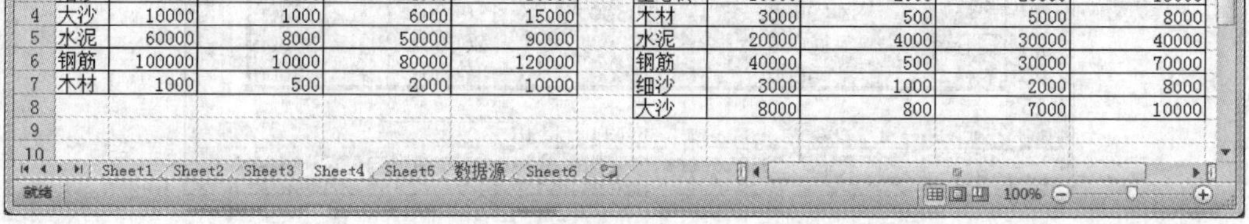

	A	B	C	D	E	F	G	H	I	J	K
1	一月份工程原料款（元）						二月份工程原料款（元）				
2	原料	德银工程	城市污水工程	商业大厦工程	银河剧院工程		原料	德银工程	城市污水工程	商业大厦工程	银河剧院工程
3	细沙	8000	3000	4000	10000		空心砖	10000	2000	20000	15000
4	大沙	10000	1000	6000	15000		木材	3000	500	5000	8000
5	水泥	60000	8000	50000	90000		水泥	20000	4000	30000	40000
6	钢筋	100000	10000	80000	120000		钢筋	40000	500	30000	70000
7	木材	1000	500	2000	10000		细沙	3000	1000	2000	8000
8							大沙	8000	800	7000	10000
9											
10											

图 5—49　结构类似的工程原材料款（元）数据表

（1）为合并计算选择目标区，或者目标区域的起始位置。

（2）单击"数据"标签，打开"数据"选项卡，在"数据工具"功能区，单击"合并计算"按钮，打开"合并计算"对话框，如图5—44所示。

（3）在"函数"下拉列表中，可以选择"求和"选项。

（4）在"引用位置"框中，单击"合并计算"引用按钮 ，打开"合并计算－引用位置"对话框，如图5—45所示。

（5）选择希望进行合并计算的源数据区域。

注意：选择的合并计算源数据区应该包含合并的数据类型，如图5—50所示。

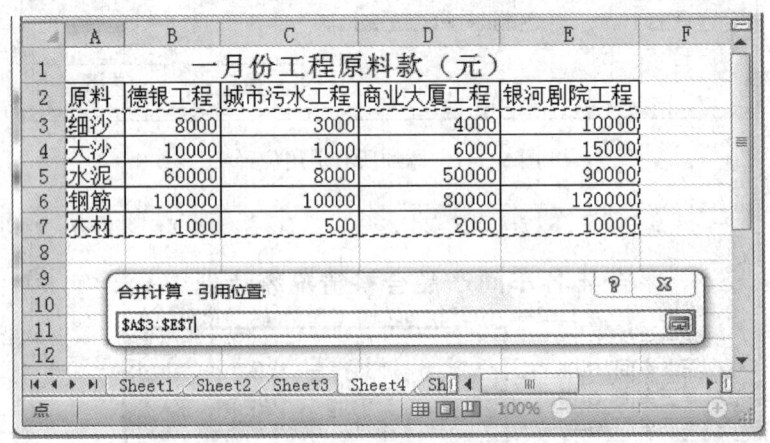

图5—50　选择合并计算的源数据区域

（6）单击"合并计算"对话框中的"添加"按钮，则引用位置中的单元格区域将出现在"所有引用位置"列表中。

（7）对要进行合并计算的所有源区域重复上述步骤。

（8）如果源区域首行有分类标记，则在"合并计算"对话框中选定在"标签位置"栏下的"首行"复选框；如果源区域左列有分类标记，则选定"标签位置"下的"最左列"复选框。本例中，因为分类标记是原料名称，所以选择"最左列"复选框。

（9）单击"确定"按钮，即可得到如图5—51所示的按分类进行合并计算的结果。

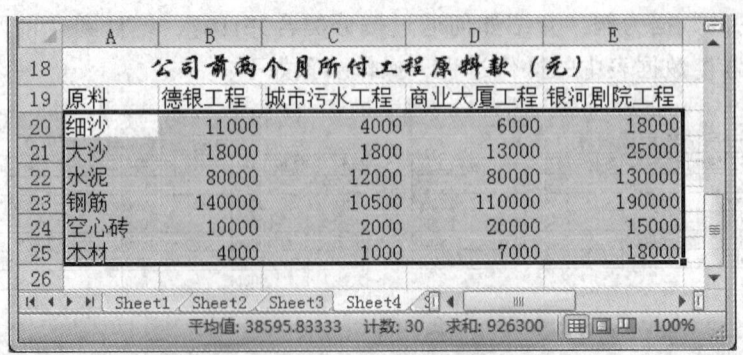

图5—51　按分类进行合并计算的结果

提示：

也可以对来自不同工作表的数据进行合并计算，在选择源数据区域时，只要在工作表标签栏选择不同的工作表，然后再选择源数据区域即可。也可以对来自不同工作簿数据进行合并计算，在选择源数据区域时，在"合并计算"对话框中，选择"浏览"按钮选择不同的工作簿操作即可。

二、排序和筛选

1. 数据清单的概念

数据库中，信息按类分成字段，若干个字段构成记录，若干条记录组成数据库。数据清单具有同样的结构：清单的首行是一个标题行，接着是多条记录，即工作表的每列是一个字段，而每行是一个记录。

如图 5—52 所示，当把恒大中学高二考试成绩表看作数据库时，那么它共有 12 条记录，每条记录中包含了姓名、班级、语文、数学、英语、政治等字段。

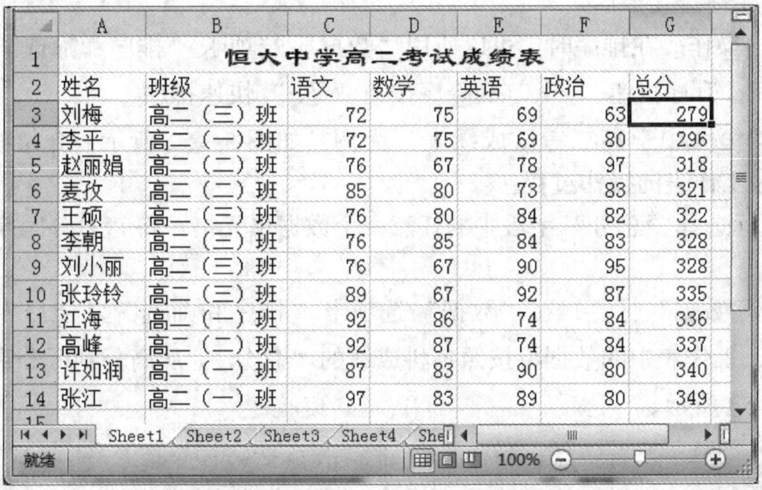

	A	B	C	D	E	F	G
1	恒大中学高二考试成绩表						
2	姓名	班级	语文	数学	英语	政治	总分
3	刘梅	高二（三）班	72	75	69	63	279
4	李平	高二（一）班	72	75	69	80	296
5	赵丽娟	高二（二）班	76	67	78	97	318
6	麦孜	高二（二）班	85	80	73	83	321
7	王硕	高二（三）班	76	80	84	82	322
8	李朝	高二（三）班	76	85	84	83	328
9	刘小丽	高二（三）班	76	67	90	95	328
10	张玲铃	高二（三）班	89	67	92	87	335
11	江海	高二（一）班	92	86	74	84	336
12	高峰	高二（一）班	92	87	74	84	337
13	许如润	高二（一）班	87	83	90	80	340
14	张江	高二（一）班	97	83	89	80	349

图 5—52　恒大中学高二考试成绩表（一）

可见，数据清单中的列标志对应于数据库中的字段名。数据清单中的列对应于数据库中的字段。数据清单中的每一行对应于数据库中的一个记录。正是因为数据清单具有数据库的特点，所以可以对它进行数据库的操作，例如对数据清单进行排序操作、筛选操作、分类汇总等。

建立数据清单与建立一般的工作表类似，但必须注意以下几个问题：

（1）表格最上面一行相当于数据库中的字段，单元格中必须是列标题（字段名），列标题必须是字符串。

（2）表格中每列的第一个单元格中是字段名，下面必须是相同类型的数据。

（3）每行应包含一组相关的数据，行相当于数据库中的记录。

（4）表格中一般不要有空行或者空列。

（5）单元格中数据开头处，不要加空格。

（6）最好每个列表独占一张工作表。如果需要在一张工作表上输入多个列表，则列表和列表之间必须用空行或空列隔开。

2. 排序

（1）排序的基本概念。排序操作可以将数据清单中的每条记录按照某种顺序进行排序，以便于在清单中进行数据查询。排序的依据字段叫做关键字，进行排序操作时，一个数据清单中可以有多个关键字。Excel 2010 在排序时，遵循下列原则。

1）数字从最小的负数到最大的正数进行排序。

2）在按字母先后顺序对文本项进行排序时，Excel 2010 从左到右一个字符一个字符地进行排序。例如，如果一个单元格中含有文本"C200"，则这个单元格将排在含有"C2"的单元格的后面，含有"C21"的单元格的前面。

3）默认文本的数据优先顺序是：数字→ASCII 字符→逻辑值→错误值→空白单元格。

4）完全相同的行将保持它们原来的顺序。

5）在逻辑值中，FALSE 排在 TRUE 之前。

6）空格始终排在最后。

（2）排序操作。在排序时，可以使用"数据"选项卡"排序和筛选"功能区中的两个排序按钮，升序按钮" "和降序按钮" "快速排序。

下面以"恒大中学高二考试成绩表"为例，如图5—52所示，介绍按照"总分"由高到低排序工作表的操作过程：

1）用鼠标选择"总分"字段中的任意一个数据单元格，将"总分"字段设置为排序的关键字。

2）单击"数据"标签，在"数据"选项卡"排序和筛选"功能区中，单击降序按钮" "，工作表中的数据将按照各科成绩的"总分"，从高分到低分重新排列工作表，如图5—53所示。

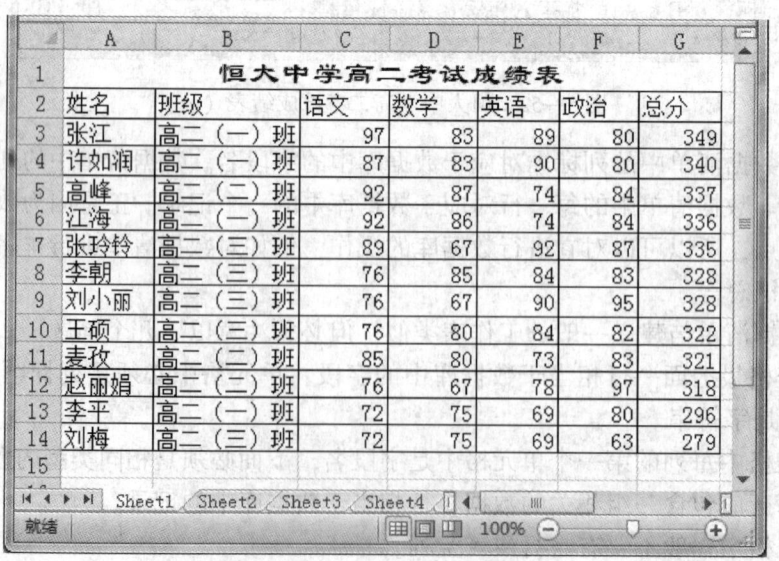

图5—53　恒大中学高二考试成绩表（二）

3. 筛选

如果表格中的数据太多，使用“排序”功能来查找数据就不太方便了。Excel 2010 的数据筛选功能，可使用户在数据库中方便地查询到满足特定条件的记录。

Excel 2010 提供了“自动筛选”和“高级筛选”两种筛选方式。“自动筛选”操作简单，可满足大部分使用的需要。自动筛选是利用 Excel 2010 提供的预定方式对数据进行筛选。

下面以“恒大中学高二考试成绩表”为例，介绍对数据进行筛选操作如下：

（1）将鼠标定位到数据清单中的任意单元格。

（2）单击“数据”标签，在“数据”选项卡“排序和筛选”功能区中，单击“筛选”按钮，则在数据清单的每列的上面出现一个下拉按钮，如图 5—54 所示。

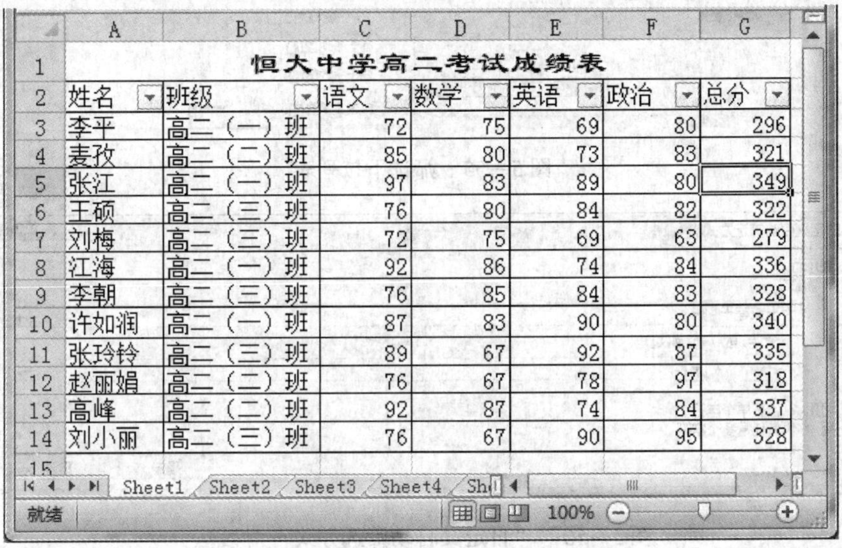

	A	B	C	D	E	F	G
1	恒大中学高二考试成绩表						
2	姓名	班级	语文	数学	英语	政治	总分
3	李平	高二（一）班	72	75	69	80	296
4	麦孜	高二（二）班	85	80	73	83	321
5	张江	高二（一）班	97	83	89	80	349
6	王硕	高二（三）班	76	80	84	82	322
7	刘梅	高二（三）班	72	75	69	63	279
8	江海	高二（一）班	92	86	74	84	336
9	李朝	高二（三）班	76	85	84	83	328
10	许如润	高二（一）班	87	83	90	80	340
11	张玲铃	高二（三）班	89	67	92	87	335
12	赵丽娟	高二（二）班	76	67	78	97	318
13	高峰	高二（二）班	92	87	74	84	337
14	刘小丽	高二（三）班	76	67	90	95	328
15							

图 5—54 筛选数据

（3）如果只需显示含有特定值的数据行，可以单击含有待显示数据的数据列上端的下拉箭头，然后选择所需的内容或子集分类。

例如，希望显示语文成绩高于 90 分（含 90 分）的同学，操作步骤如下：

1）单击“语文”字段下的下拉列表按钮，打开筛选下拉列表，如图 5—55 所示。

2）选择“数字筛选”选项“大于或等于”命令，打开“自定义自动筛选方式”对话框，如图 5—56 所示。

3）在“大于或等于”文本框中，输入“90”。

4）单击“确定”按钮，显示筛选的结果，如图 5—57 所示。

5）如果要进行多重筛选，还可以使用下面的条件框中输入其他筛选条件，并制定它与第一项条件的关系是“与”还是“或”。

“与”表示两个条件都必须满足，“或”表示两个条件只需满足一个即可。

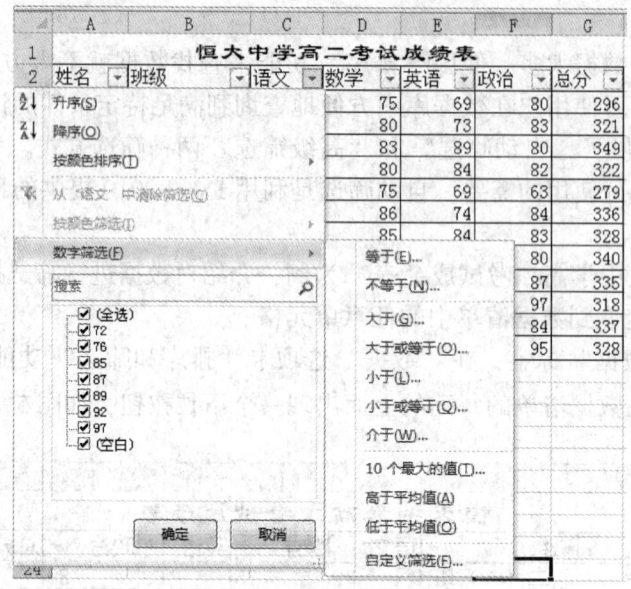

图5—55 筛选下拉列表

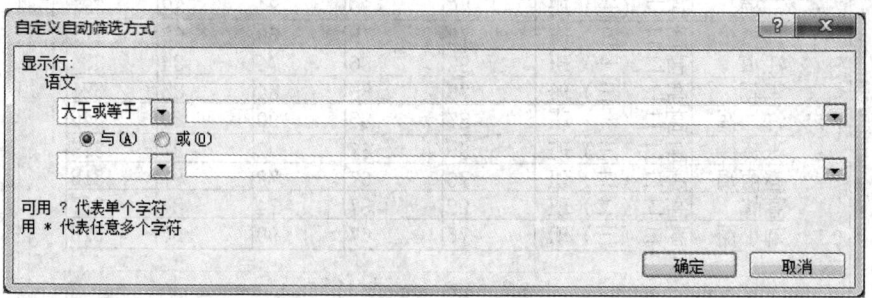

图5—56 "自定义自动筛选方式"对话框

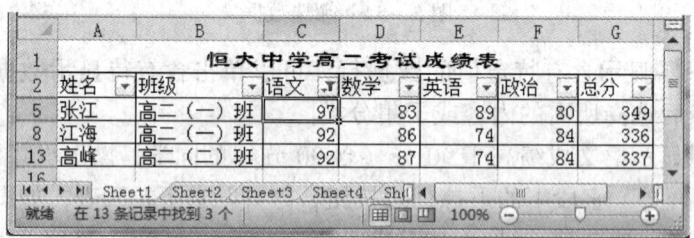

图5—57 筛选的结果

提示：

自动筛选支持使用通配符"*"和"?"，例如，要筛选姓"王"的学生，可以在筛选条件中输入"王*"。

（4）取消筛选。如果要取消筛选，只要在"数据"选项卡中，再次单击"筛选"按钮，即可取消筛选。

典型操作案例

【操作要求】

将参考资料 2010KSW\DATA2\TE3－1.xlsx 文件复制到 D 盘以用户名命名的文件夹中,并将文件改名为 E3－1.xlsx。用 Excel 2010 打开文档 E3－1.xlsx,并按照下列的要求操作,结果如【样文 5—3A】、【样文 5—3B】和【样文 5—3C】所示。

1. 数据排序及条件格式的应用

按【样文 5—3A】所示,使用 Sheet 2 工作表中的数据,以"基本工资"为主要关键字、"津贴"为次要关键字进行降序排序。

2. 数据筛选

按【样文 5—3B】所示,使用 Sheet 3 工作表中的数据,筛选出部门为"工程部"、基本工资大于"1700"的记录。

3. 合并计算

按【样文 5—3C】所示,使用 Sheet 4 工作表中"一月份工程原料款(元)"和"二月份工程原料款(元)"表格中的数据,在"利达公司前两个月所付工程原料款(元)"的表格中进行"求和"的合并计算操作。

【样文 5—3A】

【样文 5—3B】

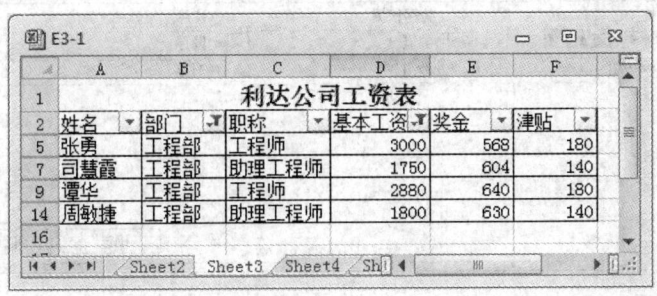

【样文5—3C】

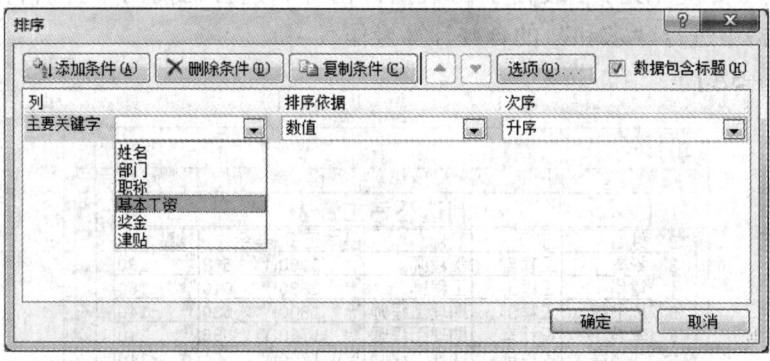

【解题步骤】
1. 数据排序及条件格式的应用

（1）单击"Sheet 2"标签，单击表格中任意单元格，单击鼠标右键，在打开的快捷菜单中，选择"排序"选项，单击"自定义排序"命令，打开"排序"对话框，如图5—58所示。

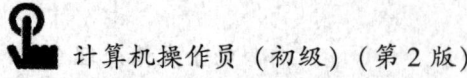

图5—58 "排序"对话框

（2）单击"主要关键字"下拉列表按钮，在列表中选择"基本工资"，单击"次序"列表按钮，在其中选择"降序"；单击"添加条件"按钮，在"排序"对话框中，增加一条"次要关键字"记录，如图5—59所示。

图5—59 增加一条"次要关键字"记录

(3) 单击"次要关键字"下拉列表按钮,在列表中选择"津贴",在"次序"列表中选择"降序",单击"确定"按钮。

2. 数据筛选

(1) 单击"Sheet 3"标签,单击表格中任意单元格,切换到"数据"选项卡,单击"筛选"按钮。

(2) 单击"部门"下拉列表框,勾选"工程部"多选项。

(3) 单击"基本工资"下拉列表框,如图5—60所示。

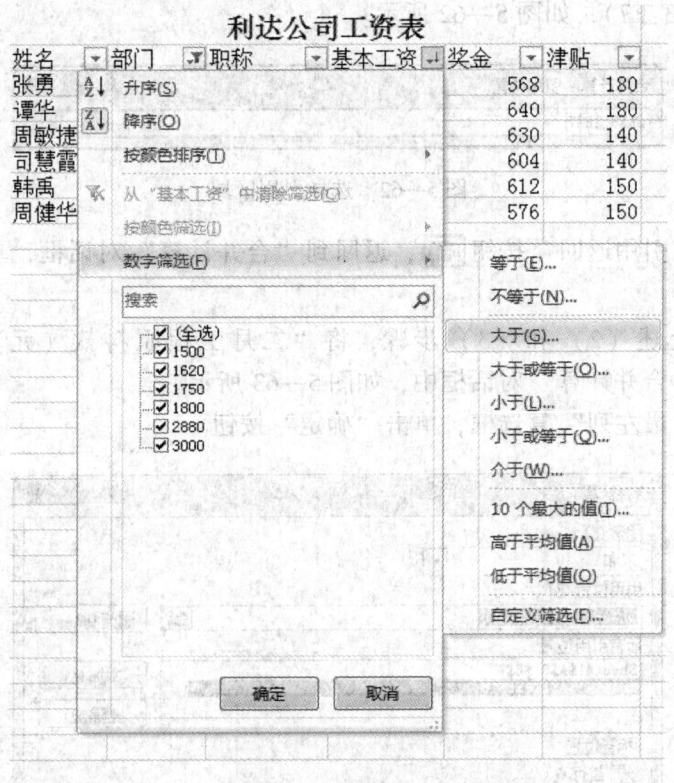

图5—60 选择数据筛选方式

(4) 选择"数字筛选"选项,单击"大于"命令,打开"自定义自动筛选方式"对话框,如图5—61所示。

图5—61 "自定义自动筛选方式"对话框

(5) 在"基本工资"列表中,选择"大于",在文本框中输入"1700",单击"确定"按钮。

3. 合并计算

(1) 单击"Sheet 4"标签,将光标定位到 A20 单元格,切换到"数据"选项卡,单击"合并计算"按钮 ,打开"合并计算"对话框。

(2) 在"函数"列表中,选择"求和";点击在"引用位置"文本框的右边的"引用"按钮 ,打开"合并计算 – 引用位置"对话框,选择"一月工程原料款(元)"区域(A3:E7),如图 5—62 所示。

图 5—62 选择引用区域

(3) 单击"引用返回"按钮 ,返回到"合并计算"对话框,单击"添加"按钮。

(4) 重复上述(2)和(3)步骤,将"二月工程原料款(元)"区域(A11:E16),添加到"合并计算"对话框中,如图 5—63 所示。

(5) 选择"最左列"复选框,单击"确定"按钮。

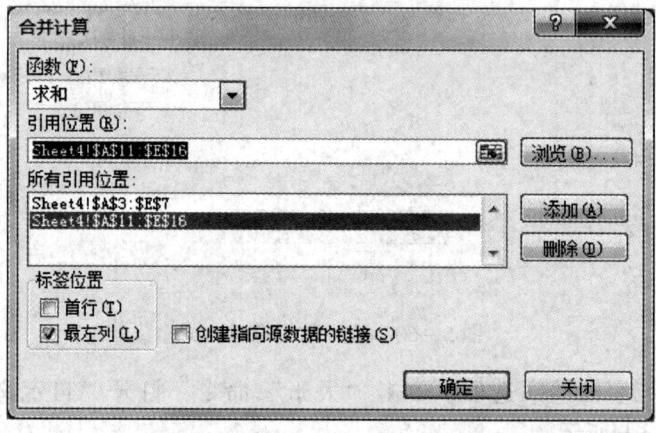

图 5—63 "合并计算"对话框

单元考核要点

考核类型	考核范围	考核点
理论知识	数据输入与编辑	列标和行号的表示
		窗口的组成
		用于移动单元格的键

续表

考核类型	考核范围	考核点
理论知识	表格操作界面设置	工作表和工作簿的区别
		页面设置
		各选项设置
	表格基本属性处理	单元格水平对齐方式的应用
		单元格垂直对齐方式的应用
		行高和列宽的调整
	表格输出处理	打印预览的应用
		工作簿文件的保存
	基本计算处理	公式的应用
		常用函数的应用
技能操作	数据输入与编辑处理	插入、删除行、列，输入、填充、更新、复制、移动和删除数据
		新建、命名、移动、复制、删除、保存工作簿、工作表
		使用联机帮助学习电子表格的制作
	表格操作界面设置	设置页面
		设置视图和显示比例
	表格基本属性处理	设置工作表、行、列、单元格的背景、标签、行高列宽等属性
		设置工作表、行、列、单元格的格式属性
	表格的输出处理	预览工作表
		打印工作表和选定工作区域
	基本计算处理	利用公式进行行、列间的计算
		调用函数进行简单计算
	基本统计分析	合并计算
		对数据进行不加选项排序和筛选

单元测试题

一、单项选择题（下列每题有4个选项，其中只有一个是正确的，请将正确答案的代号填在括号内）

1. 在 Excel 2010 中，列标用（　　）表示。

A. 数字　　　　　B. 英文字母　　　C. 大写数字　　　D. 希腊字母
2. 在 Excel 2010 中,标题区显示文件的（　　）。
A. 大小　　　　　B. 格式　　　　　C. 字体　　　　　D. 名称
3. 在 Excel 2010 中,用（　　）组合键操作可以直接移到下一个工作表。
A. 〈Ctrl + Enter〉　　　　　　　　　B. 〈Ctrl + PageDown〉
C. 〈Ctrl + PageUp〉　　　　　　　　D. 〈Ctrl + Shift〉
4. Excel 2010 保存的文件是（　　）文件。
A. 工作簿　　　B. 工作表　　　C. 单元格　　　D. 图表
5. Excel 2010 中（　　）由工作表组成,而工作表则由单元格组成。
A. 文本窗体　　B. 窗体　　　　C. 工作簿　　　D. 工作栏
6. 在 Excel 2010 中,"页面设置"对话框中的（　　）选项卡,可设置打印区域。
A. 页面　　　　B. 页边距　　　C. 页眉/页脚　　D. 工作表
7. 在 Excel 2010 中,"显示比例"命令在（　　）选项卡。
A. 视图　　　　B. 页面布局　　C. 开始　　　　D. 文件
8. 在 Excel 2010 中,可以在（　　）选项卡中打开"选项"对话框。
A. "视图"　　　B. "页面布局"　C. "开始"　　　D. "文件"
9. 在 Excel 2010 中,单元格垂直对齐有靠上、（　　）、靠下、两端对齐、分散对齐等几种方式。
A. 常规　　　　B. 填充　　　　C. 居中　　　　D. 跨列居中
10. Excel 2010 中,若选定多个不连续的行所用的是（　　）。
A. 〈Shift〉键　　　　　　　　　　B. 〈Ctrl〉键
C. 〈Alt〉键　　　　　　　　　　　D. 〈Shift + Ctrl〉组合键
11. Excel 2010 中,若在工作表中插入一列,则一般插在当前列的（　　）。
A. 左侧　　　　B. 上方　　　　C. 右侧　　　　D. 下方
12. Excel 2010 中,一个完整的函数包括（　　）。
A. "="和函数名　　　　　　　　　B. 函数名和参数
C. "="和参数　　　　　　　　　　D. "="、函数名和参数
13. Excel 2010 中,在单元格中输入文字时,缺省的对齐方式是（　　）。
A. 左对齐　　　B. 右对齐　　　C. 居中对齐　　D. 两端对齐
14. Excel 2010 中,不属于"单元格格式"对话框中"数字"选项卡中的内容的选项是（　　）。
A. 字体　　　　B. 货币　　　　C. 日期　　　　D. 自定义
15. Excel 2010 中分类汇总的默认汇总方式是（　　）。
A. 求和　　　　B. 求平均　　　C. 求最大值　　D. 求最小值
16. Excel 2010 中取消工作表的自动筛选后（　　）。
A. 工作表的数据消失　　　　　　　B. 工作表恢复原样
C. 只剩下符合筛选条件的记录　　　D. 不能取消自动筛选
17. Excel 2010 中向单元格输入"3/5",Excel 2010 会认为是（　　）。

A. 分数 3/5　　　B. 日期 3 月 5 日　　C. 小数 3.5　　　D. 错误数据

18. 如果删除的单元格是其他单元格的公式所引用的，那么这些公式将会显示（　　）。

A. #######　　B. #REF!　　C. #VALUE!　　D. #NUM

19. 如要在 Excel 2010 输入分数形式 "1/3"，下列方法正确的是（　　）。

A. 直接输入 1/3　　　　　　　B. 先输入单引号，再输入 1/3
C. 先输入 0，然后空格，再输入 1/3　　D. 先输入双引号，再输入 1/3

20. 下面有关 Excel 2010 工作表、工作簿的说法中，正确的是（　　）。

A. 一个工作簿可包含多个工作表，缺省工作表名为 sheet 1/Sheet 2/Sheet3
B. 一个工作簿可包含多个工作表，缺省工作表名为 book1/book2/book3
C. 一个工作表可包含多个工作簿，缺省工作表名为 sheet 1/sheet 2/sheet3
D. 一个工作表可包含多个工作簿，缺省工作表名为 book1/book2/book3

21. 已知 Excel 2010 某工作表中的 D1 单元格等于 1，D2 单元格等于 2，D3 单元格等于 3，D4 单元格等于 4，D5 单元格等于 5，D6 单元格等于 6，则 sum（D1:D3，D6）的结果是（　　）。

A. 10　　　　B. 6　　　　C. 12　　　　D. 21

22. 在 Excel 2010 中，输入当前时间可按（　　）组合键。

A. 〈Ctrl + ;〉　　　　　　　B. 〈Shift + ;〉
C. 〈Ctrl + Shift + ;〉　　　　D. 〈Ctrl + Shift〉

二、判断题（下列判断正确的请打 "√"，错误的请打 "×"）

（　　）1. 在 Excel 2010 中，列标以数字表示。
（　　）2. 在 Excel 2010 中，标题栏显示工作表名称。
（　　）3. 在 Excel 2010 中，〈Ctrl + →〉组合键的功能是移到工作表行尾。
（　　）4. 工作表是 Excel 2010 用来存储和处理数据的最主要的表格。
（　　）5. Excel 2010 保存的文件是工作表文件。
（　　）6. 在 Excel 2010 中要将光标直接定位到 A1，可以按〈Home〉键。
（　　）7. 在单元格输入 "6/20" 时，该单元格显示 0.3。
（　　）8. Excel 2010 工作表的缩放比例，最小值是 10%，最大值是 400%。
（　　）9. 在 Excel 2010 中，如果要改变行与行、列与列之间的顺序，应按住〈Ctrl〉键不放，结合鼠标进行拖动。
（　　）10. Excel 2010 在建立工作表时，缺省高度设定为 14.25 磅。
（　　）11. 在 Excel 2010 表格中，当按下回车键结束对一个单元格数据输入时，下一个活动单元格在原活动单元格的右面。
（　　）12. 已知单元格 A1 中存有数值 563.68，若输入函数 = INT（A1），则该函数值为 563。
（　　）13. 在 Excel 2010 中，公式的开头必须是 "="。
（　　）14. 在 Excel 2010 中，SUM 参数最多允许有 20 个参数。
（　　）15. 在 Excel 2010 中，表示逻辑值为真的标识符是 "FALSE"。

三、技能题
第一题 电子表格基本处理
【操作要求】
将附送参考资料 2010KSW\DATA2\TE1-2.xlsx 文件复制到 D 盘以用户名命名的文件夹中,并将文件改名为 E1-2.xlsx。用 Excel 2010 打开文档 E1-2.xlsx,并按照下列的要求操作,结果如【样文5—4】所示。

1. 工作表的基本操作

(1) 将 Sheet 1 工作表中的所有内容复制到 Sheet 2 工作表中,并将 Sheet 2 工作表重命名为"各地区2016年预算内财政支出表(万元)"。

(2) 在"各地区2016年预算内财政支出表(万元)"工作表中标题行的下方插入一个空行,并设置行高为7;将"三亚"一行与"平海"一行的位置互换;将表格标题行的行高设置为30,设置第一列的列宽为7,其他列的列宽均为10。

2. 单元格格式的设置

(1) 在"各地区2016年预算内财政支出表(万元)"工作表中,将单元格区域 A1:H1 合并后居中,设置字体为华文琥珀、20磅、深蓝色,并为其填充水平的淡紫色(RGB:255,153,255)和浅绿色(RGB:204,255,153)的渐变底纹。

(2) 将单元格区域 A3:H3 的字体设置为隶书、14磅、紫色、水平居中,并为其填充浅青绿色(RGB:102,204,255)底纹。

(3) 将单元格区域 A4:H11 的字体设置为微软雅黑、11磅、深绿色(RGB:0,102,0),并为其填充金色(RGB:255,204,0)底纹。

将单元格区域 A3:H11 的外边框设置为如【样文5—4】所示的红色的粗双点画线,内部框线设置为褐色(RGB:153,51,0)的单实线。

3. 工作表的打印设置

(1) 在"各地区2016年预算内财政支出表(万元)"工作表第9行的下方插入分页符。

(2) 设置表格的标题行为顶端打印标题,打印区域为单元格区域 A1:H27,设置完成后进行打印预览。

【样文5—4】

各地区2016年预算内财政支出表(万元)

地区	支援农业	经济建设	卫生科学	行政管理	优抚	其他	总支出
北京	114.66	131.01	571.88	186.49	38.63	34.28	1076.95
上海	71.60	119.05	513.25	170.35	34.42	13.00	921.67
平海	166.08	989.25	1040.89	527.68	85.25	328.67	3137.82
石家庄	167.75	209.59	744.40	254.61	50.92	75.86	1503.13
胡宁	214.10	714.80	1095.10	561.20	80.80	401.13	3067.13
三亚	161.89	831.32	855.39	370.43	60.55	167.67	2447.25
黑龙江	326.30	650.70	1556.40	758.50	118.50	775.10	4185.50
吉林	369.20	678.85	1458.30	748.38	99.07	627.70	3981.50

第二题 电子表格基本计算处理

【操作要求】

将附送参考资料2010KSW\DATA2\TE2-2.xlsx文件复制到D盘以用户名命名的文件夹中,并将文件改名为E2-2.xlsx。用Excel 2010打开文档E2-2.xlsx,并按照下列的要求操作,结果如【样文5—5】所示。

按【样文5—5】所示,使用Sheet 1工作表中的数据,应用函数公式计算出"实发工资"数,将结果填写在相应的单元格中。

【样文5—5】

利达公司工资表

姓名	部门	职称	基本工资	奖金	津贴	实发工资
王辉杰	设计室	技术员	1500	600	150	2250
吴圆圆	后勤部	技术员	1450	550	150	2150
张勇	工程部	工程师	3000	568	180	3748
李波	设计室	助理工程师	1760	586	140	2486
司慧霞	工程部	助理工程师	1750	604	140	2494
王刚	设计室	助理工程师	1700	622	140	2462
谭华	工程部	工程师	2880	640	180	3700
赵军伟	设计室	工程师	2900	658	180	3738
周健华	工程部	技术员	1500	576	150	2226
任敏	后勤部	技术员	1430	594	150	2174
韩禹	工程部	技术员	1620	612	150	2382
周敏捷	工程部	助理工程师	1800	630	140	2570

第三题 电子表格基本统计分析

【操作要求】

将附送参考资料2010KSW\DATA2\TE3-2.xlsx文件复制到D盘以用户名命名的文件夹中,并将文件改名为E3-2.xlsx。用Excel 2010打开文档E3-2.xlsx,并按照下列的要求操作,结果如【样文5—6A】、【样文5—6B】和【样文5—6C】所示。

1. 数据排序及条件格式的应用

按【样文5—6A】所示,使用Sheet 1工作表中的数据,应用函数公式计算出"总价格(元)",将结果填写在相应的单元格中。

2. 数据筛选

按【样文5—6B】所示,使用Sheet 3工作表中的数据,筛选出"进货地区"为"北京市"、"进货单价(元)"大于"2"的记录。

3. 合并计算

按【样文5—6C】所示,使用Sheet 4工作表中的数据,在"水果店进货情况统计表"的表格中进行"求和"的合并计算操作。

【样文 5—6A】

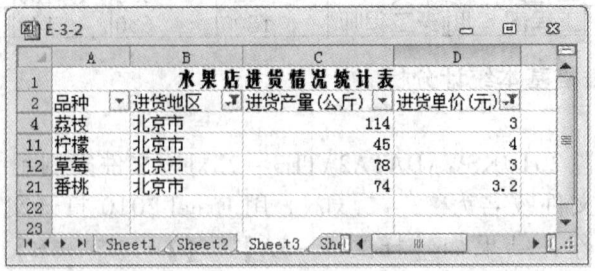

【样文 5—6B】

【样文 5—6C】

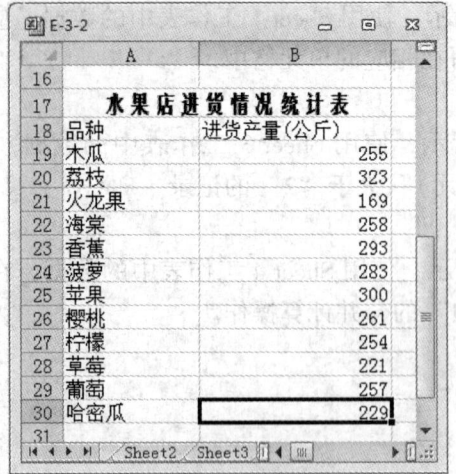

单元测试题答案

一、单项选择题

1. B 2. D 3. B 4. A 5. C 6. D 7. A 8. D
9. C 10. B 11. A 12. D 13. A 14. A 15. A 16. B
17. B 18. B 19. C 20. A 21. C 22. C

二、判断题

1. × 2. × 3. × 4. √ 5. × 6. × 7. × 8. √
9. √ 10. √ 11. × 12. √ 13. √ 14. × 15. ×

三、技能题

答案略。

第6单元

演示文稿处理

- 第1节 PowerPoint 2010 简介/234
- 第2节 新建与管理幻灯片/236
- 第3节 制作与放映幻灯片/241
- 第4节 页面与动画设置/250

第1节　PowerPoint 2010 简介

→ 能够启动和退出 PowerPoint 2010
→ 了解 PowerPoint 2010 的窗口界面
→ 了解视图的概念
→ 能够实现视图的切换

演示文稿软件主要用于制作演讲、报告、教学内容的提纲，是一种电子幻灯片，可以方便人们进行信息交流。PowerPoint 是该领域最受欢迎的软件之一。

一、PowerPoint 2010 的启动与退出

1. 启动 PowerPoint 2010

启动 PowerPoint 2010 常用以下三种方法：

（1）依次单击"开始"→"所有程序"→"Microsoft Office"→"Microsoft PowerPoint 2010"。

（2）如果系统在桌面上创建了 PowerPoint 2010 的快捷方式，双击该快捷方式，也可以启动 PowerPoint 2010。

（3）双击扩展名为".ppt"或".pptx"的文件，可以启动 PowerPoint 2010，并打开该文件。

2. 退出 PowerPoint 2010

退出 PowerPoint 2010 的方法与退出 Word 和 Excel 的方法基本相同，这里不再赘述。区别之处在于，退出 PowerPoint 2010 时保存文件的扩展名默认是".pptx"。

二、PowerPoint 2010 的窗口界面

启动 PowerPoint 2010 以后，便进入了 PowerPoint 2010 的工作窗口，如图6—1所示，其中的标题栏、功能区、状态栏和选项卡等与 Word 和 Excel 中相应的概念相同，不再赘述。下面介绍 PowerPoint 2010 界面中特有的项目：

1. 幻灯片窗格

该窗格位于工作界面最中间，其主要的任务是进行幻灯片的制作、编辑和添加各种效果，还可以查看每张幻灯片的整体效果。

2. 大纲/幻灯片浏览窗格

大纲//幻灯片浏览窗格位于幻灯片窗格的左侧，主要用于显示幻灯片的文本，并负责编辑幻灯片，例如插入、复制、删除、移动整张幻灯片。

3. 备注窗格

备注窗格位于幻灯片窗格下方，主要用于给幻灯片添加备注，为演讲者提供更多的信息。

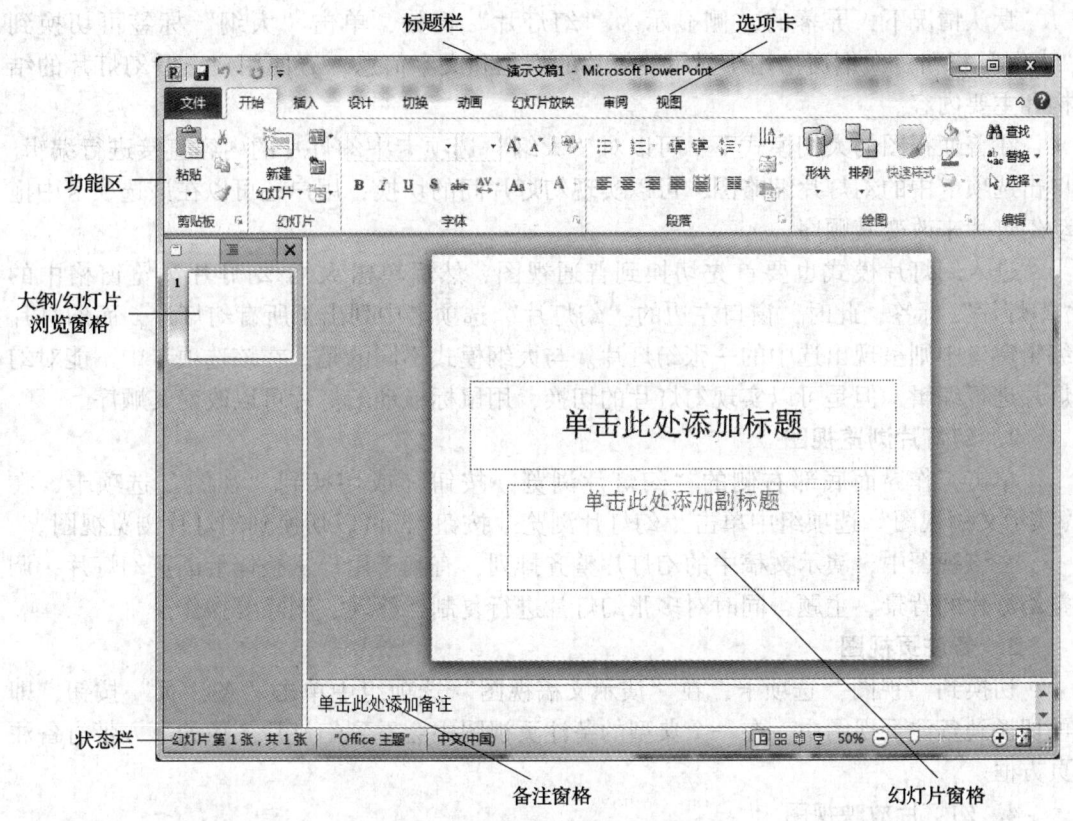

图 6—1　PowerPoint 2010 的工作界面

三、视图的切换

PowerPoint 2010 通过工作界面底部的"普通视图"按钮 、"幻灯片浏览"按钮 、"阅读视图"按钮 和"幻灯片播放"按钮 ，可以在不同的视图中预览演示文稿。

1. 普通视图

普通视图是 PowerPoint 2010 创建演示文稿的默认视图，是包含大纲视图、幻灯片视图和备注页视图的一种综合视图模式。在普通视图的左侧显示了幻灯片的缩略图，右侧上面显示的是当前幻灯片，下面显示的是备注信息，用户可以根据需要调整备注窗口的大小比例。

如果要显示某一张幻灯片，可以使用下列方法进行操作：

（1）直接拖动垂直滚动条上的滚动块，系统会提示切换的幻灯片编号和标题。当达到所要的幻灯片时，释放鼠标左键即可。

（2）单击垂直滚动条中的"上一张幻灯片"按钮或"下一张幻灯片"按钮，可以分别切换到当前幻灯片的上一张和下一张。

（3）按〈Page Up〉键或〈Page Down〉键可以切换到上一张和下一张幻灯片，按〈Home〉键可以切换到第一张幻灯片，按〈End〉键可以切换到最后一张幻灯片。

默认情况下,屏幕的左侧显示为"幻灯片"窗格,单击"大纲"标签可切换到"大纲"窗格。大纲窗格用于显示幻灯片的标题和文本信息,方便用户查看幻灯片的结构和主要内容。

在普通视图的大纲模式下,可以对"大纲"选项卡中幻灯片的内容直接进行编辑。单击选项卡中的幻灯片缩略图,可以实现幻灯片间的切换,用户还可以在该选项卡中拖动幻灯片来改变其顺序。

进入幻灯片模式也要首先切换到普通视图,然后单击大纲/幻灯片浏览窗格中的"幻灯片"标签,此时,窗口左边的"幻灯片"选项卡中列出了所有幻灯片,而幻灯片编辑窗口中则呈现出选中的一张幻灯片。与大纲模式不同的是,在该选项卡中不能对幻灯片进行编辑,但是可以实现幻灯片的切换,用鼠标拖动幻灯片可以改变其顺序。

2. 幻灯片浏览视图

单击工作界面底部右侧的"幻灯片浏览"按钮(或切换到"视图"选项卡,在"演示文稿视图"选项组中单击"幻灯片浏览"按钮),可以切换到幻灯片浏览视图。

在该视图中,演示文稿中的幻灯片整齐排列,有利于用户从整体上浏览幻灯片,调整幻灯片的背景、主题,同时对多张幻灯片进行复制、移动、删除等操作。

3. 备注页视图

切换到"视图"选项卡,在"演示文稿视图"选项组中单击"备注页"按钮,即可切换到备注页视图中。在一个典型的备注页视图中会看到幻灯片图像的下方带有备注页方框。

4. 幻灯片放映视图

幻灯片放映视图显示的是演示文稿的放映效果,是制作演示文稿的最终目的。在这种全屏视图中,可以看到图像、影片、动画等对象的演示效果以及幻灯片的切换效果。

切换到"幻灯片放映"选项卡,单击"开始放映幻灯片"选项组中的按钮,即可进入幻灯片放映视图。另外,单击工作界面底部的"幻灯片放映"按钮 ![icon] 也可以进入幻灯片放映视图,并从当前编辑的幻灯片开始播放。

第2节 新建与管理幻灯片

→ 能创建新幻灯片
→ 能够在演示文稿中添加幻灯片
→ 能够在演示文稿中删除幻灯片
→ 能够复制幻灯片
→ 能够移动幻灯片

一、创建演示文稿

演示文稿是 PowerPoint 2010 中的文件,它由一系列幻灯片组成。幻灯片可以包含醒目的标题、合适的文字说明、生动的图片以及多媒体组件等元素。

1. 新建空白演示文稿

如果用户对所创建文稿的结构和内容比较熟悉，可以从空白的演示文稿开始设计，操作步骤如下：

（1）启动 PowerPoint 2010 后，在功能区的"文件"选项卡中，选择"新建"命令，显示"可用的模板和主题"中间窗格，如图 6—2 所示。

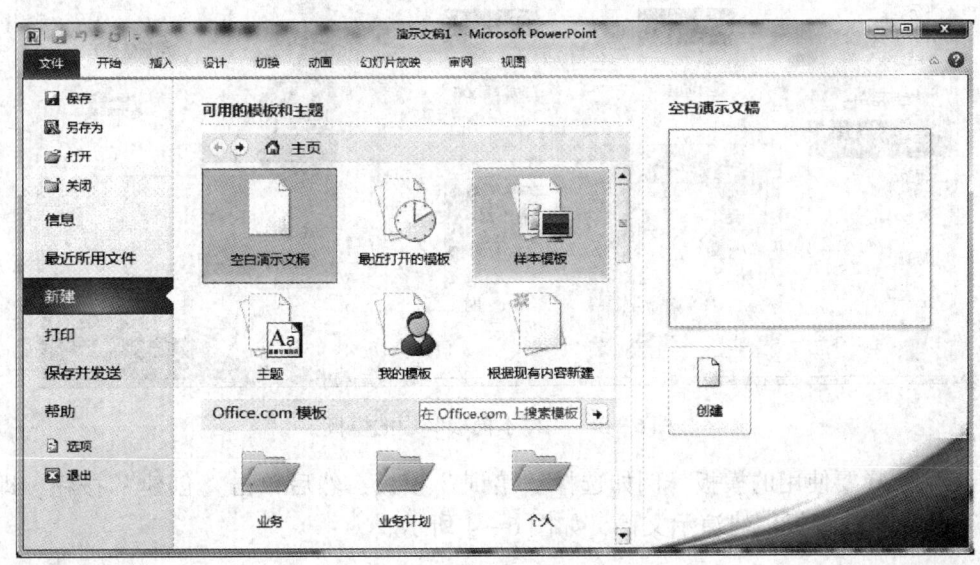

图 6—2 "可用的模板和主题"中间窗格

（2）选择中间窗格中的"空白演示文稿"选项，然后单击"创建"按钮，即可创建一个如图 6—1 所示的空白演示文稿。

在"可用的模板和主题"中间窗格中，显示了本机上可用的模板和主题以及 Office.com 可提供的模板和主题。其中的含义如下：

1）空白演示文稿。空白演示文稿是一个极为简易的主题，幻灯片以白色为背景，文字的颜色、字体、字号等设置简单，是默认的演示文稿主题。Microsoft PowerPoint 2010 启动后会自动使用该主题创建一个新演示文稿文件。

2）样本模板。模板是创建演示文稿的模式，提供了一些预配置的设置。使用模板创建演示文稿更为快速。PowerPoint 提供相册、日历、计划和用于制作演示文稿的各种资源的样本模板。此外，通过"Office.com 模板"可以实时获取微软提供的最新设计。

3）主题。主题包含预先设置好、用于修饰演示文档的颜色、字体、背景和效果等一整套设置方案。使用主题修饰演示文稿可以使其中所有幻灯片保持一致风格。

（3）向幻灯片中输入文字，插入各种对象。

2. 根据设计模板新建演示文稿

借助于演示文稿的华丽性和专业性，观众才能被充分感染。如果用户没有太多的美术基础，可以用 PowerPoint 2010 模板来构建缤纷靓丽的具有专业水准的演示文稿，其操作步骤如下：

(1) 切换到"文件"选项卡,选择"新建"命令,单击中间窗格中"样本模板"选项,中间窗格中将显示已安装的模板,如图6—3所示。

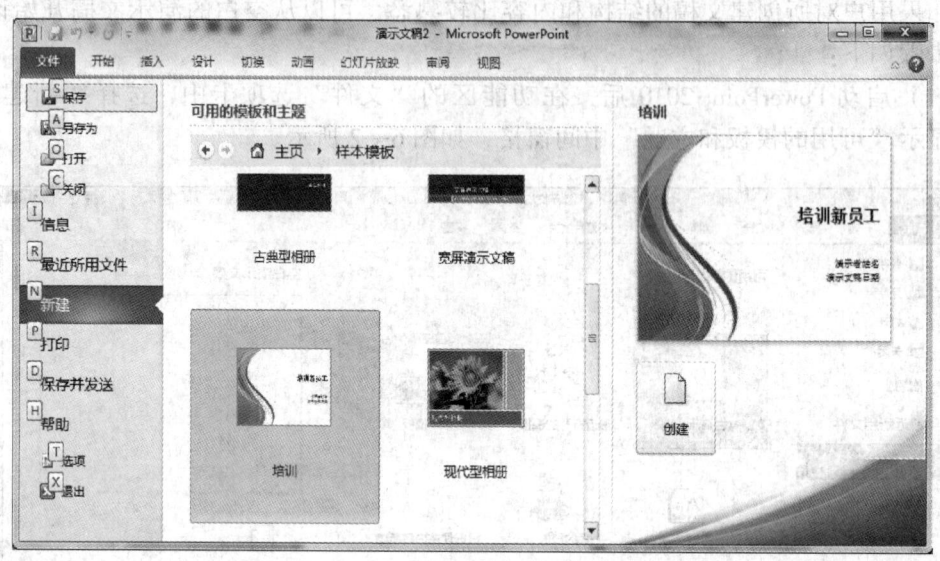

图6—3 "样本模板"中的模板

(2) 选择要使用的模板,例如选择"培训"模板,然后单击"创建"按钮,即可根据当前选定的模板创建演示文稿,如图6—4所示。

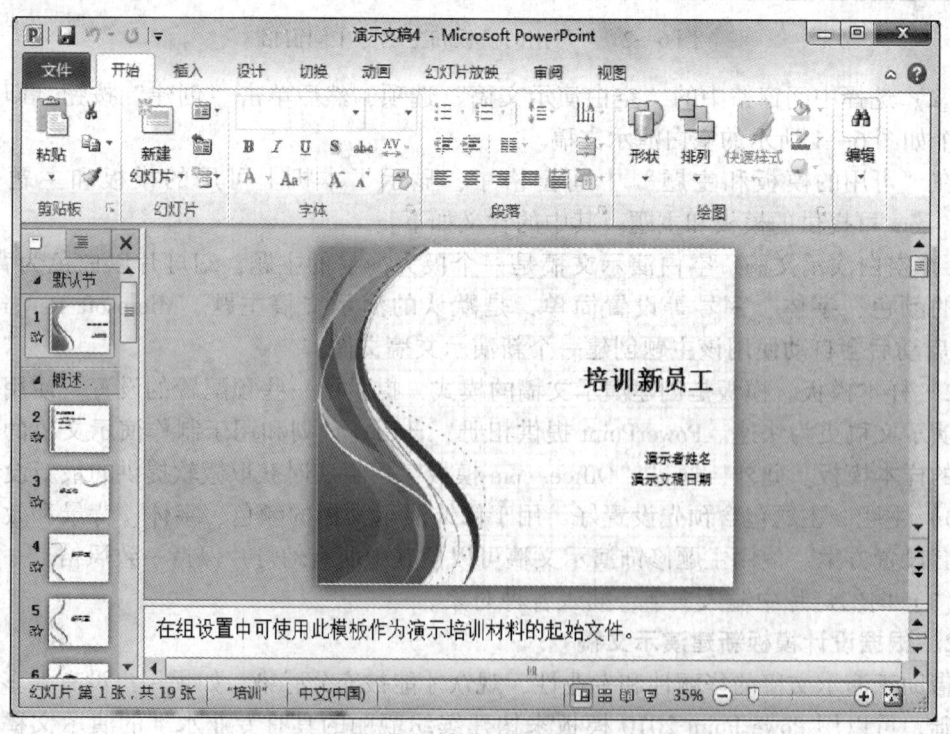

图6—4 "培训"模板创建的演示文稿

(3) 如果已安装的模板不能满足制作的要求,可以在"新建"窗口的"Office.com 模板"区域中选择准备使用的模板样式,然后单击"下载"按钮下载使用。

二、添加和删除幻灯片

一般来说,演示文稿中会包含多张幻灯片,用户需要对这些幻灯片进行相应的管理。

1. 选择幻灯片

在对幻灯片进行编辑之前,首先要将其选中。根据所使用视图的不同,选中幻灯片的方法也会有所不同。

在普通视图的"大纲"选项卡中,单击幻灯片标题前面的图标,即可选中该幻灯片。在选中连续的一组幻灯片时,先单击第一张幻灯片的图标,然后按住〈Shift〉键,单击最后一张幻灯片的图标。

在幻灯片浏览视图中,单击幻灯片的缩略图可以将该幻灯片选中,此时该幻灯片的边框高亮显示。单击第一张幻灯片的缩略图,然后按住〈Shift〉键,单击最后一张幻灯片的缩略图,即可选中一组连续的幻灯片。若要选中多张不连续的幻灯片,按住〈Ctrl〉键,然后分别单击要选中的幻灯片缩略图。

在普通视图和幻灯片浏览视图中,按〈Ctrl + A〉组合键,可以选中当前演示文稿中的所有幻灯片。

2. 添加幻灯片

插入一张新幻灯片的操作方法如下:

(1) 切换到普通视图。

(2) 单击选择一张幻灯片,然后按〈Enter〉键;或者切换到"开始"选项卡,在"幻灯片"选项组中单击"新建幻灯片"按钮,就可以在该幻灯片后面插入一张新的幻灯片。

提示:

用户也可以在"幻灯片浏览"视图中选择一张幻灯片后,单击鼠标右键,在弹出的快捷菜单中,选择"新建幻灯片"命令,也可以插入一张新的幻灯片。

3. 删除幻灯片

删除幻灯片的操作方法如下:

(1) 首先选中要删除的一张或多张幻灯片,然后按〈Delete〉键。

(2) 在普通视图的"幻灯片"选项卡中,右击选定幻灯片的缩略图,从快捷菜单中选择"删除幻灯片"命令。

幻灯片被删除后,后面的幻灯片会自动向前排列。

三、移动和复制幻灯片

1. 复制幻灯片

在制作演示文稿的过程中,可能有几张幻灯片的版式和背景是相同的,只是其中的文本不同而已。这时，可以复制幻灯片，然后对复制后的幻灯片进行修改。在演示文稿中复制幻灯片的操作步骤如下：

（1）在"幻灯片浏览"视图中或者在普通视图的"大纲"选项卡中，选定要复制的幻灯片。

（2）按住〈Ctrl〉键，然后按住鼠标左键拖动选定的幻灯片。在拖动过程中，会出现一个竖条表示选定幻灯片的新位置。

（3）释放鼠标左键，再松开〈Ctrl〉键，选定的幻灯片将被复制到目标位置。

2. 移动幻灯片

在"幻灯片浏览"视图中或在普通视图的"幻灯片"选项卡中选定要移动的幻灯片，然后按住鼠标左键并拖动，此时长条直线就是插入点，到达新的位置后松开鼠标按键即可。用户也可以利用"剪贴板"选项组中的"剪切"和"粘贴"命令或对应的快捷键来移动幻灯片。

3. 更改幻灯片的版式

选定要更改版式的幻灯片，切换到"开始"选项卡，在"幻灯片"选项组中单击"版式"命令，从下拉列表中选择一种版式，如图6—5所示，即可快速更改当前幻灯片的版式。

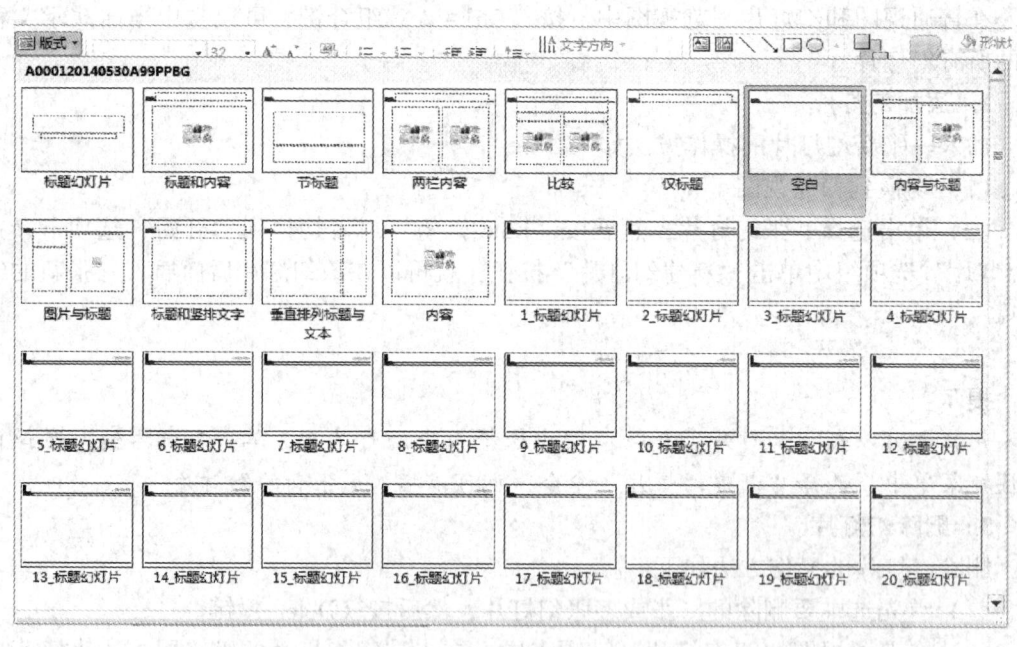

图6—5 "版式"下拉列表

另外，在编辑幻灯片的过程中，用户有时会放大幻灯片以处理某些细节。当处理完毕后，想再次呈现整张幻灯片时，单击工作界面右下角的"使幻灯片适应当前窗口"按钮，可以让幻灯片快速缩放至最合适的显示尺寸。

第3节 制作与放映幻灯片

→ 能够在幻灯片中输入文字
→ 能够对文字进行格式化操作
→ 能够放映幻灯片
→ 能够设置幻灯片的放映方式

一、文字的输入

新建的空白演示文稿在幻灯片窗格中的虚线方框叫作占位符，如图6—6所示。这些方框是一些对象（如幻灯片标题、文本、图表、表格、组织结构图和剪贴画）的占位符。单击文字占位符可以添加文字，单击内容占位符中央的不同按钮可以插入表格、图表、剪贴画、图片、组织结构图和媒体剪辑，双击占位符可以设置占位符的格式。

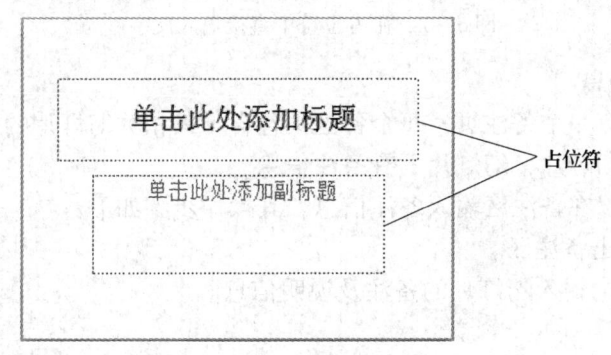

图6—6 新建的演示文稿

1. 直接输入文字

通过占位符在演示文稿中输入文字，其操作方法如下：

（1）在"单击此处添加标题"的占位符上单击鼠标，占位符的位置变成文本框，这时就可以在其中输入文字，例如输入标题"《沁园春·雪》"。

（2）在"单击此处添加正文"的占位符上单击鼠标，并输入正文"毛泽东（1936年2月）"，如图6—7所示。

2. 添加文字

如果用户还想在其他位置添加文字，可以按照以下方法操作：

（1）在"插入"选项卡中，单击"文本框"按钮，鼠标箭头变成倒十字架"↓"的形状。

（2）将鼠标指针放在要创建文本框的位置，然后拖动鼠标到合适的大小。

（3）松开鼠标左键，幻灯片上出现一个文本框。

（4）在文本框中输入要添加的文本内容即可。

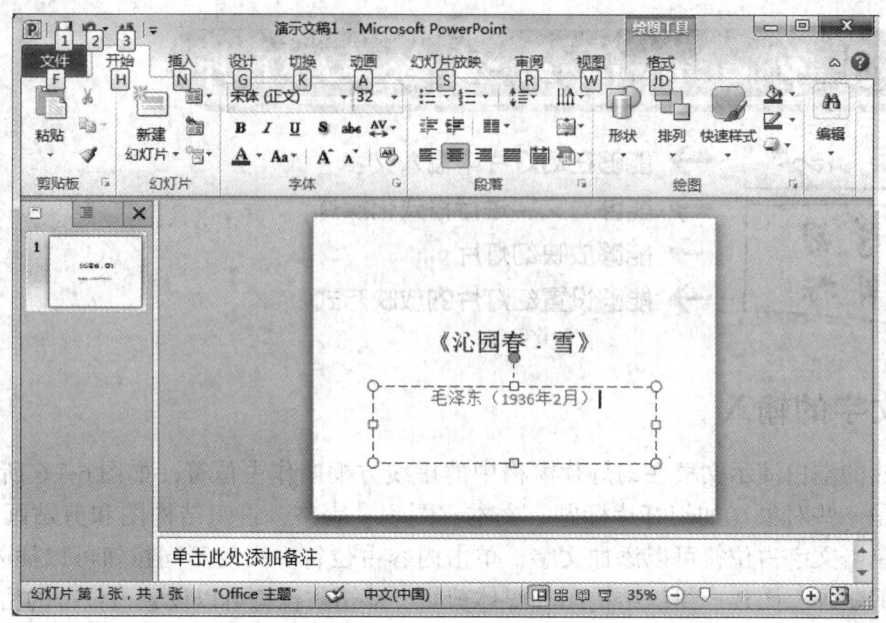

图6—7 在占位符中直接输入文字

3. 输入备注信息

每张幻灯片都有一个备注页,每个备注页包含与其相关幻灯片的一个缩略图副本并且每页只显示一张幻灯片,幻灯片下有备注信息。

如果需要,可以在备注区输入备注信息,其操作步骤如下:

(1) 用鼠标单击备注区。

(2) 在此区域内输入幻灯片的备注及说明信息。

提示:

如果备注信息内容比较多,用户可以切换到备注视图方式,然后再输入备注信息。

二、文字格式化

格式化文本是指对文本的字体、字号、样式及色彩进行必要的设置。通常,这些项目是由当前设计模板定义好的,设计模板作用于每个文本对象和占位符。

如果要格式化文本框中的所有内容,首先单击文本框,此时插入点出现在其中,接着在虚线边框上单击,边框变为细实线边框,文本框及其全部内容被选定。若对文本框中的部分内容进行格式化,先拖动鼠标指针选择要修改的文本,使其呈高亮显示,然后执行所需的格式化命令。

PowerPoint 2010 提供了许多格式化文本工具,能够快速设置文本的字体、颜色、字符间距等。

1. 设置字体与颜色

在演示文稿中适当地改变字体与字号,可以使幻灯片结构分明、重点突出。设置字体与颜色的操作方法如下:

（1）选定需要设置字体与颜色的文本。

（2）切换到"开始"选项卡，在"字体"选项组中单击"字体"按钮 宋体(正文)或"字号"按钮 18，从弹出的列表中选择所需的选项，即可改变文本的字体或字号。

（3）如果要更改文本颜色，选定相关文本后，在"开始"选项卡的"字体"选项组中单击"颜色"按钮右侧的按钮，如图6—8所示，从下拉菜单中选择一种主题颜色。

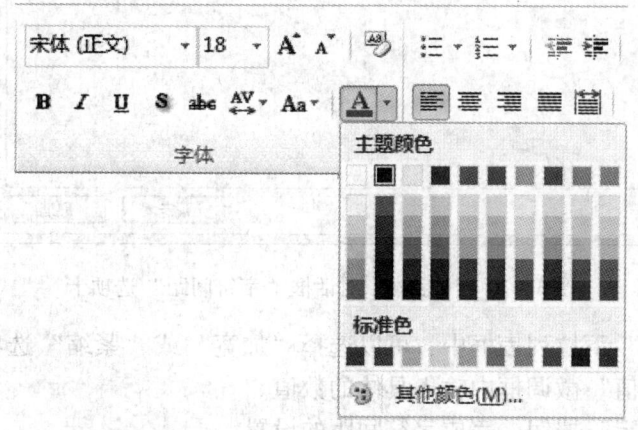

图6—8 "字体颜色"下拉列表

如果要使用非调色板中的颜色，选择"其他颜色"命令，在打开的"颜色"对话框中选择颜色。

2. 调整字符间距

在排版演示文稿时，为了使标题看起来比较美观，可以适当增加或缩小字符间距。操作方法如下：

（1）选定要调整字符间距的文本。

（2）切换到"开始"选项卡，在"字体"选项组中单击"字符间距"按钮，如图6—9所示，从下拉菜单中选择一种合适的字符间距。

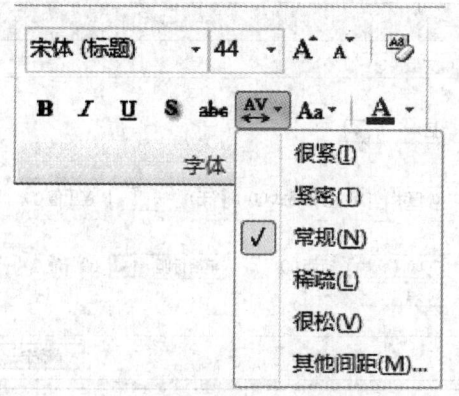

图6—9 "字符间距"下拉列表

如果要精确地设置字符间距的值，选择"其他间距"命令，打开"字体"对话框，并自动切换到"字符间距"选项卡，如图6—10所示。

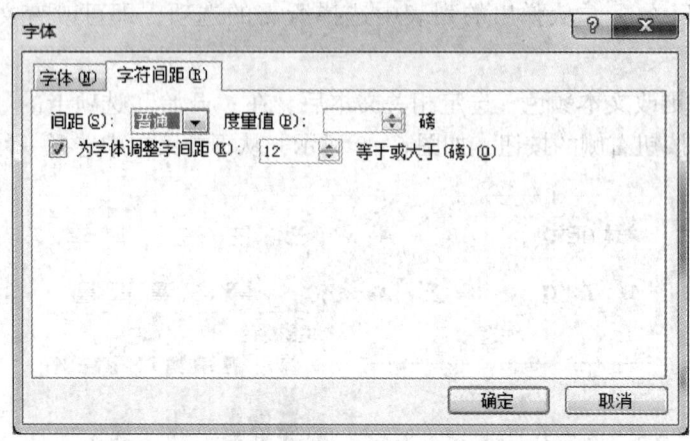

图6—10 "字体"对话框"字符间距"选项卡

1）在"间距"下拉列表框中，可以选择"加宽"或"紧缩"选项。
2）在"度量值"微调框中输入具体的数值。
3）单击"确定"按钮，完成字符间距的设置。

3. 设置段落格式

PowerPoint允许用户改变段落的对齐方式、缩进、段间距和行间距等。

（1）改变段落的对齐方式。将插入点置于需改变对齐方式的段落中，然后切换到"开始"选项卡，在"段落"选项组中单击所需的对齐方式按钮，即可改变段落的对齐方式。

（2）设置段落缩进。段落缩进是指段落与文本区域内部边界的距离。PowerPoint提供了首行缩进、悬挂缩进与左缩进3种缩进方式。设置段落缩进的操作步骤如下：

1）将插入点置于要设置缩进的段落中，或者同时选中多个段落。
2）切换到"开始"选项卡，在"段落"选项组中单击"对话框启动"按钮，打开"段落"对话框，如图6—11所示。

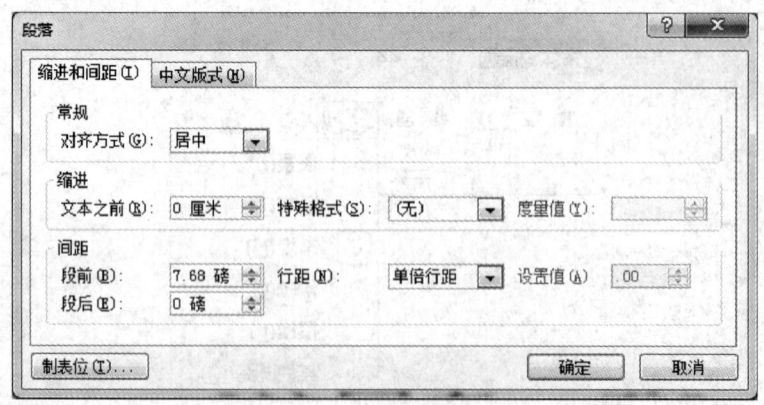

图6—11 "段落"对话框

3）在"缩进"组中设置"文本之前"微调框的数值，以设置左缩进。

4）在"特殊格式"下拉列表中，可以选定"首行缩进"或"悬挂缩进"，并在"度量值"微调框中设置具体的缩进量。

5）单击"确定"按钮，完成设置。

提示：

用户也可以切换到"视图"选项卡，选中"显示"选项组中的"标尺"复选框，以便借助于幻灯片上方的水平标尺设置段落的缩进。

（3）使用项目符号和编号。添加项目符号有助于把一系列主要的条目或论点与幻灯片中的其余文本区分开来。PowerPoint 允许为文本添加不同的项目符号。

默认情况下，在占位符中输入正文时，PowerPoint 会插入圆点作为项目符号，设置项目符号和编号的操作步骤如下：

1）选定幻灯片的正文。

2）切换到"开始"选项卡，在"段落"选项组中单击"项目符号"按钮右侧的箭头按钮，如图6—12所示，从下拉列表中选择所需的项目符号。

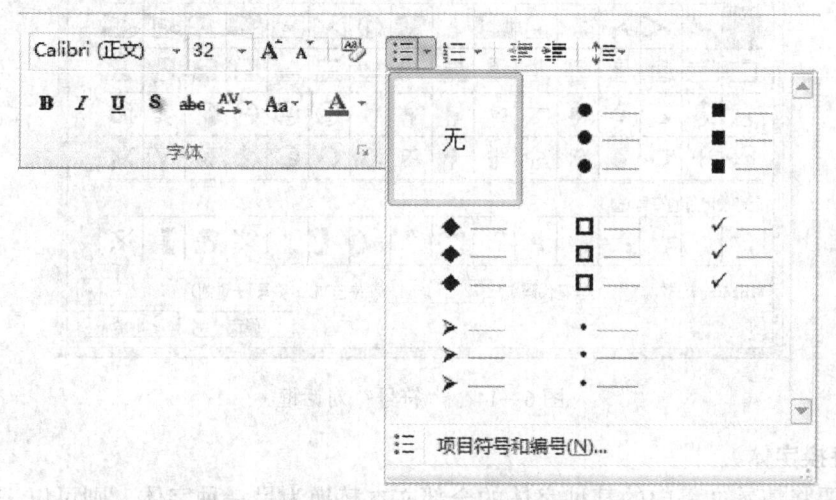

图6—12　项目符号列表

如果预设的项目符号不满足要求，用户可以选择"项目符号和编号"命令，打开"项目符号和编号"对话框，如图6—13所示。

3）单击"自定义"按钮，打开"符号"对话框，如图6—14所示。

4）在"字体"下拉列表框中，选择"Wingdings"字体，在下方的列表框中选择相应的符号。

5）单击"确定"按钮，返回"项目符号和编号"对话框。如果要设置项目符号的大小，在"大小"微调框中输入百分比即可。如果要为项目符号选择一种颜色，从"颜色"下拉列表框中进行选择。

6）单击"确定"按钮，项目符号设置完毕。

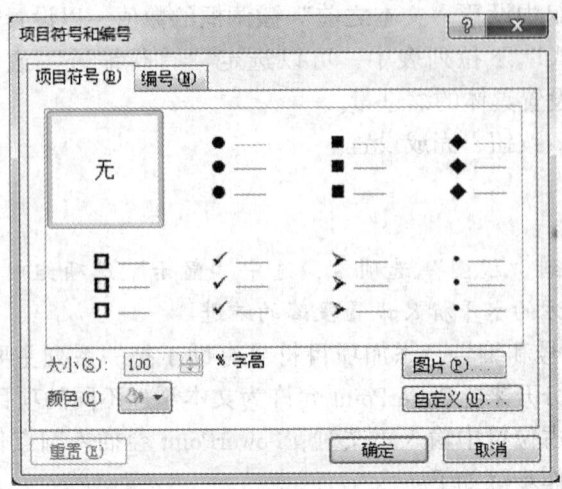

图6—13 "项目符号和编号"对话框

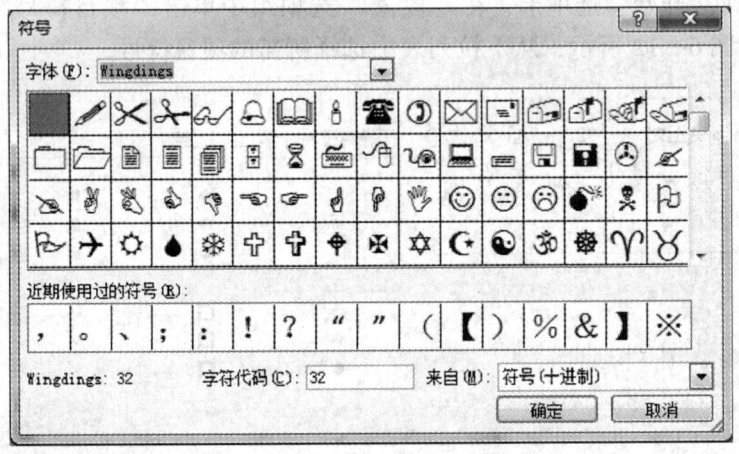

图6—14 "符号"对话框

4. 替换字体

如果要将演示文稿内的某种字体的全部文本替换为另一种字体,则可以进行如下操作:

(1) 切换到"开始"选项卡,在"编辑"选项组中,单击"替换"下拉列表按钮 ,选择"替换字体"命令,打开"替换字体"对话框,如图6—15所示。

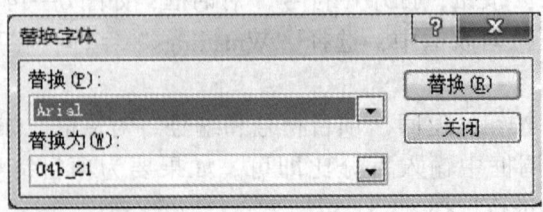

图6—15 "替换字体"对话框

(2) 在"替换"下拉列表中,选择要替换的字体。
(3) 在"替换为"下拉列表中,选择要替换成的字体。
(4) 单击"替换"按钮。

5. 移动文本框的位置

移动文本框位置的操作步骤如下:

(1) 在文本框上单击鼠标的左键,在文本框四周出现控点和虚线框,这说明已经选中该文本框。

(2) 移动鼠标到文本框边界,鼠标指针变为十字指针。

(3) 按住鼠标左键,拖动鼠标即可移动文本框。拖动时可以发现一个虚框随鼠标移动。

(4) 松开鼠标左键,则文本框将移动到虚框所在的位置,如图6—16所示。

图6—16 移动文本框

提示:
用鼠标拖动文本框上面绿色旋转控点,还可以旋转文本框。

三、幻灯片放映

制作幻灯片的最终目标是为观众进行放映。幻灯片的放映设置包括控制幻灯片的放映方式、设置放映时间等。

1. 幻灯片的放映方式控制

考虑到演示文稿中可能包含不适合播放的半成品幻灯片,但将其删除又会影响以后再次修订。此时,需要切换到普通视图,在"幻灯片"窗格中找到不进行演示的幻灯片,然后右击选中不进行演示的幻灯片,在弹出的快捷菜单中选择"隐藏幻灯片"命令,将它们进行隐藏,接下来就可以播放幻灯片了。

(1) 从头开始放映幻灯片。从头开始放映幻灯片有两种操作方法:

1) 在 PowerPoint 2010 中,按〈F5〉键进行放映。

2) 单击"幻灯片放映"选项卡中的"从头开始"按钮 ,即可开始放映幻灯片。

(2) 从当前幻灯片开始放映幻灯片。如果不从头放映幻灯片,而是从当前幻灯片开始放映,可以采用以下两种操作方法:

1) 单击右下角的"幻灯片放映"按钮 。

2) 按〈Shift + F5〉组合键。

(3) 隐藏与显示鼠标指针。在幻灯片放映过程中,可以按〈Ctrl + A〉组合键可以将隐藏的鼠标指针显示出来；按〈Ctrl+H〉组合键，可以将鼠标指针隐藏起来。

（4）使用黑屏效果。当演示者在特定场合下需要使用黑屏效果时，直接按〈B〉键或〈.〉键即可。按键盘上的任意键或者单击鼠标，可以继续放映幻灯片。

（5）创建自动放映文件。切换到"文件"选项卡，选择"另存为"命令，在"另存为"对话框的"保存类型"下拉列表框中选择"PowerPoint 放映"选项，在"文件名"文本框中输入新文件名称，然后单击"确定"按钮，将其保存为扩展名为".ppsx"的文件，之后从"计算机"窗口中打开该文件，即可自动放映该幻灯片。

2. 控制幻灯片的放映过程

（1）下一张放映。幻灯片放映应用最多的是按照顺序一张一张放映幻灯片，有多种操作方法实现：

1）单击鼠标左键。
2）按〈Space〉键。
3）按〈Enter〉键。
4）按〈N〉键。
5）按〈Page Down〉键。
6）按〈↓〉键。
7）按〈→〉键。
8）右击，从快捷菜单中选择"下一张"命令。

演示者在播放幻灯片时，往往会因为不小心单击到指定对象以外的空白区域而直接跳到下一张幻灯片，导致错过了一些需要通过单击触发的动画。此时，切换到"切换"选项卡，取消选中"换片方式"选项组中的"单击鼠标时"复选框，即可禁止单击换片功能。这时只有右击幻灯片，从快捷菜单中选择"下一张"命令，才能实现幻灯片的切换。

（2）上一张放映。如果要回到上一张幻灯片，可以使用以下任意方法：

1）按〈Backspace〉键。
2）按〈P〉键。
3）按〈Page Up〉键。
4）按〈↑〉键。
5）按〈←〉键。
6）右击，从快捷菜单中选择"上一张"命令。

在幻灯片放映时，如果要切换到指定的某一张幻灯片，首先右击，从快捷菜单中选择"定位至幻灯片"菜单项，然后在级联菜单中选择目标幻灯片的标题。另外，如果要快速回转到第一张幻灯片，按〈Home〉键即可。

（3）暂停与继续幻灯片放映。如果幻灯片是根据排练时间自动放映的，在遇到观众提问、需要暂停放映等情况时，要从快捷菜单中选择"暂停"命令。如果要继续放映，则从快捷菜单中选择"继续执行"命令。

（4）幻灯片放映时标注重点。幻灯片放映时标注重点操作方法如下：

1）在幻灯片放映时单击鼠标右键，在快捷菜单中，选择"指针选项"级联菜单中的"笔"或"荧光笔"命令，如图 6—17 所示。可以实现画笔功能，在屏幕上"勾画"重点，以达到突出和强调的作用。

2）如果要使鼠标指针恢复箭头形状，选择"指针选项"级联菜单中的"箭头"命令。

3）如果要清除涂写的墨迹，在"指针选项"级联菜单中选择"橡皮擦"命令。按〈E〉键可以清除当前幻灯片上的所有墨迹。

4）如果演示现场没有提供激光笔，而演示者又需要提醒观众留意幻灯片中的某些地方，按住〈Ctrl〉键，再按住鼠标左键不放，即可将鼠标指针临时变成红色圆圈，"客串"激光笔的功能。

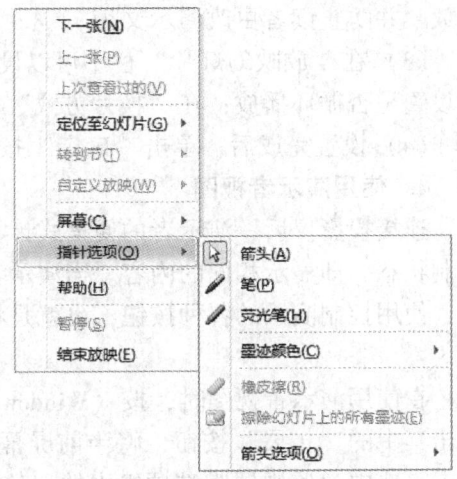

图 6—17 选择指针类型

（5）退出幻灯片放映。如果用户想退出幻灯片的放映，可以使用下列方法：

1）右击，从快捷菜单中选择"结束放映"命令。

2）按〈Esc〉键。

3）按〈-〉键。

4）鼠标右键单击屏幕，从弹出的菜单中选择"结束放映"命令。

3. 设置放映方式

默认情况下，演示者需要手动放映演示文稿。用户也可以创建自动播放演示文稿，在商贸展示或展台中播放。设置幻灯片放映方式的操作步骤如下：

（1）切换到"幻灯片放映"选项卡，在"设置"选项组中单击"设置幻灯片放映"按钮，打开"设置放映方式"对话框，如图 6—18 所示。

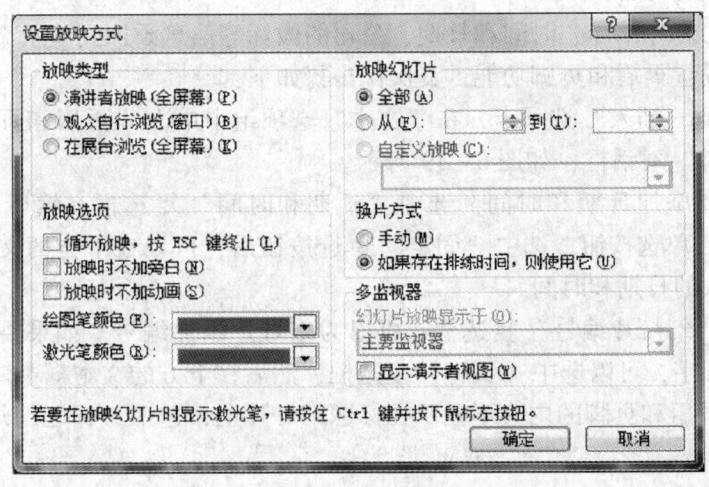

图 6—18 "设置放映方式"对话框

（2）在"放映类型"栏中选择适当的放映类型。其中，"演讲者放映（全屏幕）"选项可以运行全屏显示的演示文稿；"在展台浏览（全屏幕）"选项可使演示文稿循环播放，并防止读者更改演示文稿。

（3）在"放映幻灯片"栏中可以设置要放映那些幻灯片；在"放映选项"栏中可以设置是否循环播放；在"换片方式"栏中可以指定幻灯片的切换方式。

（4）设置完成后，单击"确定"按钮。

4. 使用演示者视图

连接投影仪后，演示者的便携式计算机拥有两个屏幕，Windows 系统默认二者处于复制状态，即显示相同的内容。当演示者播放幻灯片时，需要查看自己屏幕中的备注信息，使用控制演示的各种按钮，也就是将两个屏幕显示为不同的内容，可使用演示者视图。

在使用演示者视图时，按〈Windows＋P〉组合键，显示投影仪及屏幕的设置画面，单击其中的"扩展"按钮，将当前屏幕扩展至投影仪。然后切换到"幻灯片放映"选项卡，选中"监视器"选项组中的"使用演示者视图"复选框即可。

第4节 页面与动画设置

→ 能够设置幻灯片的页眉、页脚
→ 能够设置幻灯片的页面
→ 能够为幻灯片设置动画方案
→ 能够为幻灯片设置切换效果

一、设置页眉、页脚与页面

1. 设置页眉、页脚

如果要将幻灯片编号、时间和日期、公司的徽标等信息添加到演示文稿的顶部或底部，可以使用设置页眉和页脚功能，其操作步骤如下：

（1）切换到"插入"选项卡，在"文本"选项组中单击"页眉和页脚"按钮，打开"页眉和页脚"对话框，如图6—19所示。

（2）如果要添加日期和时间，选中"日期和时间"复选框，然后选中"自动更新"或"固定"单选按钮。选中"固定"单选按钮后，可以在下方的文本框中输入要在幻灯片中插入的日期和时间。

（3）选中"幻灯片编号"复选框，可以为幻灯片添加编号。如果要为幻灯片添加一些附注性的文字，可以选中"页脚"复选框，然后在下方的文本框中输入内容。

（4）要使页眉和页脚的内容不显示在标题幻灯片上，选中"标题幻灯片中不显示"复选框。

（5）单击"全部应用"按钮，可以将页眉和页脚的设置应用于所有幻灯片上。如果要将页眉和页脚的设置应用于当前幻灯片中，单击"应用"按钮。返回到编辑窗口后，用户可以看到在幻灯片中添加了设置的内容。

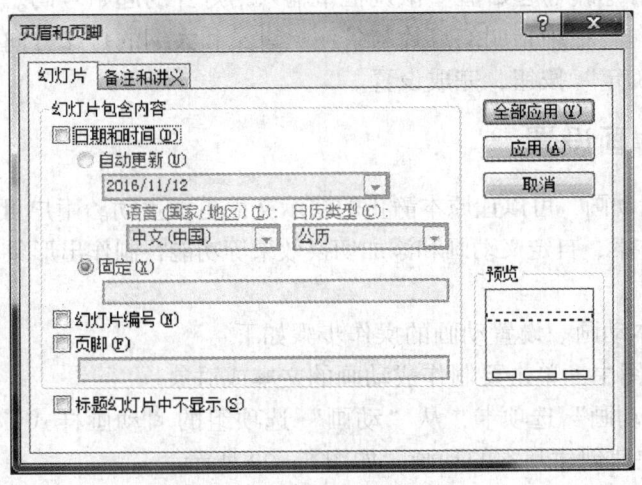

图6—19 "页眉和页脚"对话框

2. 页面设置

幻灯片的页面设置决定了幻灯片、备注页、讲义及大纲在屏幕和打印纸上的尺寸和放置方向，操作步骤如下：

（1）切换到"设计"选项卡，在"页面设置"选项组中单击"页面设置"按钮，打开"页面设置"对话框，如图6—20所示。

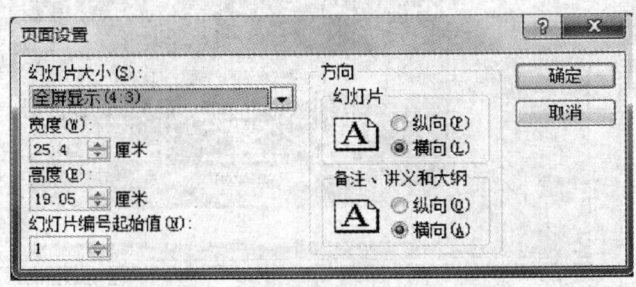

图6—20 "页面设置"对话框

（2）在"幻灯片大小"下拉列表框中选择幻灯片的大小，如图6—21所示。如果用户要建立自定义的尺寸，可在"宽度"和"高度"微调框中输入需要的数值。

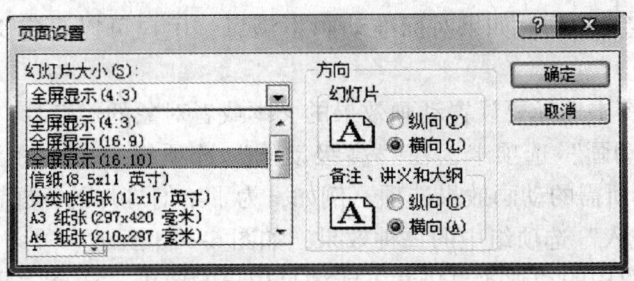

图6—21 在"幻灯片大小"下拉列表框中选择幻灯片的大小

(3) 在"幻灯片编号起始值"微调框中输入幻灯片的起始号码。
(4) 在"方向"栏中指明幻灯片与备注、讲义和大纲的打印方向。
(5) 单击"确定"按钮,完成设置。

二、幻灯片动画设置

对幻灯片设置动画,可以让原本静止的演示文稿更加生动。用户可以利用 PowerPoint 2010 提供的动画方案、自定义动画和添加切换效果等功能,制作出形象生动的演示文稿。

1. 使用动画

(1) 创建基本动画。设置动画的操作步骤如下:

1) 在普通视图中,单击要制作成动画的文本或对象。

2) 切换到"动画"选项卡,从"动画"选项组的"动画样式"列表框中选择所需的动画,即可快速创建基本的动画,如图6—22所示。

图6—22 选择"动画样式"

3) 单击"动画"选项组中的"效果选项"按钮,打开"动画"效果列表,可以从下拉列表框中选择合适的动画效果。

(2) 使用自定义动画。如果对标准动画不满意,用户可以自定义动画。操作步骤如下:

1) 在普通视图中选择要设置动画效果的文本或者对象的幻灯片。

2) 切换到"动画"选项卡,在"高级动画"选项组中单击"添加动画"按钮,从下拉列表中选择所需的动画效果选项。例如,为了给幻灯片的标题设置进入的动画效果,可以选择"进入"选项组中的一种效果,如图6—23所示。

3) 如果选项组中的动画效果仍然不能满足用户的要求,选择"更多进入效果"命令,在打开的"添加进入效果"对话框中进行选择,如图6—24所示。

演示文稿处理

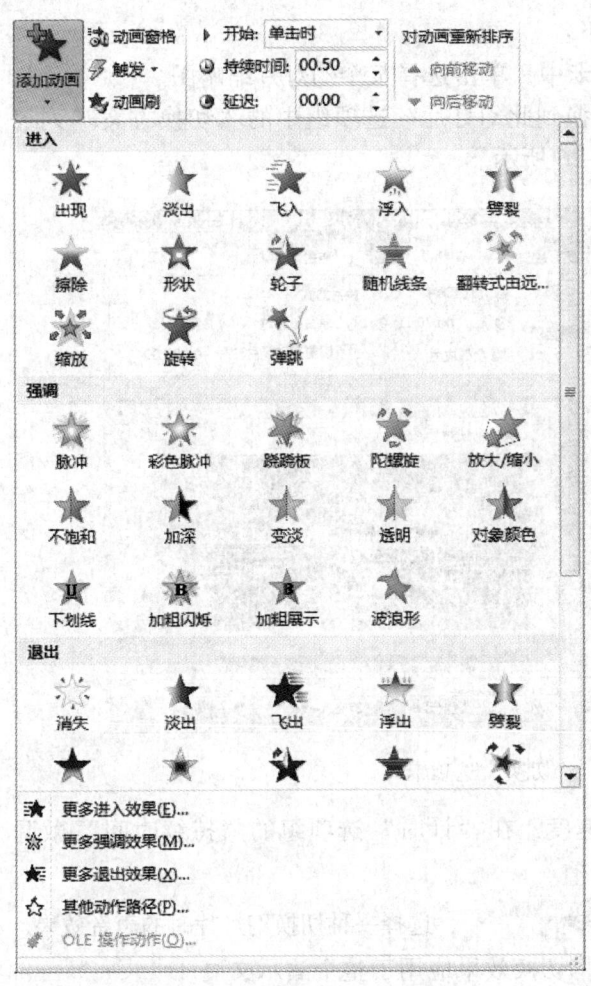

图6—23 "添加动画"列表

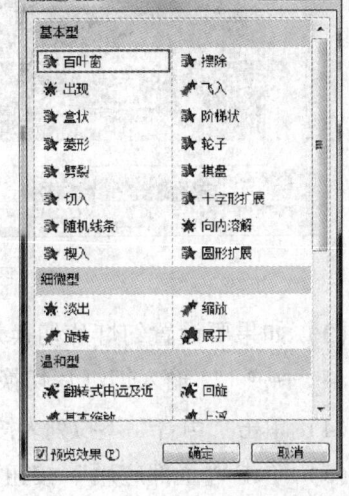

图6—24 "添加进入效果"对话框

4）单击"确定"按钮，设置完毕。

（3）删除动画效果。删除自定义动画效果的方法很简单，可以在选定要删除动画的对象后，切换到"动画"选项卡，通过下列两种方法来完成：

1）在"动画"选项组的"动画样式"列表框中选择"无"选项。

2）在"高级动画"选项组中单击"动画窗格"按钮，打开动画窗格，然后在列表区域中右击要删除的动画，从快捷菜单中选择"删除"命令，如图6—25所示。

2. 设置幻灯片的切换效果

所谓幻灯片切换效果，是指两张连续幻灯片之间的过渡效果。PowerPoint允许用户设置幻灯片的切换效果，使它们以多种不同的方式出现在屏幕上，并且可以在切换时添加声音。

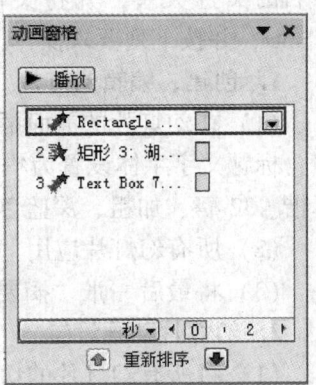

图6—25 动画窗格

— 253 —

设置幻灯片切换效果的操作步骤如下：

（1）在普通视图的"幻灯片"选项卡中，单击选择某个幻灯片缩略图。

（2）单击"切换"选项卡，在"切换到此幻灯片"选项组中的"切换方案"列表框中选择一种幻灯片切换效果，如图6—26所示。

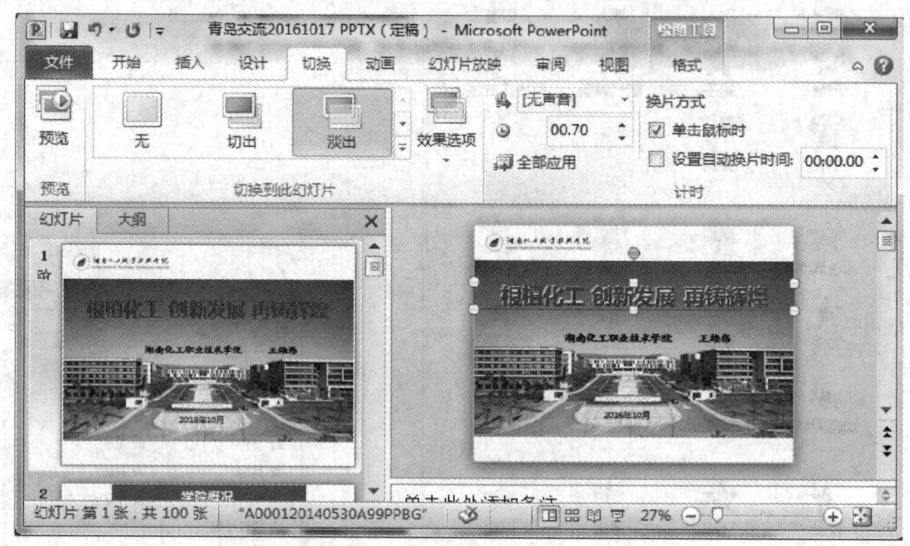

图6—26 "切换"选项卡

（3）如果要设置幻灯片切换效果的速度，在"计时"选项组的"持续时间"微调框中 输入幻灯片切换的速度值。

（4）单击"声音"下拉列表按钮 ，选择一种切换幻灯片时的声音效果。

（5）单击"全部应用"按钮，则会将切换效果应用于整个演示文稿。

典型操作案例

【操作要求】

将附送的参考资料中 \ 2010KSW \ DATA2 \ TF6 - 1. pptx 文件复制到 D 盘以用户名命名的文件夹中，并将文件改名为 A6 - 1. pptx。用 PowerPoint 2010 打开文档 A6 - 1. pptx，并按下列要求操作，操作结果如【样文6—1】所示。

1. 创建、编辑幻灯片

（1）在幻灯片的前面插入一张新幻灯片；按照【样文6—1】所示的内容录入文字；标题文字字体设置为华文彩云、60磅、加粗、深蓝色；将副标题文字设置为华文行楷、32磅、加粗、深蓝色。

（2）所有幻灯片应用"流畅"主题。

（3）将最后一张"摘要幻灯片"移到第一张幻灯片的后面。

2. 幻灯片动画设置

（1）将所有幻灯片的切换效果设置为"擦除"，持续时间为1.5秒，单击鼠标时切换幻灯片。

(2) 将第1、2张幻灯片中图片的动画方案设置为"反转式由远及近"。
3. 幻灯片放映
设置隐藏第5张幻灯片；设置放映类型为"演讲者放映"；放映方式设置为"循环放映，按〈Esc〉键终止"。

【样文6—1】

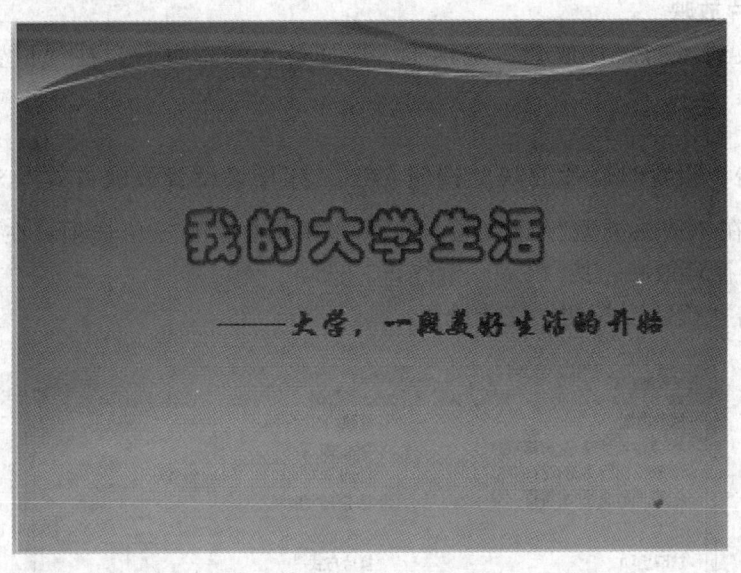

【题解】
1. 创建、编辑幻灯片
（1）打开A6-1.pptx文件，将光标定位到"导航窗格"中第一张幻灯片的前面；单击鼠标右键，选择"新建幻灯片"命令，即可在第1张幻灯片前插入一张新的幻灯片。

（2）按照【样文6—1】所示的内容录入文字，选择标题"我的大学生活"，切换到"开始"选项卡，单击"字体"下拉列表按钮，选择"华文彩云"，单击"字号"下拉列表按钮，选择"60磅"，单击"加粗"按钮，单击"颜色"下拉列表按钮，选择"深蓝色"。

（3）选择副标题，单击"字体"下拉列表按钮，选择"华文行楷"，单击"字号"下拉列表按钮，选择"32磅"，单击"加粗"按钮，单击"颜色"下拉列表按钮，选择"深蓝色"。

（4）单击"设计"标签，打开"设计"选项卡，在"主题"功能区中，双击"流畅"主题。

（5）选中最后一张幻灯片"摘要幻灯片"，按住鼠标左键，将幻灯片拖放到第二张幻灯片的前面，松开鼠标左键。

2. 幻灯片动画设置
（1）单击"切换"标签，打开"切换"选项卡，在"切换到此幻灯片"功能区，选择"擦除"图标。

(2) 在"计时"工作区，持续时间文本框中输入"1.5秒"；在"换片方式"设置区，勾选"单击鼠标时"选项。单击"全部应用"按钮。

(3) 切换到"动画"选项卡，在第1张幻灯片中选择图片；在"动画"功能区，找到"反转式由远及近"，双击鼠标左键。在第2张幻灯片中选择图片，重复这一步的操作。

3. 幻灯片放映

(1) 切换到"幻灯片放映"选项卡，选择第5张幻灯片，在"设置"区，单击"隐藏幻灯片"按钮 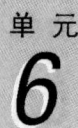。

(2) 单击"设置幻灯片放映"按钮，打开"设置放映方式"对话框，如图6—27所示，在"放映类型"选项区，选择"演讲者放映"单选项；在"放映选项"选项区勾选"循环放映，按〈Esc〉键终止"选项。

(3) 单击"确定"按钮，完成设置。

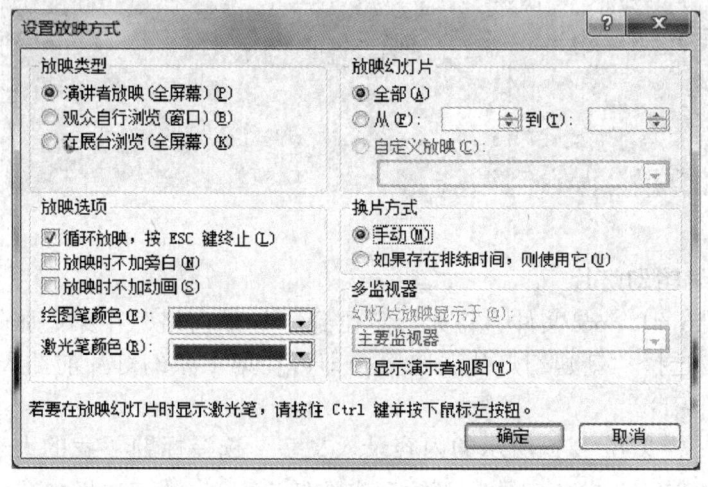

图6—27　"设置放映方式"对话框

单元考核要点

考核类型	考核范围	考核点
理论知识	创建演示文稿	新建演示文稿的方法
		打开和保存演示文稿的方法
		设计模板的应用
	管理幻灯片	新幻灯片的添加方法
		幻灯片的移动和复制
		幻灯片的删除

续表

考核类型	考核范围	考核点
理论知识	制作幻灯片	文本框的应用
		对齐方式的设置
		字体设置
	幻灯片的放映	幻灯片的控制
		已打开演示文稿的放映方法
		未打开演示文稿的放映方法
	页面设置和视图设置	页面设置
		视图设置
		视图的应用
	动画设置	进入动画、强调动画、退出动画的概念
技能操作	管理幻灯片	创建新幻灯片、添加和删除幻灯片
		复制和移动幻灯片
	制作与放映幻灯片	在幻灯片中输入文字并对文字进行格式化
		放映幻灯片
		设置幻灯片的放映方式

单元测试题

一、单项选择题（下列每题有4个选项，其中只有一个是正确的，请将正确答案的代号填在括号内）

1．PowerPoint 2010 演示文稿的扩展名是（   ）。
  A．psdx   B．ppsx   C．pptx   D．ppst

2．在 PowerPoint 2010 中主要的编辑视图是（   ）。
  A．幻灯片浏览视图   B．普通视图
  C．幻灯片放映视图   D．备注视图

3．在 PowerPoint 2010 幻灯片浏览视图中，选定多张连续幻灯片，在单击选定幻灯片之前应该按住（   ）键。
  A．〈Alt〉   B．〈Shift〉   C．〈Tab〉   D．〈Ctrl〉

4．在 PowerPoint 的普通视图左侧的大纲窗格中，可以修改的是（   ）。
  A．占位符中的文字   B．图表
  C．自选图形   D．文本框中的文字

5．在 PowerPoint 2010 中，停止幻灯片播放的快捷键是（   ）。
  A．〈End〉键   B．〈Ctrl + E〉组合键
  C．〈Esc〉键   D．〈Ctrl + C〉组合键

6．保存 PowerPoint 2010 演示文稿的组合键是（   ）。

A.〈Ctrl + N〉　　　B.〈Alt + N〉　　　C.〈Ctrl + S〉　　　D.〈Alt + S〉

7. 若用键盘按键来关闭 PowerPoint 2010 窗口，可以按（　　）。

A.〈Alt + F4〉组合键　　　　　　　　B.〈Ctrl + X〉组合键

C.〈Esc〉键　　　　　　　　　　　　D.〈Shift + F4〉组合键

8. 从一个演示文稿中选择一张幻灯片，按下〈Ctrl〉键拖动到另一个演示文稿，则实现了幻灯片的（　　）。

A. 剪切　　　B. 复制　　　C. 移动　　　D. 裁剪

9. 若要删除多个不连续的幻灯片，可在幻灯片浏览视图下，按下（　　）键，再单击各幻灯片，然后删除。

A.〈Enter〉　　B.〈Alt〉　　C.〈Shift〉　　D.〈Ctrl〉

10. 要放映用 PowerPoint 2003 打开的演示文稿，可直接按下（　　）键。

A.〈F5〉　　　B.〈F2〉　　　C.〈F3〉　　　D.〈F1〉

11.（　　）演示文稿时，单击鼠标左键可以切换放映下一张幻灯片。

A. 全屏放映　　B. 浏览　　C. 幻灯片切换　　D. 普通视图

12. 在 PowerPoint 2010 中，从头播放幻灯片文稿时，需要跳过第 5~9 张幻灯片接续播放，应设置（　　）。

A. 隐藏幻灯片　　　　　　　　　　　B. 设置幻灯片版式

C. 幻灯片切换方式　　　　　　　　　D. 删除第 5~9 张幻灯片

13. 在新增一张幻灯片操作中，默认幻灯片版式是（　　）。

A. 标题幻灯片　　　　　　　　　　　B. 标题和竖排文字

C. 标题和内容　　　　　　　　　　　D. 空白版式

14. 在"文本框"占位符（或文本框）中输入文字，以下不属于 PowerPoint 2010 字体格式的是（　　）。

A. 双删除线　　B. 颜色　　C. 下划线　　D. 阳文

15. 在 PowerPoint 2010 的页面设置中，能够设置（　　）。

A. 幻灯片页面的对齐方式　　　　　　B. 幻灯片的页脚

C. 幻灯片的页眉　　　　　　　　　　D. 幻灯片编号的起始值

16. 在 PowerPoint 2010 中，若想设置幻灯片中"图片"对象的动画效果，在选中"图片"对象后，应选择（　　）。

A."动画"选项卡下的"添加动画"按钮

B."幻灯片放映"选项卡

C."设计"选项卡下的"效果"按钮

D."切换"选项卡下"换片方式"

17. 在对 PowerPoint 2010 的幻灯片进行自定义动画操作时，可以改变（　　）。

A. 幻灯片间切换的速度　　　　　　　B. 幻灯片的背景

C. 幻灯片中某一对象的动画效果　　　D. 幻灯片设计模板

18. 要使幻灯片中的标题、图片、文字等按用户的要求顺序出现，应进行的设置是（　　）。

A. 设置放映方式　　　　　B. 幻灯片切换
C. 幻灯片链接　　　　　　D. 自定义动画

19. 在 PowerPoint 2010 中，要设置幻灯片间切换效果（例如从一张幻灯片"溶解"到下一张幻灯片），应使用（　　）选项卡进行设置。

A. "动作设置"　　B. "设计"　　C. "切换"　　D. "动画"

二、判断题（下列判断正确的请打"√"，错误的请打"×"）

（　）1. 在 PowerPoint 2010 中创建和编辑的单页文档称为幻灯片。

（　）2. 在 PowerPoint 2010 中创建的一个文档就是一张幻灯片。

（　）3. 幻灯片的复制、移动与删除一般在普通视图下完成。

（　）4. 当创建空白演示文稿时，可包含任何颜色。

（　）5. "幻灯片浏览"视图是进入 PowerPoint 2010 后的默认视图。

（　）6. 在 PowerPoint 2010 中使用文本框，在空白幻灯片上即可输入文字。

（　）7. 在 PowerPoint 2010 的"幻灯片浏览"视图中可以给一张幻灯片或几张幻灯片中的所有对象添加相同的动画效果。

（　）8. 幻灯片的切换效果是在两张幻灯片之间切换时发生的。

（　）9. PowerPoint 2010 具有动画功能，可使幻灯片中的各种对象以充满动感的形式展示在屏幕上。

（　）10. 设计动画时，既可以在幻灯片内设计动画效果，也可以在幻灯片间设计动画效果。

（　）11. 幻灯片放映范围中的"全部"是指从第一张幻灯片开始，必须依次放映到最后一张为止。

（　）12. 在 PowerPoint 2010 的中，"动画刷"工具可以快速设置相同动画。

（　）13. 在 PowerPoint 2010 的视图选项卡中，演示文稿视图有普通视图、幻灯片浏览、备注页和阅读视图四种模式。

（　）14. 在 PowerPoint 2010 的设计选项卡中可以进行幻灯片页面设置、主题模板的选择和设计。

（　）15. 要选择一组连续的幻灯片，可以先单击第一张幻灯片的缩略图，然后在按住 Ctrl 键的同时，单击最后一张幻灯片的缩略图，即可全部选中。

（　）16. 从幻灯片中删除影片，其操作步骤为：在幻灯片窗格中，打开要删除影片的幻灯片，选择要删除的影片按〈Delete〉键即可。

三、技能题

将附送的参考资料中 \ 2010KSW \ DATA2 \ TF6 – 2.pptx 文件复制到 D 盘以用户名命名的文件夹中，并将文件改名为 A6 – 2.pptx。用 Powerpoint 2010 打开文档 A6 – 2.pptx，并按下列要求操作，操作结果如【样文6—2】所示。

1. 创建、编辑幻灯片

（1）在幻灯片的前面插入一张新幻灯片；按照【样文6—2】所示的内容录入文字；标题文字字体设置为黑体、60 磅、加粗；将副标题字体设置为华文行楷、36 磅。并按照【样文6—2】式样适当调整对齐方式。

(2)所有幻灯片应用"暗香扑面"主题。

(3)将第4张幻灯片"2.计算机的发展"移到第7张幻灯片的前面。

2.幻灯片动画设置

(1)所有幻灯片的切换效果设置为"推进";持续时间为"2.0秒";单击鼠标时切换幻灯片。

(2)将第1张幻灯片中标题的动画方案设置为"放大/缩小"。

3.幻灯片放映

设置隐藏第7张幻灯片;设置放映类型为"演讲者放映";放映方式设置为"循环放映,按〈Esc〉键终止"。

【样文6—2】

单元测试题答案

一、单项选择题

1. C 2. B 3. B 4. A 5. C 6. C 7. D 8. B
9. D 10. A 11. A 12. A 13. C 14. D 15. D 16. A
17. C 18. D 19. C

二、判断题

1. √ 2. × 3. × 4. × 5. × 6. √ 7. √ 8. √
9. √ 10. √ 11. √ 12. √ 13. √ 14. √ 15. × 16. √

三、技能题

答案略。

第 7 单元

网络登录与信息浏览

- 第 1 节　网络登录/262
- 第 2 节　浏览网页/266

第1节 网络登录

→ 了解局域网的概念
→ 能够登录局域网
→ 了解 ISP 的概念
→ 能够登录互联网

一、登录局域网

1. 局域网的概念

局域网 LAN（Local Area Network），是指在某一区域内多台计算机通过通信线路和通信设备连接成的一个规模大、功能强的计算机系统。"某一区域"可以是同一办公室、同一建筑物、同一公司或同一学校等，一般是方圆几千米以内。局域网可以由家庭内的两台计算机组成，也可以由一个公司内的上千台计算机组成。局域网可以实现文件共享、应用软件共享、打印机共享、扫描仪共享、工作组内的日程安排、电子邮件和传真通信服务等功能。

2. 局域网的登录和使用方法

这里以最常用的文件共享为例介绍局域网的登录和使用方法。要访问局域网内其他计算机上的共享文件，其操作步骤如下：

（1）鼠标右键单击计算机右下角的网络连接图标，在快捷菜单中，选择"打开网络和共享中心"命令，打开"网络和共享中心"对话框，如图7—1所示。

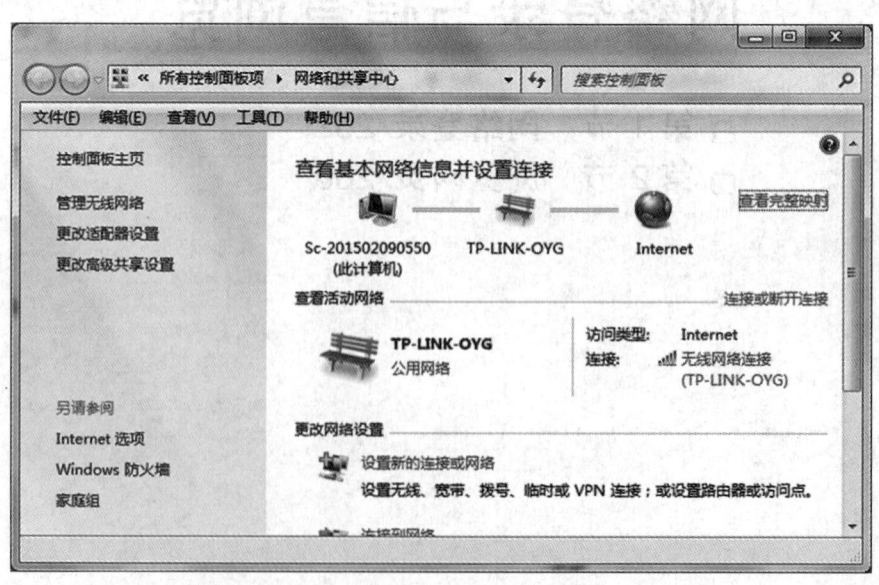

图7—1　"网络和共享中心"对话框

(2) 在"更改网络设置"区，单击"设置新的连接和网络"选项，打开"设置连接或网络"对话框，如图7—2所示。

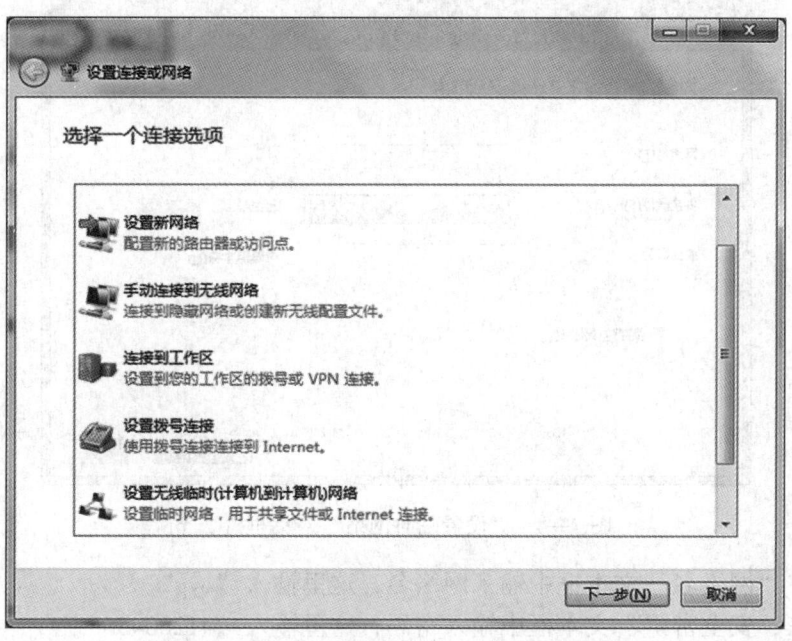

图7—2 "设置连接或网络"对话框

(3) 在"选择一个连接选项"列表中，双击选择"设置无线临时（计算机到计算机）网络"选项，打开"设置临时网络"对话框，如图7—3所示。

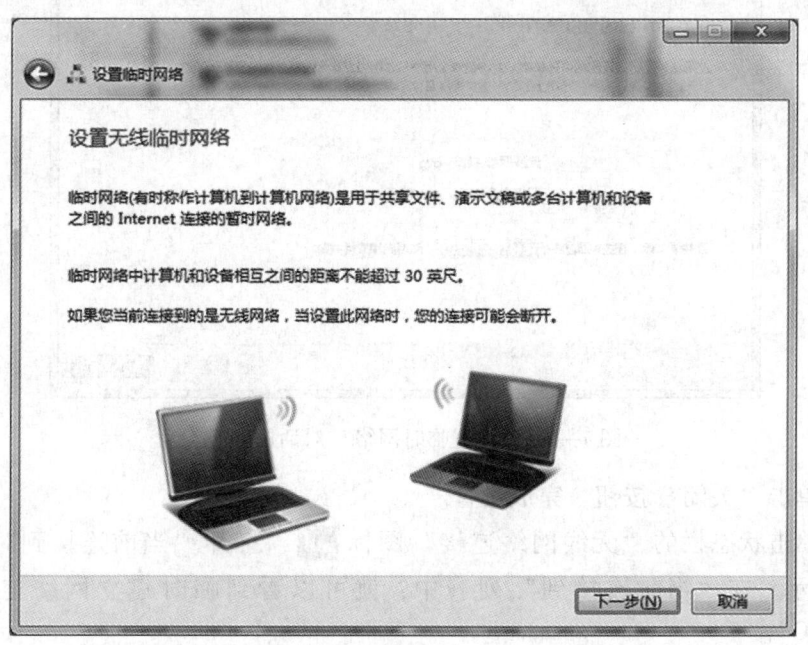

图7—3 "设置临时网络"对话框（一）

（4）单击"下一步"按钮，弹出如图7—4所示对话框。

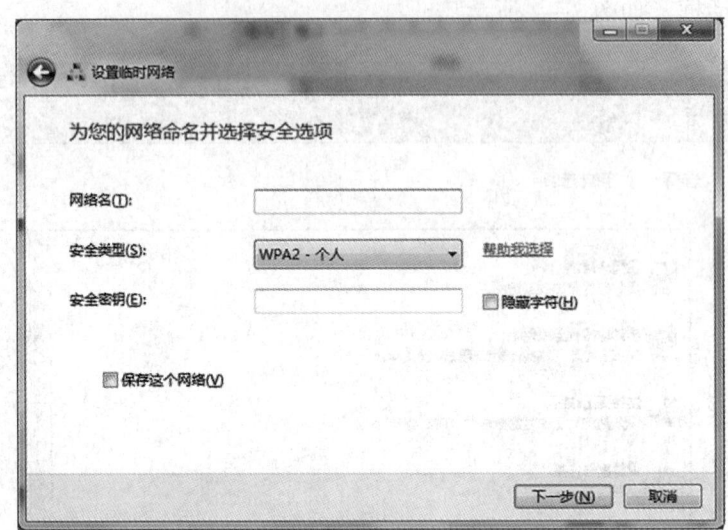

图7—4 "设置临时网络"对话框（二）

（5）在"网络名"文本框中输入网络名，这里输入"oyg"。
（6）在"安全密钥"文本框中输入密码，这里输入"41200456"。
（7）单击"下一步"按钮，弹出如图7—5所示对话框。

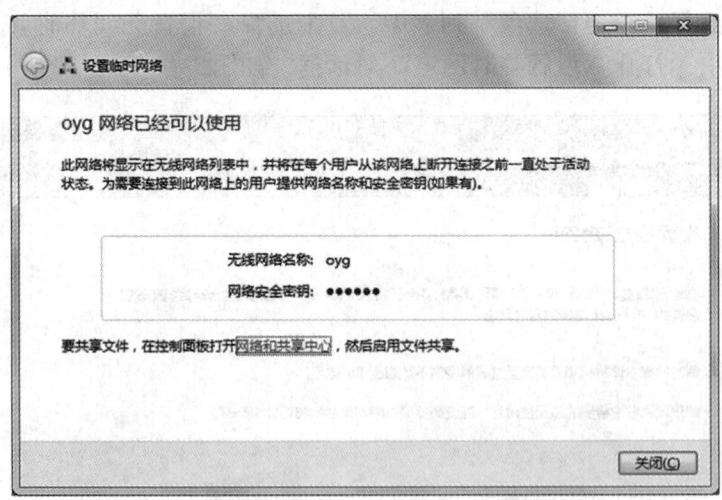

图7—5 "设置临时网络"对话框（三）

（8）单击"关闭"按钮，完成设置。
（9）单击状态栏的"无线网络连接"图标，打开"当前连接到"列表，如图7—6所示。在"当前连接到"列表中，就可以看到临时建立网络连接"TP‑LINK‑OYG"。

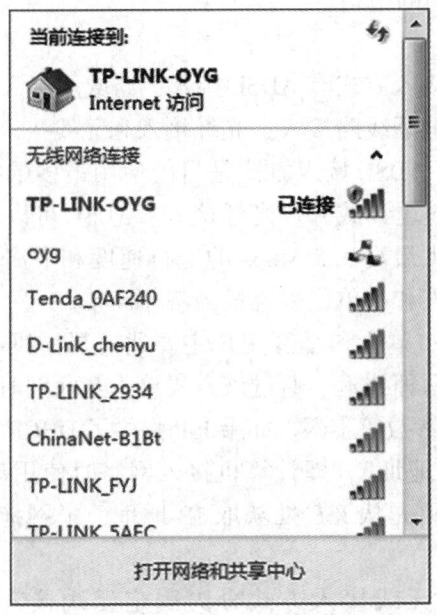

图 7—6 "当前连接到"列表

（10）局域网上的其他用户，只要单击桌面上的 ![网络] 图标，就会显示所有连接到"TP－LINK－OYG"网络的计算机。

（11）单击共享文件的计算机名，打开"连接到网络"对话框，如图 7—7 所示。

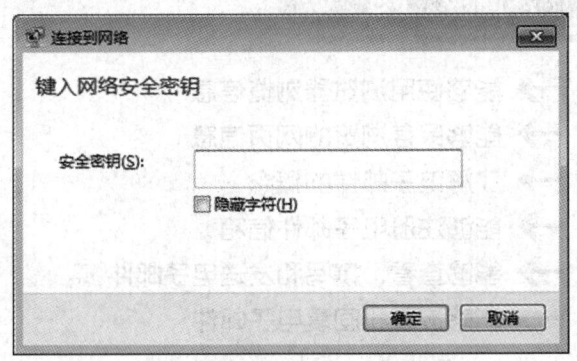

图 7—7 "连接到网络"对话框

（12）在"安全密钥"文本框中输入密码，单击"确定"按钮，就可以建立与共享文件计算机的连接，并显示共享文件。

二、接入互联网

1. ISP 的概念

因特网服务提供商（Internet Service Provider，ISP）是负责将计算机连接到互联网上，向广大用户提供互联网接入业务、信息业务和增值业务的电信运营商。一般来说是用户向 ISP 提出接入互联网的申请。

2. 互联网接入方式

目前，常用的互联网接入方式有 ADSL 接入、局域网接入和无线接入方式。根据采用的通信介质的不同又有电话线路接入、光纤接入和无线接入等。

（1）ADSL 接入方式。ADSL 接入方式是目前使用最多的拨号接入方式，又称为非对称数字用户线路，它通过电话或入户光纤接入。ADSL 可以在不影响正常电话通信的情况下，还能够为用户提供最高 3.5 Mbps 的上行速度和最高 24 Mbps 的下行速度的数据通信业务。该方式对个人和小单位来说最经济、简单。

（2）局域网接入方式。单位和小区用户主要通过局域网接入互联网，其中包括专线接入和代理服务器接入两种技术。通过该方式接入互联网时，需要经过安装网卡的驱动程序、配置 TCP/IP 协议参数等步骤。如果 ISP 提供了 DHCP 服务，用户只需把 TCP/IP 协议配置为"自动获取 IP 地址"，即计算机接入网络时使用动态 IP 地址；如果 ISP 不提供 DHCP 服务，用户必须先从 ISP 处获取 IP 地址、子网掩码、网关和服务器地址，然后人工配置 TCP/IP 协议。

（3）无线接入方式。无线接入方式分为固定无线接入和移动无线接入两种类型。其中，移动无线接入是在便携式计算机、智能手机等移动终端对互联网接入要求不断提高的背景下出现的。对计算机而言，无线局域网技术能够为移动用户提供高速的移动接入。对于手机而言，实现更快网络接入速度的 5G 技术正在蓬勃发展。

第 2 节　浏览网页

→ 能够使用浏览器浏览信息
→ 能够保存浏览的网页信息
→ 了解电子邮件的概念
→ 能够注册电子邮件信箱
→ 能够查看、撰写和发送电子邮件
→ 能够接收和回复电子邮件

一、网页浏览

1. 关于网页浏览的几个基本概念

在互联网中的信息和服务，大多数可以通过浏览网站得到。网站是由网页（Web 页）组成的。网页包含文字、图像、声音、动画等信息，并且还可以通过超链接从一个网页随时跳到本网站甚至其他网站的网页中。通常将网站的起始页或开始页称做主页，它就像图书馆的索引或一本书的封面。

（1）Web 站点。如果把互联网视为一个大型图书馆，Web 站点就像图书馆中的一本书,而 Web 页则是书中的某一页。多个 Web 页合在一起便组成了一个 Web 站点。主页是某个 Web 站点的起始页,就像一本书的封面。

(2) 超链接。根据需要,可以把 Web 上的页面相互链接起来。在网页中,经常会发现一些文字下面带有下划线或者被突出显示,当鼠标指针移到这些文字上时,鼠标往往会变成像手一样的形状,这就是超链接的标志。单击被称为超链接的文本或图形就可以迅速连接到其他网页,而不需要知道这个网页具体的站点是什么。

(3) URL。为了便于访问,互联网中的每一个站点都由 URL(Uniform Resource Locator,统一资源定位器)来定位。URL 用于指明资料在互联网上的位置,其格式为:

通信协议://服务器地址[:通信端口]/路径/文件名

例如,"百度"的 URL 是:http://www.baidu.com

(4) 网络浏览器。网络浏览器是用来访问互联网资源的软件。常用浏览器包括:Internet Explorer(简称 IE 浏览器)、360 浏览器、火狐浏览器、搜狗浏览器、百度浏览器等。

2. 浏览器操作基础

浏览器又称为 Web 客户端程序,用于获取互联网上的信息资源。Internet Explorer(简称 IE 浏览器)是微软公司开发的基于超文本技术的 Web 浏览器。Windows 7 系统预设的 IE 版本是 8.0,如果用户开启了 Windows Update 功能,系统会自动搜索并下载升级,当用户同意升级后,原来预设的 IE8.0 就可以升级。下面以 IE11.0 为例介绍浏览器的使用。

IE 浏览器是与 Windows 系统集成在一起的,使用起来非常方便。启动 Internet Explorer,可以采用以下操作方法:

方法一:在屏幕上双击 IE 快捷方式图标。

方法二:单击"开始"按钮,在开始菜单中选择"Internet Explorer"命令。

启动后的工作界面如图 7—8 所示。

IE 浏览器的工作界面由标题栏、地址栏、菜单栏、浏览区等部分组成。

(1) 使用地址栏。如果已知某站点的地址,则可以在地址工具栏中直接输入该站点的地址名,然后按回车键,Internet Explorer 将直接打开该站点。比如"新浪"的网址为:http://www.sina.com.cn/,在地址栏输入该网址后,按下回车键,即可显示该网页。

遇到下列情况时,可以不输入完整的 URL 地址而访问网页。

➢ 如果协议类型是 HTTP,输入时可以省略,IE 浏览器会自动加上。

➢ IE 浏览器会自动记忆之前输入的 URL 地址。这样,如果在地址栏中输入某个 URL 地址的前几个字符,IE 浏览器会将保存过的地址中前几个字符与输入字符相同的地址罗列出来,供用户选择。

➢ 单击地址栏右侧的下拉箭头按钮,从弹出的下拉列表框中选择某个曾经访问过的网页地址,即可再次对其进行访问。

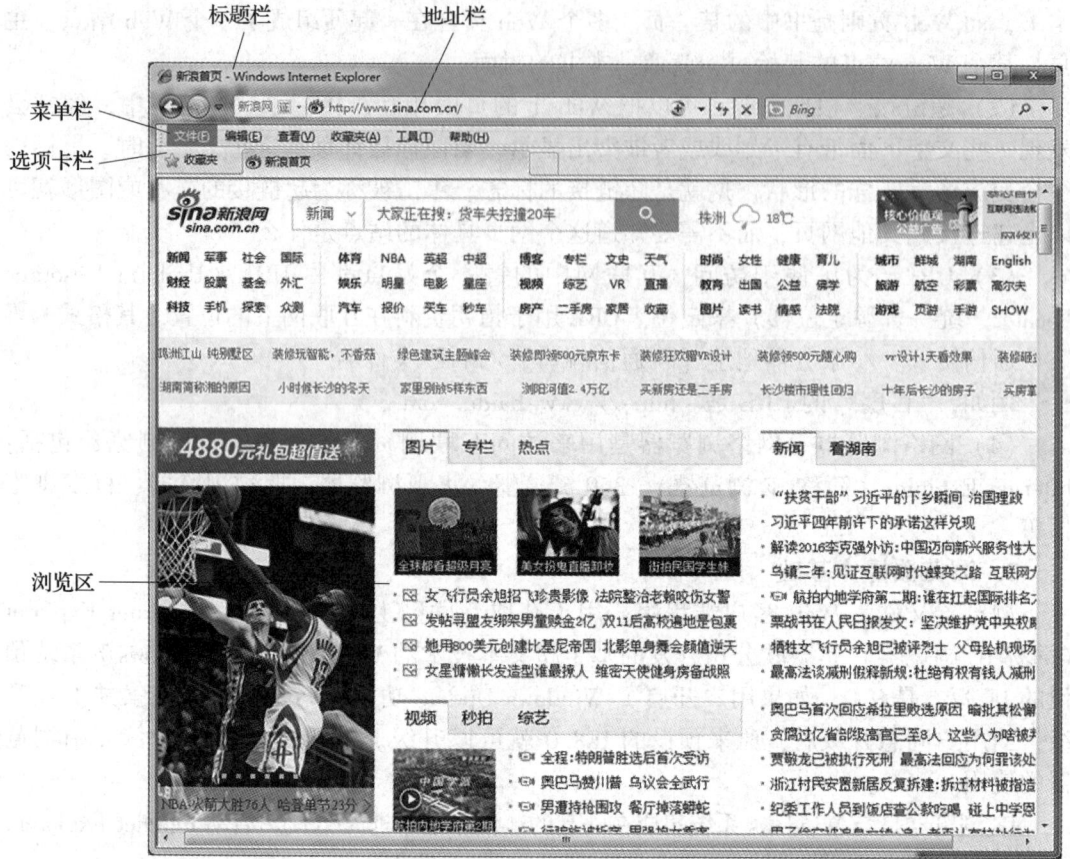

图7—8 IE工作界面

（2）使用超链接。在使用Internet Explorer浏览网页时，随着鼠标的移动，当鼠标指针滑过页面上的某些内容时，鼠标指针会变成手的形状，在这些能使鼠标指针变为手形的地方就存在一个超链接，单击它，可以转到它所链接的其他网页。

提示：

超链接所链接的内容不一定是一个网页，它也可以链接一个文件、一曲音乐，甚至一段动画等。

一般来说，直接在超链接上单击鼠标左键是在当前窗口中打开超链接的网页，此时当前窗口显示的网页内容会改变。为了继续显示当前窗口的网页内容，用户可以在其他窗口中或者其他选项卡下打开超链接，其操作步骤如下：

1）将鼠标指向要打开的超链接，鼠标指针变成手的形状。

2）单击鼠标右键，屏幕弹出快捷菜单。

3）如果在快捷菜单中选择"在新窗口中打开"命令，此时，系统将弹出一个新的Internet Explorer窗口，在其中显示超链接所链接的网页。如果在快捷菜单中选择"在新选项卡中打开"命令，此时，当前窗口将建立一个新选项卡，在其中显示超链接所链接的网页。

（3）使用工具按钮。在查阅信息时，应充分利用浏览器上的按钮。Internet Explorer 常用的按钮功能如下：

1）"返回"按钮。使用"返回"按钮可以回到浏览的上一页，单击"返回"按钮右边的下拉箭头，可以显示浏览过网页的历史列表，选中其中某一项可直接跳转到该网页。

2）"前进"按钮。只有在使用过"返回"按钮后，"前进"按钮才会生效，单击"前进"按钮可以跳转到下一个页面。

3）"停止"按钮。单击"停止"按钮将停止对连接网页的下载。

4）"刷新"按钮。该按钮用来刷新网页，在网络连接出现问题时，经常使用该按钮来重新下载并显示当前的网页。直接按下"F5"键，也可以刷新网页。

（4）使用"选项卡"栏。"选项卡"栏是当用户打开一个新网页时，"选项卡"栏中会增加一个选项卡，单击该选项卡即可查看对应网页的内容。选择选项卡后，当前选项卡的右方会出现一个按钮，单击该按钮可以关闭对应的当前网页。

单击"新选项卡"按钮可以新建一个空白选项卡。

3．保存网页信息

在浏览网页的同时，可以保存整个网页，也可以保存其中的一部分，例如某些文本或某张图片。

（1）保存当前页

1）在"文件"菜单中，选择"另存为"命令，打开"保存网页"对话框，如图7—9所示。

图7—9 "保存网页"对话框

2）选择用于保存网页的文件夹，并输入保存该网页的文件名，然后单击"保存"按钮。

保存结束后，在保存位置将会出现该网页文件，双击网页图标即可打开该网页。

(2) 保存网页中的图片

1）右击网页中要保存的图片，从弹出的快捷菜单中选择"图片另存为"命令，打开"保存图片"对话框。

2）选择文件夹并输入文件名，然后单击"保存"按钮。

(3) 保存网页中的部分文本。首先选择要保存的文本，然后按〈Ctrl + C〉组合键，将其复制到剪贴板中，接着启动文字处理软件，在其中按〈Ctrl + V〉组合键，最后对文档进行保存。

4．收藏夹

用户在浏览网页的时候，如果发现有自己感兴趣的网站，就可以将其收藏起来。以后再次访问该网页时，无须输入其网址即可快速打开网页。

(1) 收藏自己喜欢的网站

1）在地址栏中输入要收藏网站的网址，打开网站主页。

2）在"收藏夹"列表菜单中，选择"添加到收藏夹"命令，打开"添加收藏"对话框，如图7—10所示。

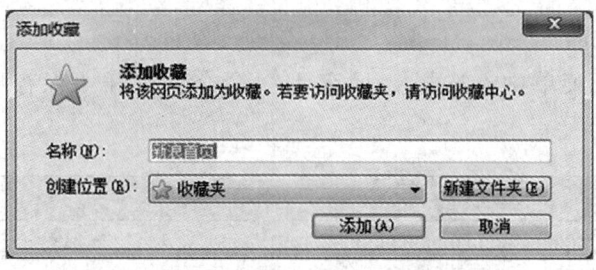

图7—10　"添加收藏"对话框

3）如果用户对添加到收藏夹的名称不满意，可以在"名称"文本框中直接输入网页名称；单击"添加"按钮，就可以将网页收藏到收藏夹中。

(2) 使用收藏夹中的网址。在浏览器中，单击"收藏夹"菜单命令，打开"收藏夹"列表菜单，所有收藏的网址将以列表的形式显示出来。单击要浏览的网址，即可打开相应的网页。

(3) 整理收藏夹。收藏的网页多了，收藏夹中就会显得杂乱无章。此时可以对收藏夹进行整理，以便于查阅，操作步骤如下：

1）在浏览器中，单击"收藏夹"菜单命令，打开"收藏夹"列表菜单。

2）选择"整理收藏夹"命令，打开"整理收藏夹"对话框，如图7—11所示。

3）在"整理收藏夹"对话框中，选择一个网页后，就可以对该网页进行移动、重命名、删除等操作。

4）整理完后，单击"关闭"按钮。

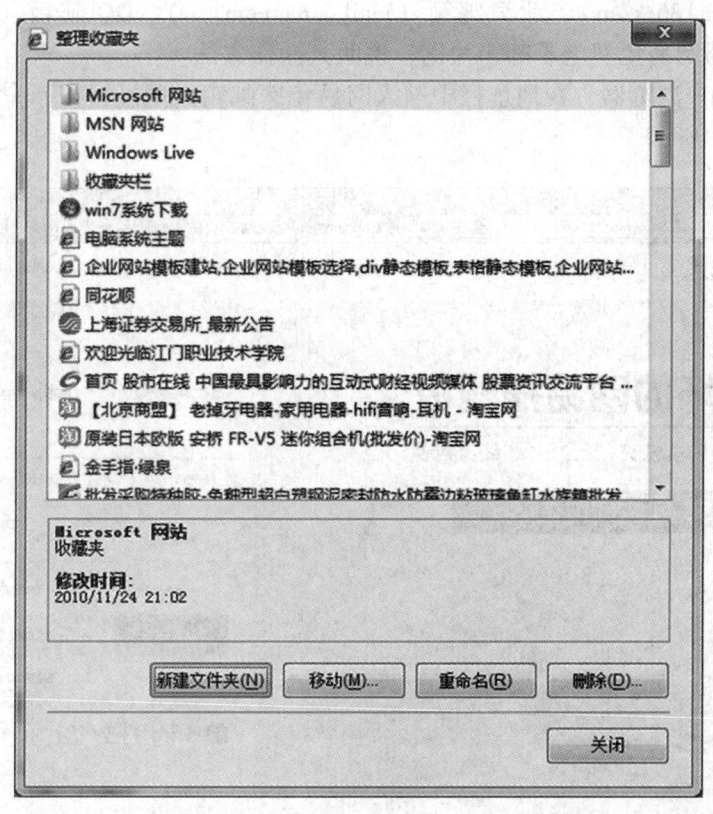

图 7—11 "整理收藏夹"对话框

二、收、发电子邮件

1. 电子邮件的概念

电子邮件 E-mail（Electronic mail）是互联网提供的使用最广泛的服务。它的主要特点是：发送速度快、信息多样化、收发方便、使用成本低、安全可靠等。电子邮件发送的信件内容除普通文字内容外，还可以附加各种形式的文件，如软件、数据、图片、音频、动画、视频等信息。

每一个用户都可以在互联网上申请若干个 E-mail 邮箱地址，用于收发电子邮件。一个完整的互联网邮件地址由用户名、主机名和域名等部分组成，表现为：

用户名@主机名.域名

其中，用户名是用户申请的电子信箱名，是电子信箱的地址，通常由人名组成，是自己在申请电子信箱时起的名字，并经审核无重复而确定的；@是分隔符，用于分隔用户名和主机名；主机名由邮件服务器主机的名字+域名组成，域名可以由多个部分组成，每个部分称为一个子域，各子域之间用圆点"."隔开。

例如：ouyangmt@163.com。

2. 注册电子邮箱

目前很多网站都提供了免费邮箱服务，例如网易 163 邮箱（mail.163.com）、网易

126邮箱（www.126.com）、新浪邮箱（mail.sina.com.cn）、QQ邮箱（mail.qq.com）等。下面以申请网易免费电子邮箱为例，说明其操作方法。

（1）启动IE浏览器，在地址栏中输入网易免费邮箱的网址，按回车键打开其主页面，如图7—12所示。

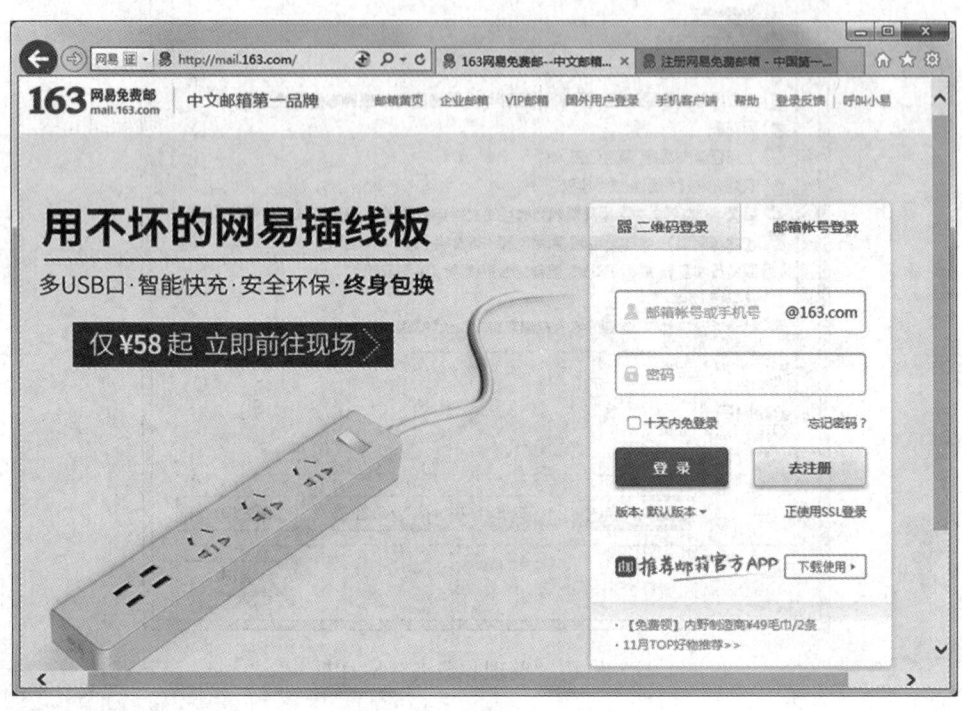

图7—12　网易电子邮箱主页

（2）单击"去注册"按钮，打开"163网易免费邮"窗口，单击"注册字母邮箱"按钮，如图7—13所示。

（3）用户要根据提示在文本框中输入相应的信息，例如建立一个用户名为"ouyangmt156"，密码为"28633650"的电子信箱，信息输入完毕，单击"立即注册"按钮。

（4）如果输入的用户名已经存在，窗口中会显示多个可供选择的推荐用户名。用户可以从中选择，也可以重新输入新的用户名，然后再次单击"立即注册"按钮直至申请成功（申请成功后该免费邮箱的地址为ouyangmt156@163.com）。

3. 登录电子邮箱

下面以登录"网易"（www.163.com）的电子邮箱为例来说明登录电子邮箱的过程。

（1）启动浏览器，在地址栏输入网易电子邮箱地址（mail.163.com），打开网易电子邮箱首页，如图7—12所示。

（2）在邮箱账号文本框中输入"ouyangmt156"，在"密码"文本框中输入密码"28633650"，单击"登录"按钮，即可进入如图7—14所示的电子邮箱界面。

网络登录与信息浏览

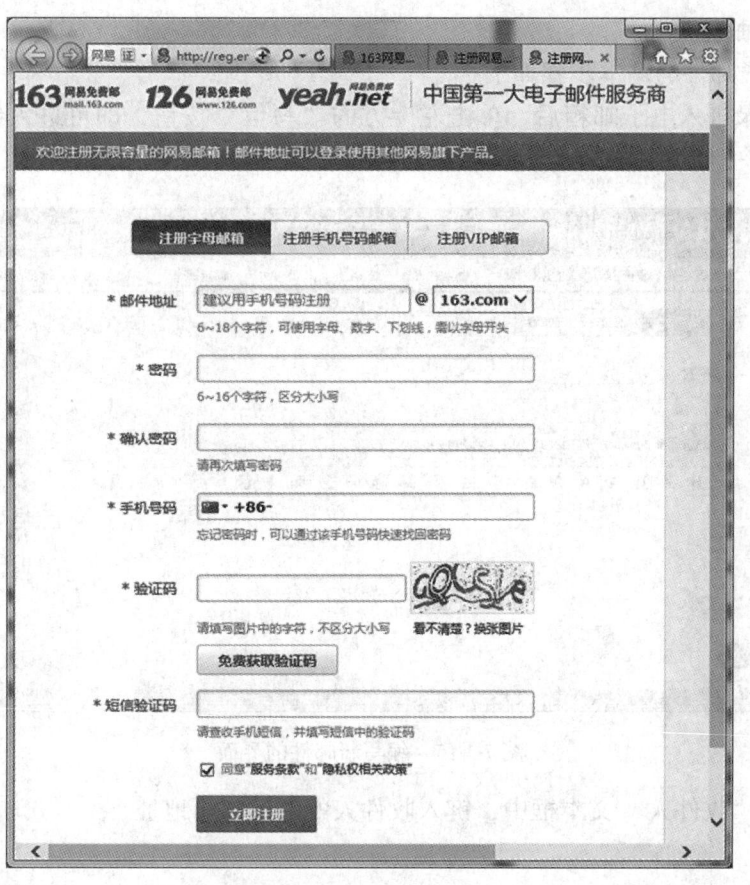

图 7—13　注册网易电子邮箱界面

图 7—14　网易电子邮箱界面

4. 发送邮件

发送电子邮件的基本步骤如下：

（1）登录进入电子邮箱后，单击左上方的"写信"按钮，即可进入编写新邮件的界面，如图7—15所示。

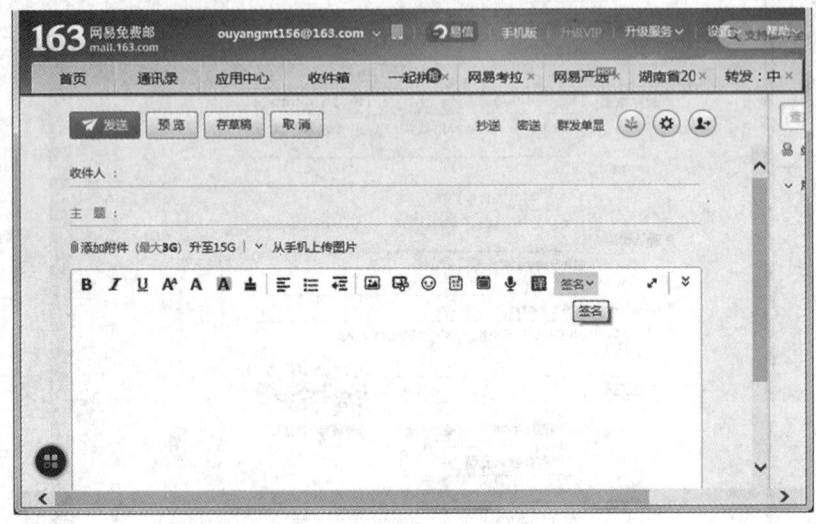

图7—15　编写新邮件的界面

（2）在"收件人"文本框中，键入收件人的电子邮箱地址。

提示：

可以输入多个电子邮箱地址，以便将邮件同时发给多个人，不同的电子邮箱地址之间用逗号"，"或分号"；"隔开。

（3）在"主题"文本框中键入邮件的标题。

（4）键入邮件内容后，单击下方的"发送"按钮，即可发送邮件。

（5）如果邮件发送成功，将显示如图7—16所示的"发送成功"提示信息。

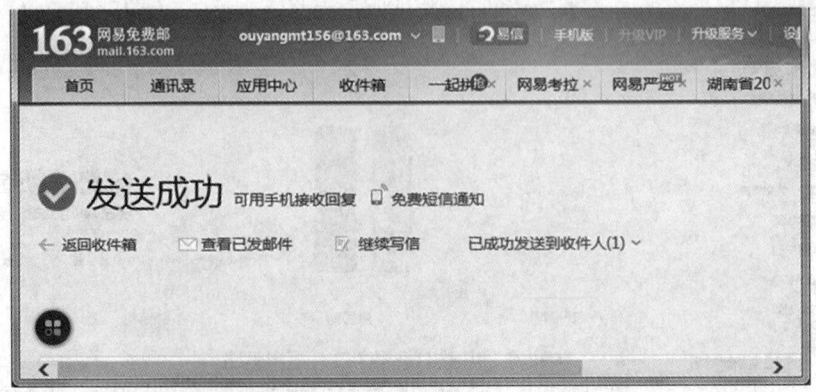

图7—16　"发送成功"提示信息

5. 发送附件

如果要使用电子邮件传递文件，可以将要传递的文件作为附件附加到邮件上。具体操作步骤如下：

（1）在如图 7—15 所示的编写新邮件界面中，单击"添加附件"超链接，打开"选择要加载的文件"对话框，如图 7—17 所示。

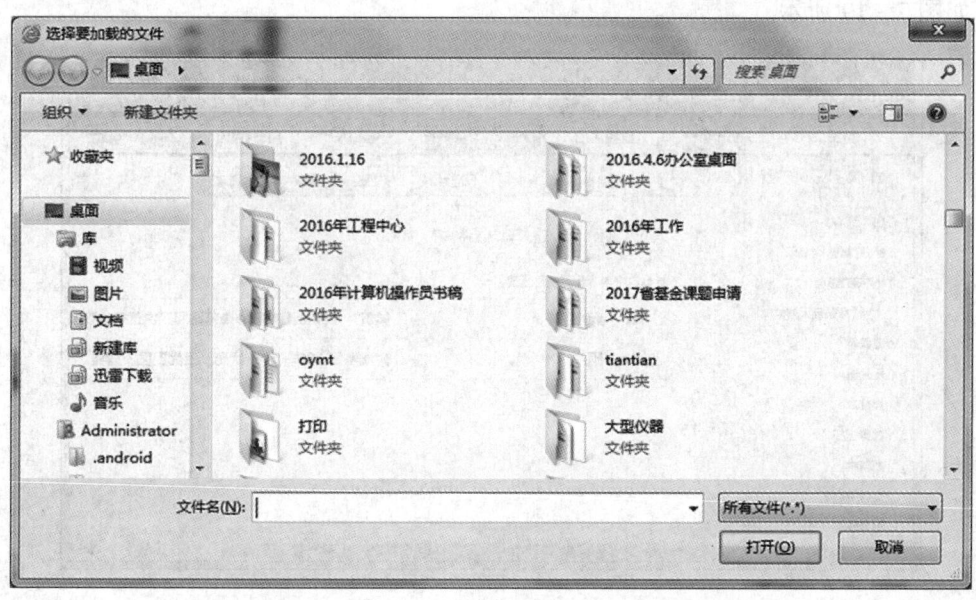

图 7—17　"选择要加载的文件"对话框

（2）在对话框中选择要发送的文件，然后单击"打开"按钮。

这时，邮件窗口中增加了一个附件栏，显示了用户插入的附件文件，如图 7—18 所示。

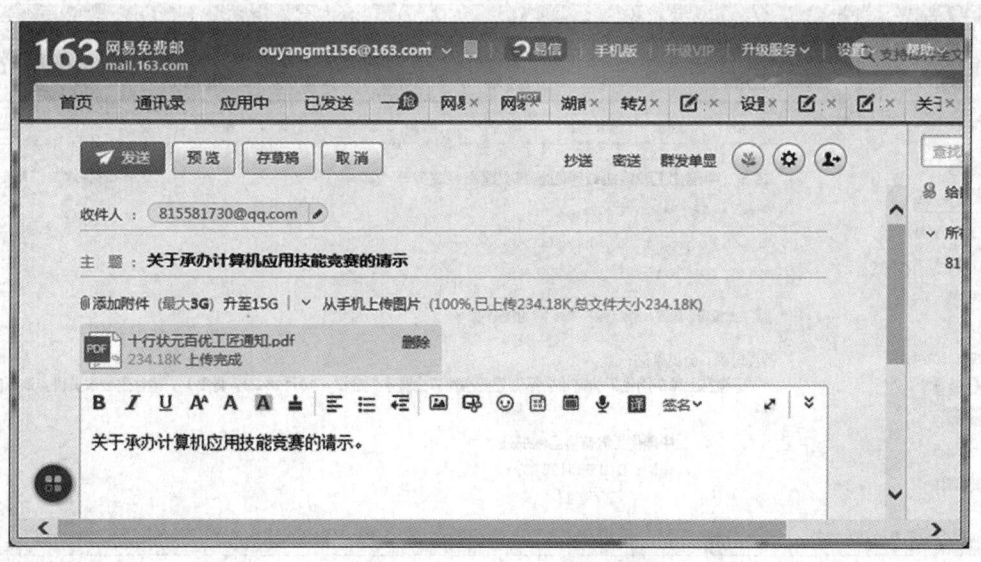

图 7—18　添加了附件的邮件

(3) 用户还可以继续单击"添加附件"超链接，插入其他附件。输入其他有关新邮件的信息后，单击"发送"按钮，即可将邮件及附件文件发送到指定的收件人信箱。

6. 查看与回复电子邮件

(1) 登录进入电子邮箱后，单击左方的"收件箱"按钮，则可进入接收邮件的界面，如图7—19所示。

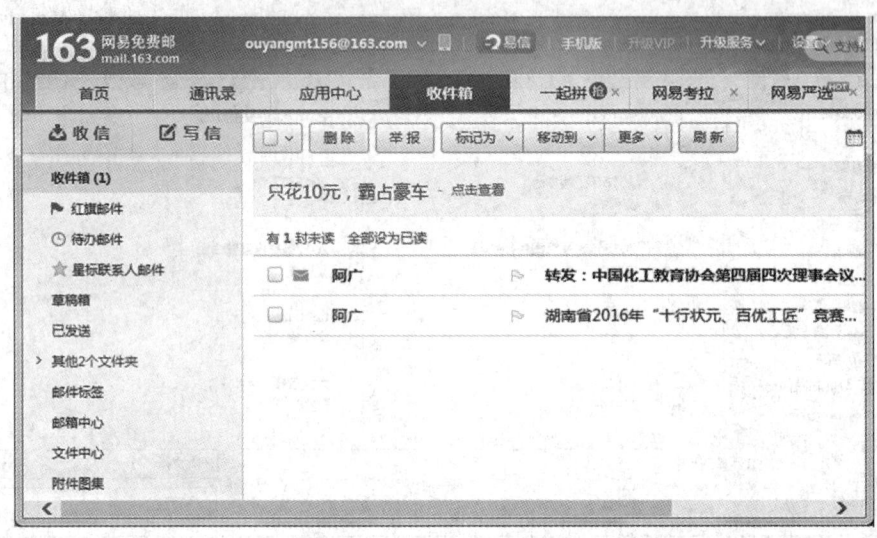

图7—19 "收件箱"选项卡

(2) 收到的邮件均存在收件箱中，要阅读邮件，只需单击对应邮件的链接，即可在如图7—20所示的界面中阅读电子邮件。

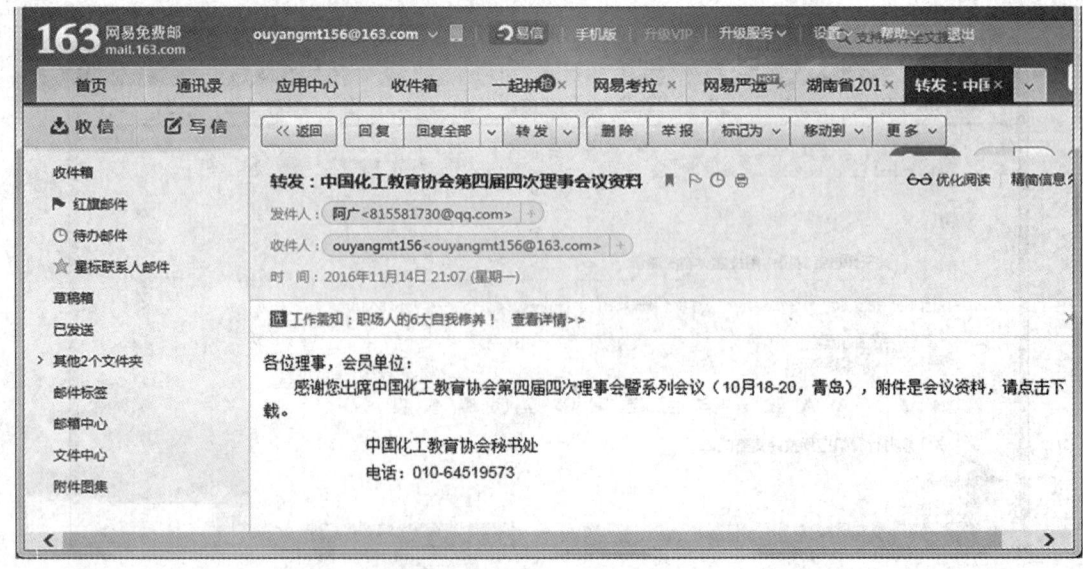

图7—20 查看邮件

（3）如果要将邮件中的附件存储到磁盘中，可以单击"下载附件"链接，屏幕将弹出"文件下载"对话框，可以为附件选择存储位置后，单击"保存"按钮。

（4）如果要回复当前所查看的电子邮件，可以单击"回复"链接，屏幕会进入编写新邮件的界面。发送者的邮箱地址将自动地出现在"收件人"文本框中，在"主题"框中主题的前方也会出现"Re："字样。并且在电子邮件的内容窗口中显示了原始邮件的内容。在邮件内容窗口中输入要回复的信息，单击"发送"按钮，即可发送回复的邮件。

（5）如果要删除该邮件，可以单击"删除"链接。

（6）如果要将收到的电子邮件转发给其他人，可以单击"转发"链接，屏幕会进入编写新邮件的界面。新邮件的"主题"框中主题的前方会有"FW："字样，并且电子邮件的内容和附件都将出现在新邮件中。此时，用户只需在"收件人"框中输入要转发的收件人邮箱地址，单击"发送"按钮，即可转发邮件。

三、信息搜索

整个互联网就像信息的海洋，面对浩如烟海的资源，人们往往无从下手。此时，需要了解互联网上搜索信息的手段。利用不同的搜索方法可以得到预期的信息。

1. 搜索引擎简介

搜索引擎是一个提供信息检索服务的网站，它使用某些程序把互联网上的信息归类或者把某些数据归入某个类别中，形成可供查询的大型数据库。搜索引擎向用户提供关键字服务。在搜索引擎中，关键字搜索服务的使用最为广泛，在界面输入关键字、词组、句子等进行搜索时，搜索引擎会在数据库中查找相匹配的信息，将结果返回给用户。

常用的搜索引擎有百度搜索（https://www.baidu.com）、谷歌搜索（http://www.google.com.hk）和搜狗搜索（http://www.sogou.com）等。

2. 搜索引擎的使用

下面以国内最常用的搜索引擎百度为例，介绍搜索引擎的使用。

（1）打开网络浏览器，在地址栏中输入：http://www.baidu.com，打开百度主页，如图7—21所示。

（2）在搜索文本框中键入一个或多个搜索字词（最能描述要查找信息的字词或词组），然后按下回车键或单击"百度一下"按钮即可。

百度将会生成搜索结果页，即与输入搜索字词相关的网页列表。其中，相关性最高的网页显示在首位，稍低的放在第二位，依此类推。

例如输入搜索关键字"压缩软件"，则可以得到如图7—22所示的搜索结果。

3. 百度的搜索技巧

（1）使用逻辑搜索。所谓的逻辑搜索，是指将关键字通过某种表达式提交给搜索引擎，可准确地查询相关资料。常见的逻辑搜索有逻辑"与"、逻辑"或"和逻辑"非"。

图7—21 打开的百度主页

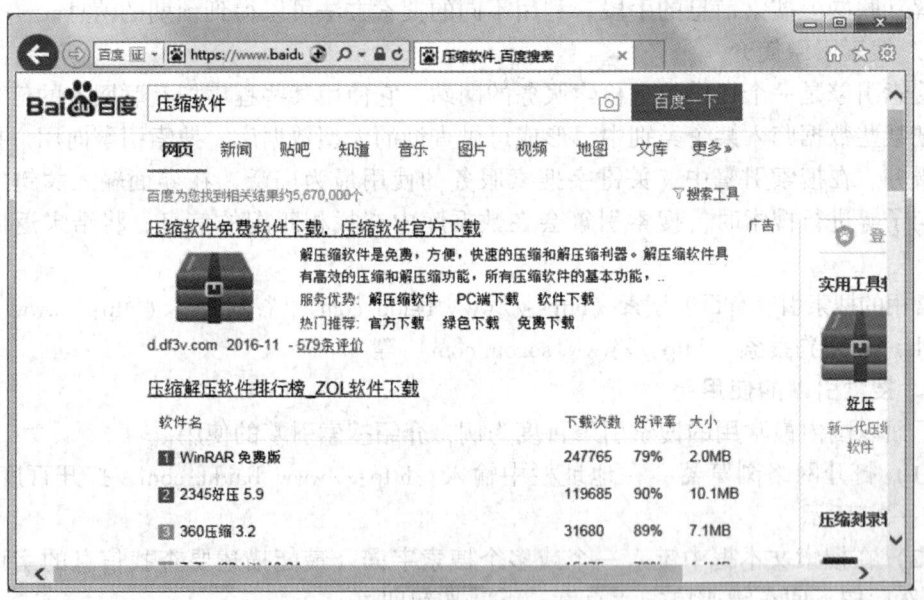

图7—22 搜索"压缩软件"

1)逻辑"与"搜索。关键字之间加入空格,语法是"A B",表示搜索既要有关键字A又要有关键字B的网页。例如,利用百度搜索引擎查找2016年11月11日的人民日报,可以输入"人民日报 2016年11月11日"。

2)逻辑"非"搜索。关键字之间加"-"(减号),但是在减号前需要留一个空格,否则,减号会被当成字符处理,而失去其语法功能。减号与后一个关键字之间,有无空格均可,语法是"A -B",表示从关键字A中排除关键字B的网页。例如利用百度搜索引擎查找关于"教材"但不包含"高中"的资料,可以输入"教材 -高中"。

3）逻辑"或"搜索。搜索关键字之间加入"｜"，语法是"A｜B"，表示搜索包含关键字 A，或者包含关键字 B 的网页。使用同义词作为关键字，并在关键字中使用"｜"运算符可以提高检索的全面性。例如要查找"计算机"或"电脑"的资料，输入"计算机｜电脑"。

（2）精确匹配。如果需要搜索包含某个完整词组的结果，则需用引号将搜索字词括住。例如，如果输入"使用压缩软件"进行搜索时，搜索引擎也许会搜索"使用""压缩""软件"这三个关键词，如果将这句话用引号括住，输入"使用压缩软件"进行搜索时，搜索结果将严格包括句子"使用压缩软件"。

四、使用即时通信工具

常用的即时通信工具包括腾讯的 QQ、微信、微软的 MSN 等。腾讯 QQ 是一款基于互联网的即时通信软件，它支持在线聊天、视频电话、点对点断点续传文件、共享文件、网络硬盘、自定义面板、QQ 邮箱等多种功能，是目前国内应用最广泛的聊天工具。下面以它为例介绍即时通信工具的使用方法。

1. 注册 QQ 用户账号

在下载和安装 QQ 后，双击该软件的图标 ，将弹出如图 7—23 所示的"QQ 用户登录"对话框。

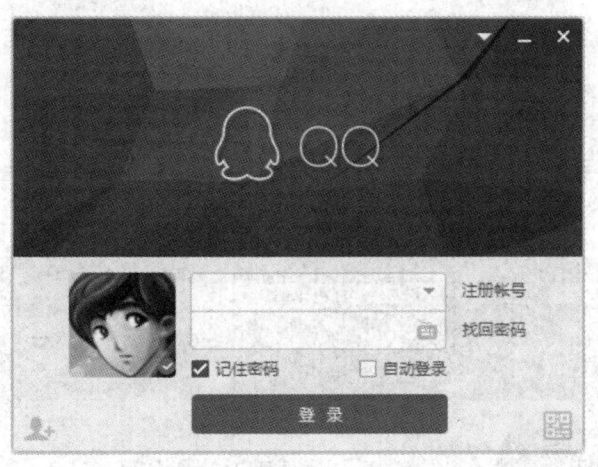

图 7—23 "QQ 用户登录"对话框

（1）对于初次使用 QQ 的用户，首先要注册一个账号，单击"注册账号"选项，打开"QQ 注册"窗口，如图 7—24 所示。

（2）用户根据提示，逐步输入账户基本信息，并在"手机号码"文本框中输入手机号码后，单击"获取短信验证码"按钮。

（3）根据手机收到的腾讯科技公司发过来的"QQ 注册验证码"信息，在 60 秒以内输入验证码，单击"立即注册"按钮，打开"申请成功"窗口，并显示成功申请的 QQ 号码，如图 7—25 所示。

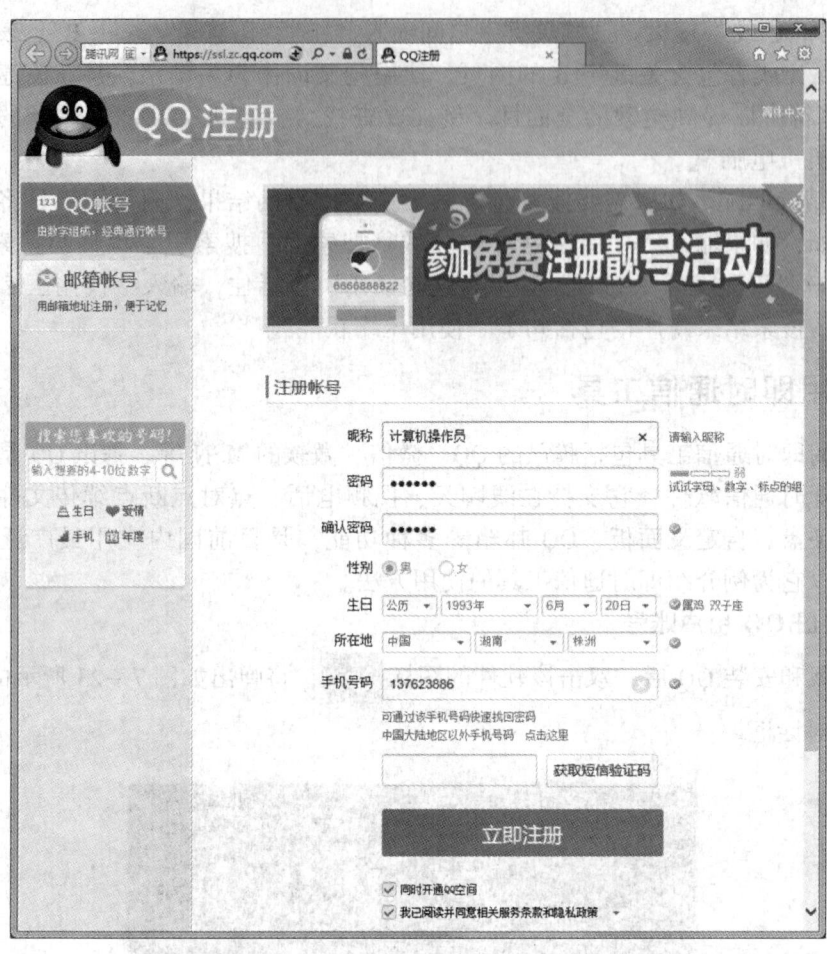

图 7—24 "QQ 注册"窗口

图 7—25 "申请成功"窗口

(4)单击"立即登录"按钮,系统返回到如图7—23所示的"QQ用户登录"对话框。

(5)在"注册账号"文本框中,输入注册的用户账号;在"找回密码"文本框中输入密码,单击"登录"按钮,即可登录QQ。

2. 使用QQ

登录QQ后,即看到如图7—26所示的QQ工作窗口。

(1)添加好友。必须是添加了的好友才能使用QQ进行即时通信,添加好友的操作如下:

1)在QQ工作窗口的搜索区中,输入对方的QQ账号,例如输入QQ账号"2328297793",屏幕显示搜索结果,如图7—27所示。

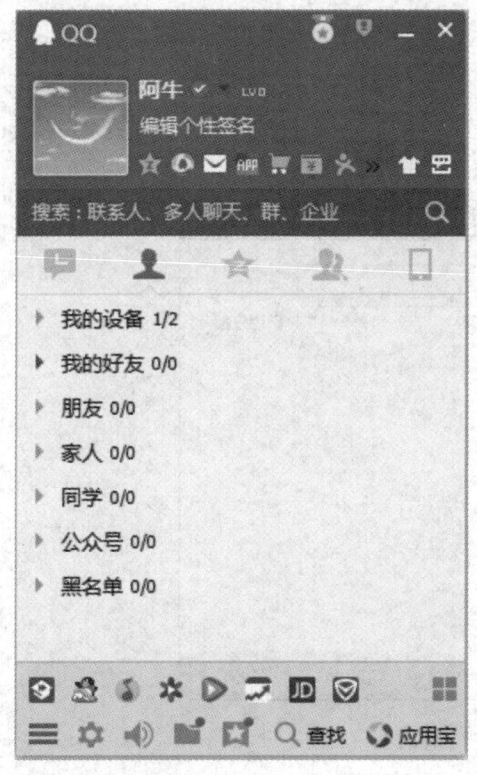

图7—26　QQ工作窗口　　　　　　图7—27　搜索结果

2)双击选择好友的账号,打开"添加好友"对话框,如图7—28所示。

3)在"请输入验证信息"文本框中,输入自己的信息,单击"下一步"按钮,如图7—29所示的对话框。

4)在"备注姓名"中输入好友的名字;在"分组"列表中给好友选择一个分组,单击"下一步"按钮,再单击"完成"按钮,好友添加完毕。

5)当好友收到请求并同意后,就会将该好友添加到QQ通讯录中。

(2)QQ通信。添加好友后,QQ好友就会在QQ工作窗口中显示出来,其中彩色显示的头像表示该好友在线,暗淡显示的头像表示该好友不在线。

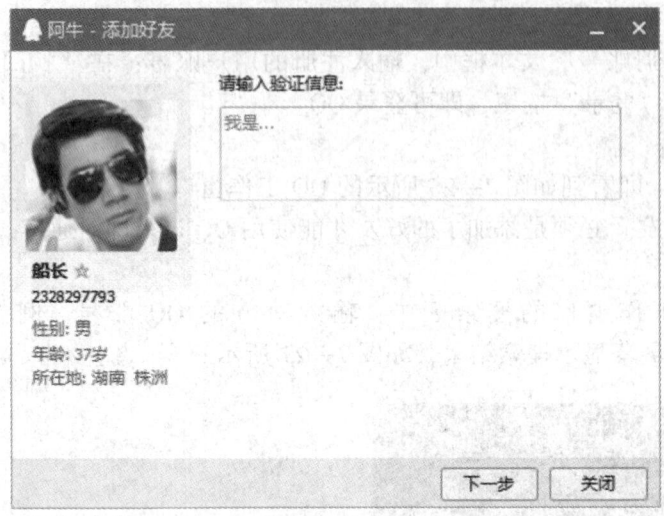

图 7—28 "添加好友"对话框(一)

图 7—29 "添加好友"对话框(二)

选择好友开始聊天的操作步骤如下:

1) 在 QQ 工作窗口中,双击选择一位好友,打开好友通信窗口,如图 7—30 所示。

2) 在"信息编辑区"中,输入聊天的信息,单击"发送"按钮,即可将信息发给聊天对象。

3) 也可以将计算机中的文件,直接拖放到"信息编辑区",发送给对方。

4) 单击"发起视频通话"按钮 ,对方会收到"视频通话"接听对话框,如图 7—31 所示。对方按"接听"按钮后,就可以视频聊天了。

网络登录与信息浏览

图 7—30　好友通信窗口

图 7—31　"视频通话"接听请求对话框

单元考核要点

考核类型	考核范围	考核点
理论知识	网络登录	局域网的定义
		接入互联网的方式
		ISP 的应用
		主页的定义
	浏览网页	超链接的应用
		Web 站点的概念
		网络浏览器的使用

续表

考核类型	考核范围	考核点
理论知识	浏览网页	电子邮件的特点
		电子邮件的格式
		电子邮件的发送
		刷新的使用
		附件的发送
		URL 的功能
		搜索引擎的使用
		即时通信工具的使用
技能操作	登录网络	登录局域网
		登录互联网
	浏览网页	浏览网页
		注册电子邮件信箱
		接收和回复电子邮件
		百度搜索引擎的使用
		QQ 即时通信工具的使用

单元测试题

一、单项选择题（下列每题有 4 个选项，其中只有一个是正确的，请将正确答案的代号填在括号内）

1. 局域网简称（　　）。
    A. LAN　　　　B. WAN　　　　C. CAN　　　　D. SAN
2. （　　）是随着数据通信业务发展而迅速发展起来的一种新型接入互联网方式，主要适合集团企业对带宽要求比较高的应用。
    A. DDN 专线　　B. ADSL　　　　C. ISDN　　　　D. PSTN
3. 因特网服务提供商简称（　　）。
    A. TNP　　　　B. ITP　　　　C. ISP　　　　D. WSP
4. 通常将网站的（　　）称做主页。
    A. 起始页　　　B. 编辑页　　　C. 管理页　　　D. 后台主页
5. （　　）是由网页组成的。
    A. 网站　　　　B. 文档　　　　C. 浏览器　　　D. 网络
6. 若把 Web 站点视为图书馆中的一本书，（　　）则是书中的某一页。
    A. Web 站点　　B. Web 页　　　C. Web 服务器　D. Web 管理器
7. Internet Explorer、Firefox、Opera 等软件属于（　　）。

A. 网络管理软件 　　　　　　B. 网络浏览器
C. 下载软件 　　　　　　　　D. 媒体播放软件

8. 电子邮件的主要特点有：发送速度快、发送方便、使用成本（　　）。
A. 高　　　　B. 低　　　　C. 适中　　　　D. 高低不同

9. 在 E-mail 地址中，"@" 用于分隔（　　）。
A. 用户名和地址名　　　　　B. 用户名和域名
C. 地址名和域名　　　　　　D. 用户名和主机名

10. 发送 E-mail 时，在"收件人"框中，键入每个收件人的（　　）。
A. 电子邮件地址　　　　　　B. 姓名
C. 称呼　　　　　　　　　　D. 正文

11. 上网时经常使用（　　）按钮来重新下载并显示当前的网页。
A. "刷新"　　B. "停止"　　C. "搜索"　　D. "选项"

12. 若要使用电子邮件传递（　　），需在编写新邮件的界面中添加附件。
A. 汉字　　　B. 英文字母　　C. 数字　　　D. 文件

13. URL 用于指明资料在（　　）上的取得方式与位置。
A. 互联网络　　B. 局域网络　　C. 校园网络　　D. 城域网络

14. 搜索结果页中与输入搜索字词相关性最高的网页显示在（　　）。
A. 首位　　　B. 末位　　　C. 中间　　　D. 第二位

15. 腾讯（　　）是目前国内应用最广泛的聊天工具之一。
A. Facebook　　B. QQ　　　C. MSN　　　D. PP

二、判断题（下列判断正确的请打"√"，错误的请打"×"）

（　　）1. 局域网简称 WAN。

（　　）2. 接入互联网的方式有很多种，至少包括 DDN、PSTN、ISDN、ADSL、LAN、POD、Cable Modem、无线接入八种。

（　　）3. 电话拨号方式不能接入互联网。

（　　）4. 一般情况下，应向 ISP 提出接入互联网的申请。

（　　）5. 通常将网站的起始页或开始页称做主页。

（　　）6. 可以通过快捷方式从一个网页随时跳到本网站甚至其他网站的网页中。

（　　）7. 网站是由网页组成的。

（　　）8. Internet Explorer、Firefox、Opera 等软件属于媒体播放软件。

（　　）9. 电子邮件的主要特点有：发送速度快、发送方便、使用成本低等。

（　　）10. 每一个互联网用户只能申请一个 E-mail 地址。

（　　）11. 发送 E-mail 时，在"收件人"框中，不同的电子邮件名称用"，"或"；"隔开。

（　　）12. 发送邮件时，Word 文档不能直接添加到附件中。

（　　）13. URL 通常被称为网址。

（　　）14. 在百度搜索引擎中输入"A B"，表示搜索包含关键字 A，或者包含关键字 B 的网页。

(　　)15. 在百度搜索引擎中输入"人民日报　2016年11月11日",表示搜索2016年11月11日的人民日报。

三、技能题

第一题　将计算机连接到局域网,设置计算机的网络连接,使计算机能登录到局域网络。

第二题　将计算机连接到ADSL设备,配置计算机的网络连接和ADSL设备,使计算机能访问互联网。

第三题　利用百度搜索引擎（http://www.baidu.com）进行图片搜索,搜索的关键词为"鸟巢",将搜索的结果以图片的形式保存至以用户名命名的文件夹中,文件命名为"初级7-1.jpg"。

第四题　在腾讯QQ上注册一个新账号,登录QQ后,添加"2328297793"QQ用户为好友,并以邮件的方式给2328297793@qq.com信箱发一封邮件。邮件主题为：通知,正文内容为："请于九点整到会议室开会!",将发送邮件成功的界面进行截屏,以"初级7-1.jpg"为文件名保存至D盘的以用户名命名的文件夹中。

单元测试题答案

一、单项选择题

1. A　2. A　3. C　4. A　5. A　6. B　7. B　8. B
9. D　10. A　11. A　12. D　13. A　14. A　15. B

二、判断题

1. ×　2. √　3. ×　4. √　5. √　6. ×　7. √　8. ×
9. √　10. ×　11. √　12. ×　13. √　14. ×　15. √

三、技能题

答案略。

第 8 单元

多媒体信息处理

- 第 1 节　图形图像输入/288
- 第 2 节　图形图像基本编辑处理/293

第1节 图形图像输入

- 了解数字图像类型
- 了解常见图像格式
- 能够导入数码相机中的照片
- 能够拷贝全屏幕
- 能够拷贝当前活动窗口

一、图像类型与格式

1. 数字图像类型

计算机图像分为两大类：矢量图形和位图图像。

（1）矢量图形。矢量图形由矢量定义的直线和曲线组成，Adobe Illustrator、CorelDraw、CAD等软件都是以矢量图形为基础的。矢量图形根据轮廓的几何特性进行描述。图形的轮廓画出后，被放在特定位置并填充颜色。移动、缩放或更改颜色不会降低图形的品质。

矢量图形与分辨率无关，可以将它缩放到任意大小和以任意分辨率在输出设备上打印出来，而不会影响清晰度。因此，矢量图形是文字（尤其是小字）和线条图形（比如徽标）的最佳选择。

（2）位图图像。位图图像也叫做栅格图像，Photoshop以及其他的绘图软件一般都使用位图图像。位图图像由像素组成，每个像素都被分配一个特定位置和颜色值。在处理位图图像时，编辑的是像素而不是对象或形状，也就是说，编辑的是每一个点。

位图图像与分辨率有关，即在一定面积的图像上包含有固定数量的像素。因此，如果在屏幕上以较大的倍数放大显示图像，或以过低的分辨率打印，位图图像就会出现锯齿边缘。

2. 常见图像格式

图形处理中用户会接触到很多图像格式，下面简单介绍一下平面设计中常见的图像格式。

（1）BMP格式。BMP是英文Bitmap（位图）的简写，它是Windows操作系统中的标准图像文件格式。随着Windows操作系统的流行，BMP位图格式被广泛应用。这种格式的特点是包含的图像信息较丰富，几乎不进行压缩，但由此也导致了它占用磁盘空间过大。

（2）GIF格式。GIF是英文Graphics Interchange Format（图形交换格式）的缩写。GIF格式的特点是压缩比高，磁盘空间占用较少，所以这种图像格式得到了广泛的应用。最初的GIF只是简单地用来存储单幅静止图像，后来随着技术发展，它还可以同时存储若干幅静止图像进而形成连续的动画。GIF 格式只能保存最大 8 位色深的数码图像，所以它最多只能用 256 色来表现物体。这种格式在网络上多有应用，这和 GIF 图像文件短小、下载速度快、可组成动画等优势是分不开的。

（3）JPEG 格式。JPEG 也是常见的一种图像格式，它由静止图像专家组（Joint Photographic Experts Group）开发并命名。JPEG 文件的扩展名为 .jpg 或 .jpeg，其压缩技术十分先进，可以用最少的磁盘空间得到较好的图像质量。JPEG 还是一种很灵活的格式，具有调节图像质量的功能，允许用户用不同的压缩比例对这种文件压缩，比如可以把 1.37 MB 的 BMP 位图文件压缩至 20.3 KB。由于 JPEG 优异的品质和杰出的表现，它的应用非常广泛，例如扫描仪、数码相机中一般就采用这种格式的图像。

（4）JPEG 2000 格式。JPEG 2000 同样是由 JPEG 专家组负责制定的，与 JPEG 相比，它具备更高的压缩率并采用了更新的静止图像压缩技术。另外，JPEG 2000 同时支持有损和无损压缩，而 JPEG 只能支持有损压缩。

（5）TIFF 格式。TIFF（Tag Image File Format）是苹果计算机中广泛使用的图像格式。它的特点是图像格式复杂、存储信息多。正因为它存储的图像细微层次的信息非常多，能够提高图像的质量，故而非常有利于原稿的复制。

（6）PSD 格式。PSD 是著名的图像处理软件 Photoshop 的专用格式 Photoshop Document（PSD）。PSD 其实是 Photoshop 进行平面设计的一张"草稿图"，它里面包含有各种图层、通道、遮罩等多种设计的样稿，以便于用户再次打开文件时可以修改上一次的设计。

二、使用数码相机

1. 导入数码照片

数码相机是将光学图像信息转换成电子信号，并存储在电子介质中的一种相机，使用方法与普通相机类似。

当利用数码相机拍摄了多幅照片之后，经常需要将照片复制到计算机中进行编辑和浏览。除了可以使用数码相机自带的工具软件外，在 Windows 7 中也提供了一个快捷的数码照片导入工具。

下面介绍从 Nikon D300S 数码相机中获取图像的操作过程：

（1）将数码相机与计算机正确连接，然后打开数码相机电源，并在数码相机上将其工作模式设置为可以同计算机通信的状态。

（2）经过一段时间后，系统会自动安装驱动程序，运行"开始"→"设备和打印机"命令，打开"设备和打印机"窗口，如图 8—1 所示。

（3）在"设备"区，显示了已经安装的设备，单击 D300S 图标 ，打开"D300S"窗口，如图 8—2 所示。

（4）双击"导入图片和视频"选项，打开"导入图片和视频"窗口，如图 8—3 所示。

图 8—1 "设备和打印机"对话框

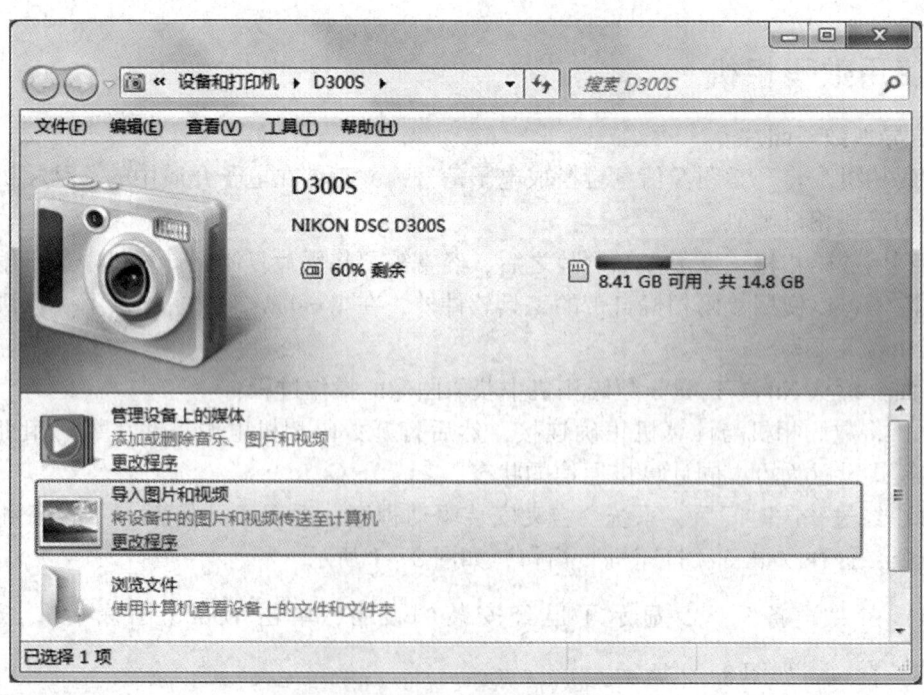

图 8—2 "D300S"窗口

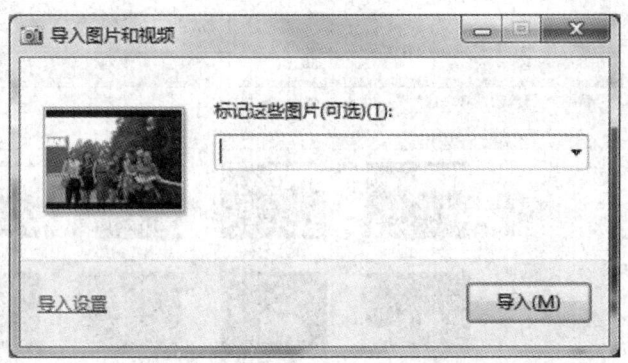

图 8—3 "导入图片和视频"窗口

(5) 单击"导入设置"按钮,打开"导入设置"对话框,如图 8—4 所示。

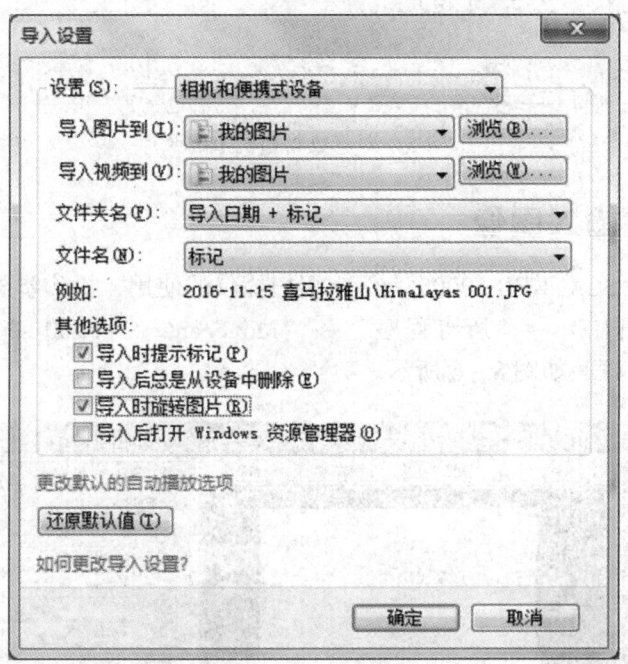

图 8—4 "导入设置"对话框

(6) 在"导入设置"对话框中,设置将图片和视频导入的位置后,单击"确定"按钮,回到"导入图片和视频"窗口,如图 8—3 所示。

(7) 单击"导入"按钮即可将相机中图片和视频导入到计算机指定的位置。

2. 浏览数码相机中的照片

除了利用"导入图片和视频"工具导入图片和视频外,用户也可以直接访问数码相机的文件夹。

将数码相机与计算机正确连接,打开数码相机电源,并在数码相机上将其工作模式设置为可以同计算机通信的状态后,在"我的电脑"窗口中将会发现数码相机的图标,然后像浏览文件一样,浏览图像文件,如图 8—5 所示。

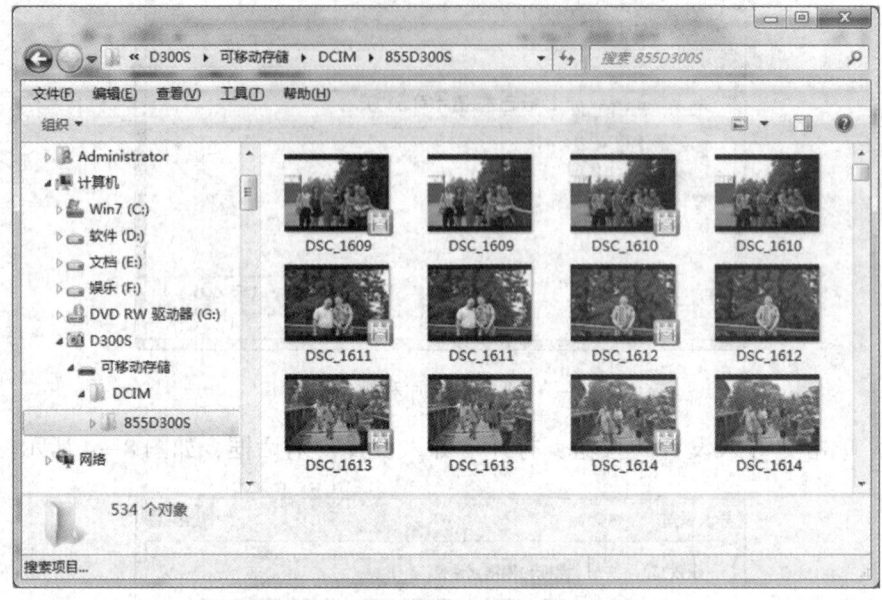

图 8—5 浏览数码相机中的照片

三、用扫描仪输入图像

下面以 BENQ SCANNER 50005 为例介绍扫描仪的使用，操作步骤如下：

（1）单击"开始"→"所有程序"→"MiraScan6.2（5560 series）"选项，打开"MiraScan6"对话框，如图 8—6 所示。

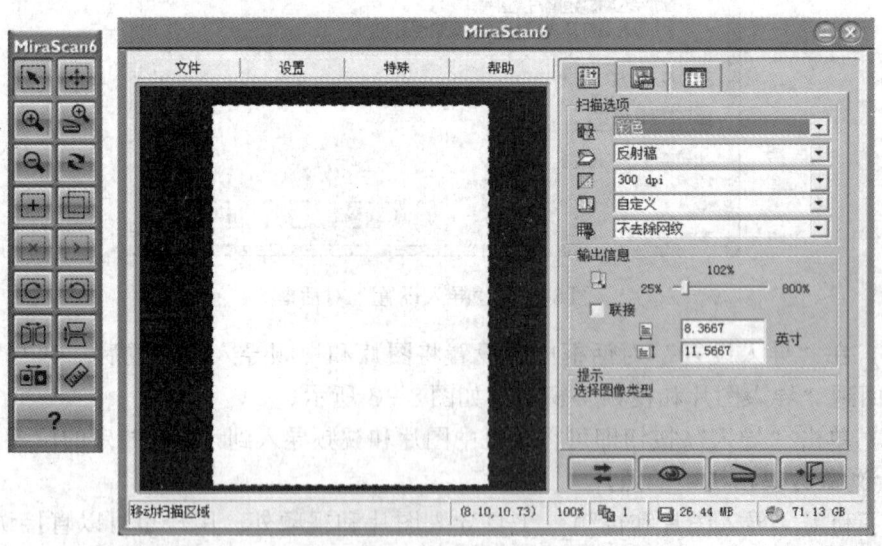

图 8—6 "MiraScan6" 对话框

（2）单击"色彩调节"标签 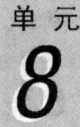，打开"色彩调节"选项卡，如图 8—7 所示。

（3）拖动"亮度"和"对比度"滑块，可以调节扫描图像的亮度和对比度。

(4) 单击"任务事件"标签,打开"任务事件"选项卡,如图 8—8 所示。

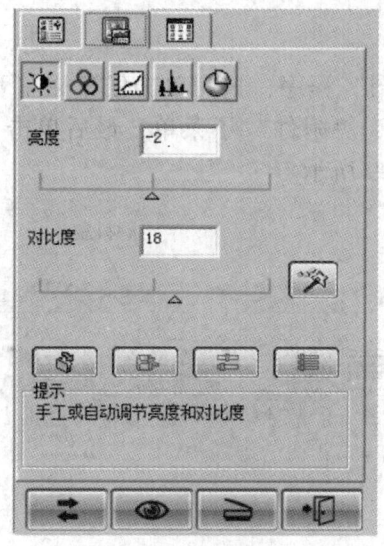

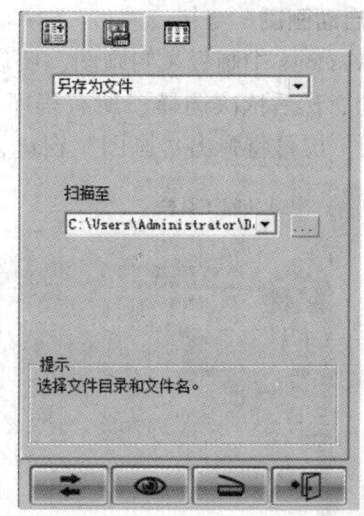

图 8—7 "色彩调节"选项卡　　　　图 8—8 "任务事件"选项卡

(5) 在"扫描至"文本框中,可以设置扫描图像保存的位置。
(6) 单击"扫描"按钮,开始扫描。

四、拷贝屏幕

屏幕的拷贝就是将屏幕上的图形保存下来。

在 Windows 系统下,按〈Print Screen〉键即可将当前的整个屏幕保存在"剪贴板"中,然后可以用粘贴操作将该屏幕图形贴入"画图"或"Word"等应用程序中。

如果只想拷贝当前的活动窗口,则可以按〈Alt + Print Screen〉组合键,即可将活动窗口的图像保存在"剪贴板"中。

第 2 节　图形图像基本编辑处理

→ 能够设置前景和背景色
→ 能够在颜料盒中选择和设置颜色
→ 能够使用画图中的工具箱
→ 能够设置图像属性

Windows 的"画板"工具是一个简单的绘图工具,它具备一个画图软件最基本的功能。这里将以"画板"为例介绍简单图像信息的处理方法。

一、打开和新建图像

1. 启动画图

在 Windows 中画板又叫画图,要启动"画图"程序,只需单击任务栏左下角"开始"按钮,然后依次选择"所有程序"子菜单,"附件"子菜单,最后单击"画图"命令即可。屏幕将弹出"画图"窗口,如图 8—9 所示。

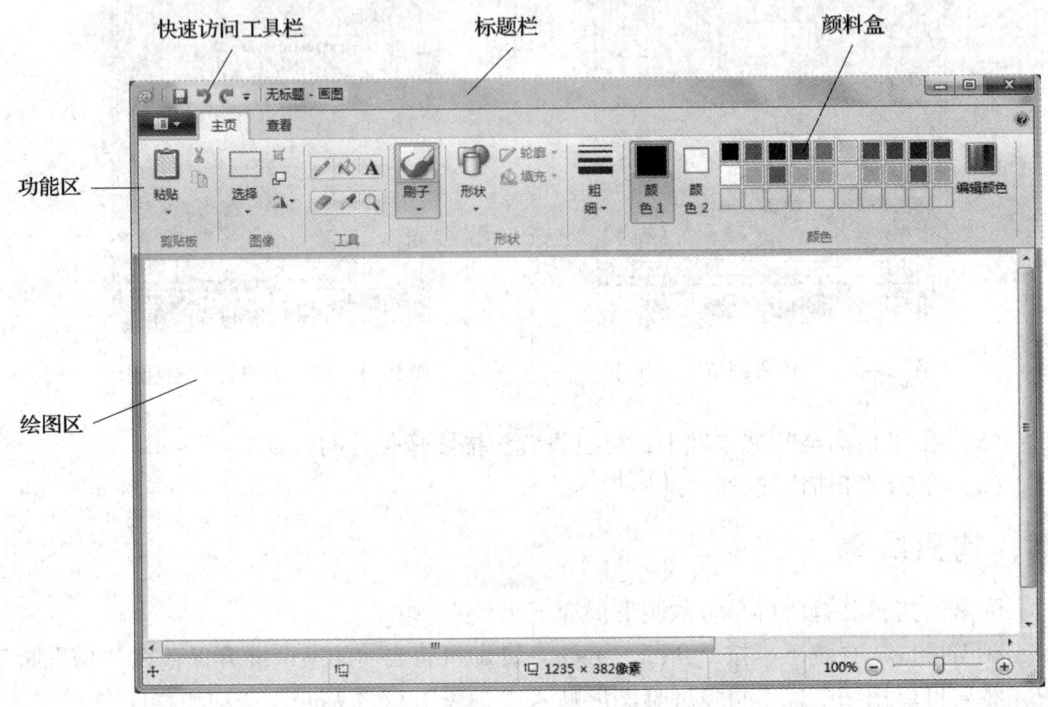

图 8—9 "画图"窗口

画图的窗口与其他 Office 组件的窗口布局类似,主要由绘图区、功能区、标题栏和快速访问工具栏等部分组成。

(1)绘图区。窗口中间的空白部分是绘图区,它是用户绘制图形时工作的区域。

(2)功能区。"画图"的功能区放置了三个选项卡:"画图"选项卡、"主页"选项卡和"查看"选项卡。"画图"选项卡中可以新建、打开、保存或打印图像,并且可以查看可以对图像执行的其他操作。"主页"选项卡是"画图"主要的功能区,它提供了一套常用的绘图工具,提供了各种形状的图形和线型、线宽、颜色等;"查看"选项卡中可以调整图像显示的大小,也可以给画板加上网格和标尺。

(3)快速访问工具栏。快速访问工具栏放置了一些画图时常用的操作工具命令,如保存、撤销、重做等,方便用户快速使用。

2. 打开图像

用户可以使用"画图"打开已有的图形文件,其操作步骤如下:

(1) 启动画图，单击"画图"选项卡标签，打开"画图"菜单列表，如图 8—10 所示。

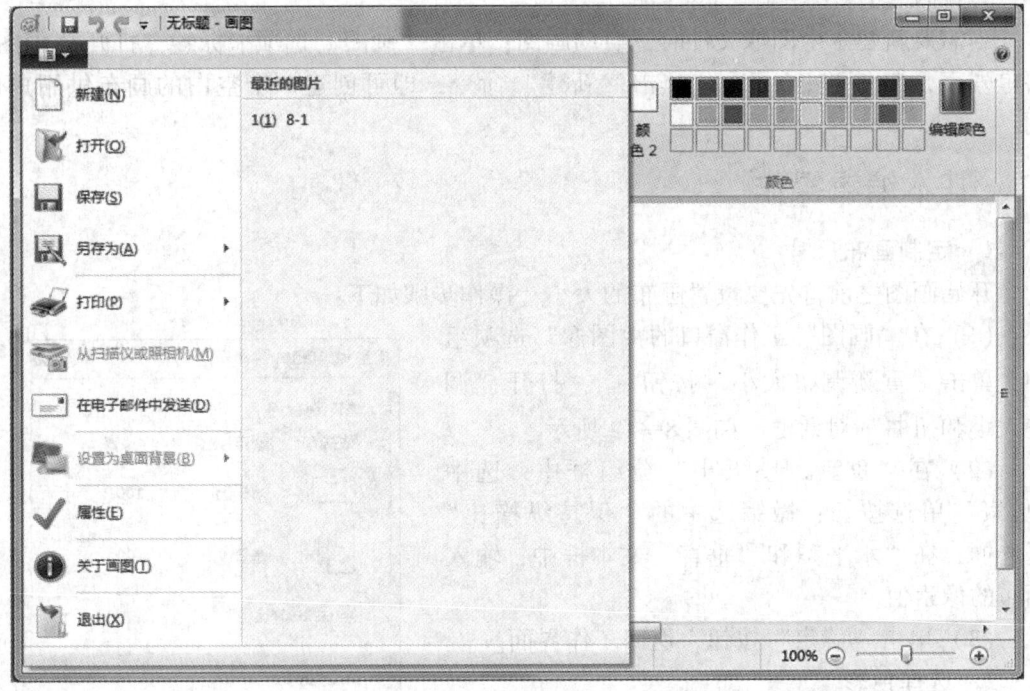

图 8—10 "画图"选项卡

(2) 选择"打开"命令，弹出"打开"对话框，如图 8—11 所示。

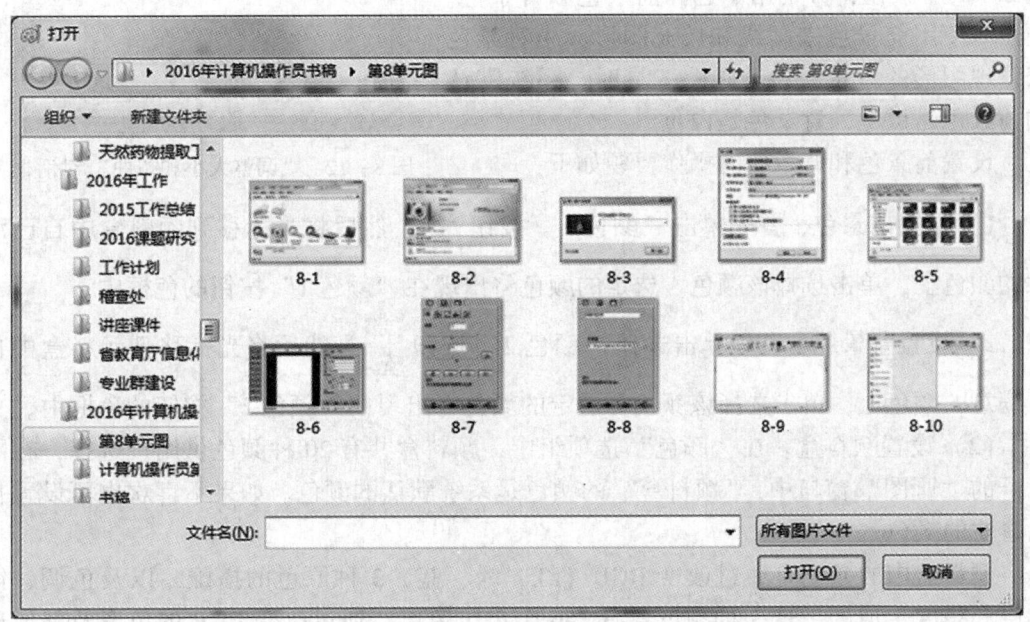

图 8—11 "打开"对话框

(3) 在"打开"对话框中，选择图像所在磁盘、文件夹位置，找到该文件，双击该文件图标，即可在"画图"中打开该文件。

3. 新建图像

当需要新建一个图像文件时，启动画图，单击"画图"选项卡标签，打开"画图"菜单列表，如图 8—10 所示。单击"新建"命令，即可创建一个空白的画布供用户使用。

二、基本编辑操作

1. 定制画布尺寸

开始画图之前首先要设置画布的大小，操作步骤如下：

(1) 在"画图"工作窗口的"图像"选项组中，单击"重新调整大小"按钮 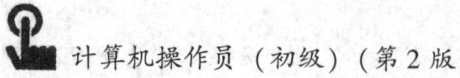，打开"调整大小和扭曲"对话框，如图 8—12 所示。

(2) 在"重新调整大小"分组框中，选中"像素"单选按钮；撤销选中的"保持纵横比"复选框；在"水平"和"垂直"文本框中，输入画布的像素值。

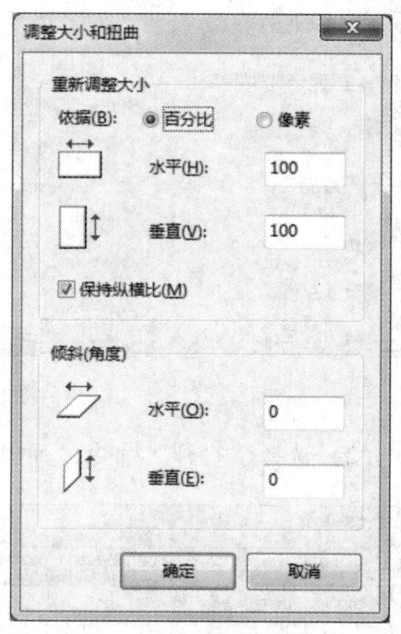

(3) 单击"确定"按钮，返回工作界面。

2. 选择色彩

(1) 设置前景色和背景色。在"画图"工作窗口的"颜色"选项组中，有"颜色1"和"颜色2"两个按钮，分别用于选择前景色和背景色。画图时使用前景色来画线和填充图形，用背景色来体现图形的背景。启动画图工具时，系统默认的前景色是黑色，背景色是白色。

设置前景色和背景色的操作要领如下：

图 8—12 "调整大小和扭曲"对话框

1) 设置前景色，首先单击"颜色1"按钮，然后将光标移到颜料盒中自己满意的颜色上，单击选择该颜色。选定的颜色将出现在"颜色1"按钮的色框中。

2) 设置背景色，首先单击选择"颜色2"按钮，然后将光标移到颜料盒中自己满意的颜色上，单击选择该颜色。选定的颜色将出现在"颜色2"按钮的色框中。

(2) 设置颜料盒。在"颜色"选项组中，颜料盒共有 20 种颜色供用户选择，在刚打开的"画图"窗口中，"颜料盒"的颜色是系统默认的颜色。如果不喜欢也可设置自己喜欢的颜色。

颜料盒中的颜色是通过改变 RGB（红、绿、蓝）3 种原色的搭配，以及色调、饱和度和亮度生成的。这 3 种颜色各有 256 个单位色度，通过改变 RGB 的色度及其他选项可以生成不同的颜色。

1）在"颜色"选项组中，单击"编辑颜色"按钮，打开"编辑颜色"对话框，如图8—13所示。

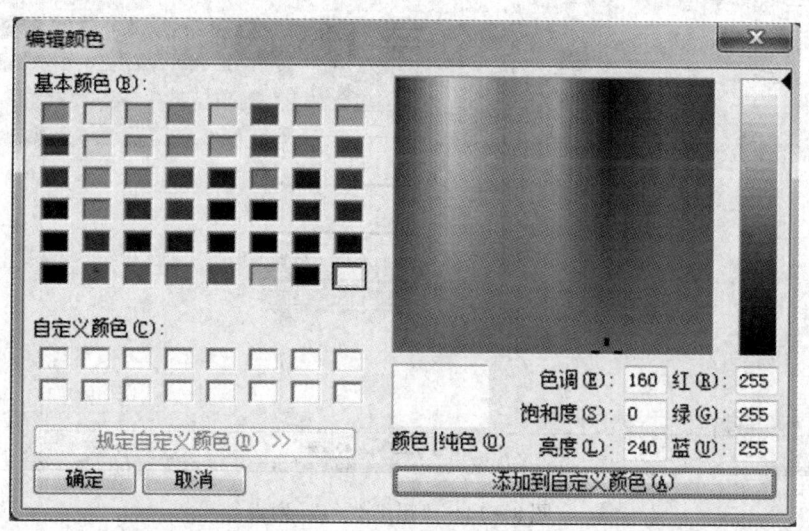

图8—13 "编辑颜色"对话框

2）首先在"基本颜色"区中，选择一个颜色，然后用鼠标拖动调色板的滑块；或者在"色调""饱和度""亮度""红""绿"和"蓝"文本框内输入数值，单击"添加到自定义颜色"按钮，可将其加入到"自定义颜色"框中。

3）单击"确定"按钮，则该颜色将出现在"画图"工作界面"颜色"选项组的颜料盒中。

4）重复以上步骤，可以在颜料盒中添加多个自定义的颜色。

3. 常用绘图工具

在"画图"工作窗口的"主页"选项卡中，包括一组进行绘图及编辑的绘画工具，使用不同的工具可以绘出不同的效果。

（1）"铅笔"工具 。"铅笔"工具可以在工作区绘制线条。使用时，先选择前景色（任选一种颜色，如不选择，默认为"颜色1"）和"铅笔"工具。再将光标移到绘图区，然后按下鼠标左键，拖拽鼠标，则鼠标光标移动的轨迹上将会出现以前景色为色彩的线条。如果按下鼠标右键拖拽鼠标，则表示绘制背景色"颜色2"的线条。

如果用户想画一条水平或垂直线，可在拖拽鼠标时按下〈Shift〉键；如果想要取消正在绘制的线条，可以在松开鼠标之前，按下另外的一个鼠标按钮。

（2）"粗细"工具 。在绘制各种线条和形状图形时，都需要设置线条的粗细。单击"粗细"工具按钮，打开"粗细线条"列表，如图8—14所示，用户可以为绘制线条选择合适的线条宽度。

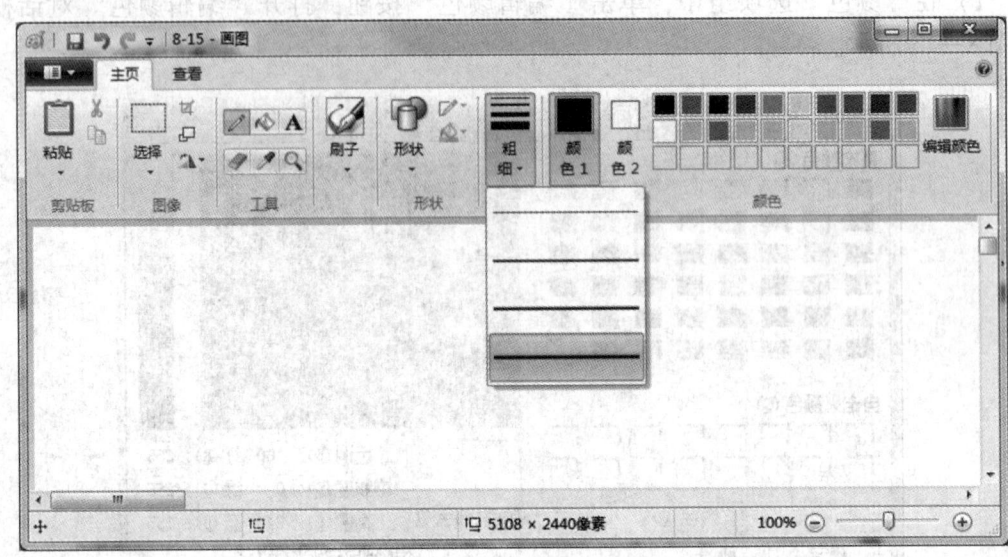

图 8—14 "粗细线条"列表

(3)"文字"工具 。使用"文字"工具可以在工作区中输入汉字和字符。输入文本前，先选定前景色，然后选择"文字"工具。将光标移到绘图区中，在需要进行输入的位置，轻击鼠标左键，则该位置将出现一个 I 型光标和虚线组成的文本框，用户可以在此输入文字，如图 8—15 所示。

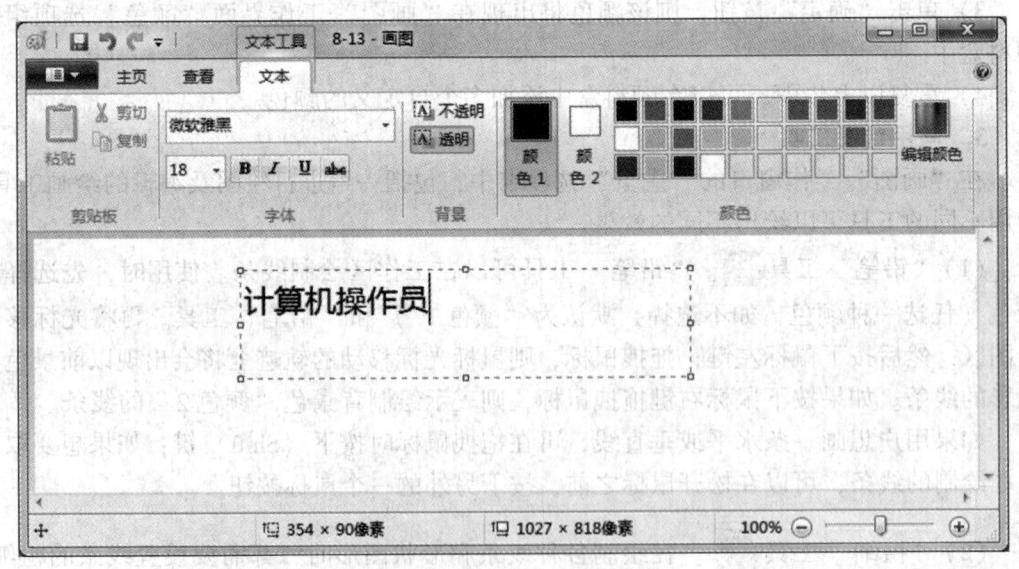

图 8—15 输入文本

在输入文本的过程中在"画图"工作窗口会增加一个"文本"选项卡，用户可以在其中改变文本的字体、字型、字号等。用户还可以使用鼠标移动文本框，或改变文本框的大小。若要确认输入完毕只需在文本框外单击鼠标。

提示：

输入文字后，如果用鼠标移动了插入点，或者选择了其他工具，则表示将输入的文字粘贴在图形中，这时它已成为图形的一部分，再也不能对它进行诸如删除、改变大小等针对文字的操作了。

（4）"橡皮"工具 。画图程序提供了"橡皮"工具，可以擦去图画中不满意的部分。使用"橡皮"工具时，先选择"橡皮"工具，确定前景色和背景色。将光标移到绘图区，按下鼠标左键，即可在工作区中擦除不满意的图形。应注意，这时是将橡皮移过区域的所有颜色变为背景色。

如果是按下鼠标左键进行擦除操作，则表示仅擦除前景色，将当前选定的前景色变为背景色。在擦除结束前，同时按下左右键，可以取消当前的操作。

（5）"用颜色填充"工具 。"用颜色填充"工具能够用前景颜色填充一个封闭区域。使用时，先将需要填充的颜色设置为前景颜色，选择"用颜色填充"工具。再将光标移到要填充的区域，然后按下鼠标左键即可。用户也可以用背景色填充一个封闭区域，填充时，只需按下鼠标右键。

提示：

需要填充的区域必须是一个封闭区域，如果在封闭线上有断点，即使是一个像素宽度的缺口，颜色都会泄漏并填满整个工作区。

（6）"取色"工具 。"取色"工具是一个很有用的工具，它可以将当前图形中的某种颜色设置为前景色或者背景色。这样同其他工具搭配使用，将会非常方便。

使用时，先选择"取色"工具。再将光标移到绘图区中，使"取色"工具的探头放到需要选取的色彩上，按下鼠标左键选取当前颜色为前景色；或者按下鼠标右键选取当前颜色为背景色。

（7）"放大"工具 。有时，需要将图形放大，以便观察得更仔细。这时，可以选择"放大"工具。选中"放大"工具后，会发现鼠标光标变成了一个方框，其中有一个放大镜。

这时，可以用方框在工作区框取要观察的区域，再单击鼠标左键，则工作区的图形将被放大，继续单击鼠标左键，图形再放大。

提示：

如果用户需要缩小图形，只需要单击鼠标右键即可缩小图形。

（8）"刷子"工具 。"刷子"工具就像平常使用的毛笔一样，用户可以使用它在工作区进行绘画。选择"刷子"工具后，显示刷子形状列表，在其中选择一个刷子形状，之后将光标移到绘图工作区，然后拖拽鼠标，即可画出想要的图案。

拖拽鼠标时，按下鼠标左键表示刷子的颜色为前景色，按下鼠标右键表示刷子的颜色为背景色。如果在绘制过程中同时按下了左键和右键，则表示取消正在绘制的图形。

(9)"选择"工具 ▭。当需要剪切图形的大小和形状不需很精确或者需要一个矩形剪切块时，可使用"选择"工具。先选择"选择"工具，然后将光标移到绘图工作区。按住鼠标左键来确定剪切块的左上角。拖拽鼠标，屏幕将出现一个由虚线组成的矩形框，拖拽至合适位置，让矩形框围住要定义的区域。释放鼠标左键，则虚线矩形框就是剪切块了。

如果对定义的剪切块不满意，可单击屏幕上剪切块外的任意地方，取消剪切块的选取。

(10)"旋转"工具 ▭。在画板中对打开的图像，可以旋转或翻转后再编辑。在"图像"选项组中，单击"旋转"下拉列表按钮，打开"旋转"下拉列表，如图 8—16 所示。

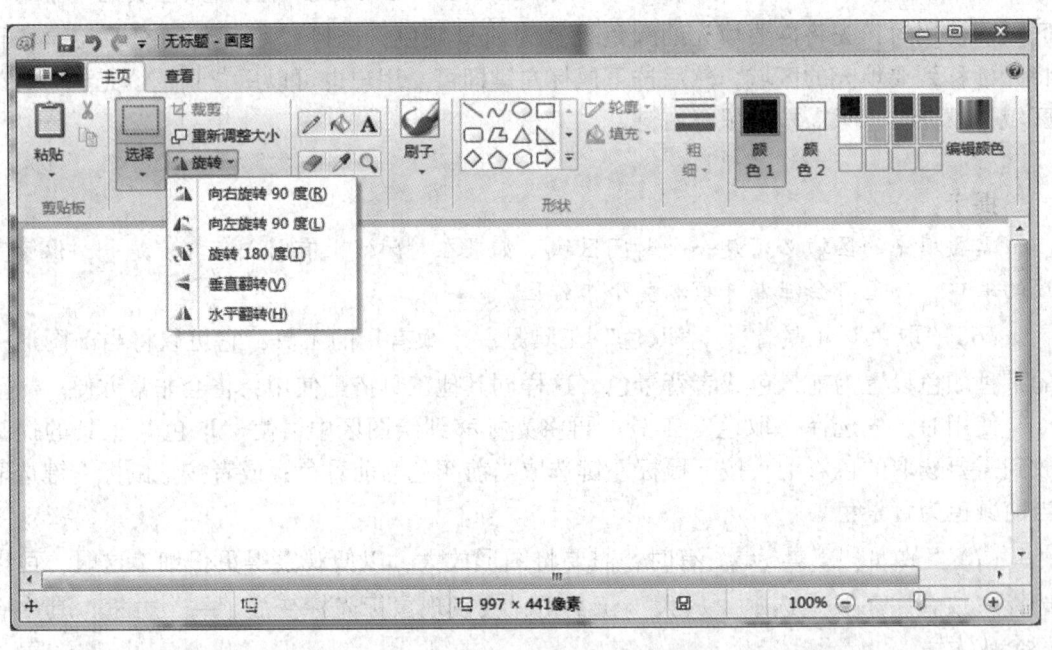

图 8—16 "旋转"下拉列表

4. 绘制形状

在"画图"工作窗口的"主页"选项卡中，单击"形状"按钮，打开"形状"下拉列表，如图 8—17 所示，在其中可以选择不同的工具绘制不同的形状。

(1)"直线"工具 ▭。使用"直线"工具时，先选定"直线"工具和"粗细"工具中的画线宽度。再将光标移到绘图工作区，按住鼠标左键固定直线的一端，然后拖拽光标，一条线将从固定点延伸到鼠标位置。当对所画直线满意时，释放鼠标即可。

在没有释放鼠标按钮之前，单击鼠标右键，可以取消这条线。若要画一条水平线、垂直线或45°斜线，拖拽鼠标时，要按下〈Shift〉键。

按下鼠标左键画线时，线的颜色为前景色；按下鼠标右键画线时，颜色为背景色。

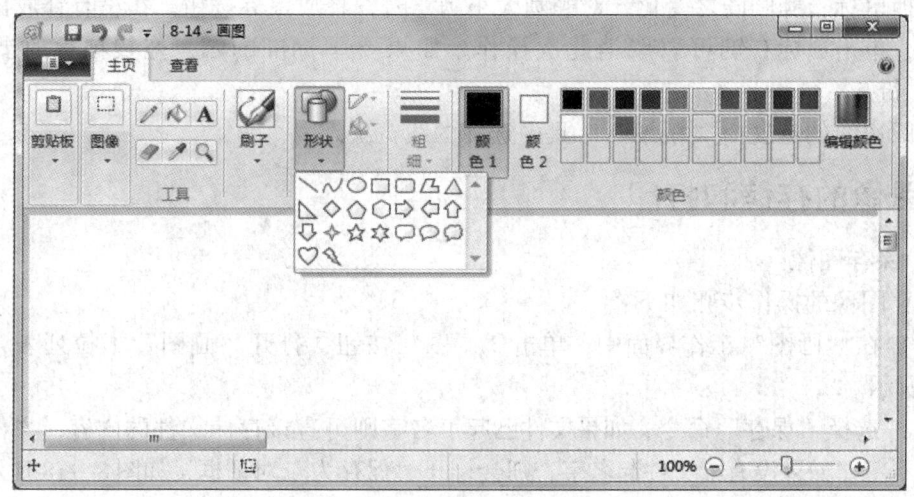

图 8—17 "形状"下拉列表

（2）"曲线"工具 。利用"曲线"工具可以在工作区中画出光滑的曲线。使用时先选择"曲线"工具，并选择前景色和绘画宽度。将鼠标光标移到绘图工作区，按住鼠标左键指定曲线的一端，然后拖拽鼠标，一条直线就从起始端点延伸开来，当直线达到所需的长度时，释放鼠标按钮。在直线外单击鼠标，再次拖拽鼠标，即可把原来的直线调整成曲线。在生成曲线之前，单击鼠标右键可以取消曲线。

曲线的颜色由拖拽时按下的鼠标按键决定，按左键时为前景色，按右键时为背景色。

（3）"矩形"工具 。使用"矩形"工具时，先选定前景色、背景色和"矩形"工具，再将光标移到绘图工作区。在合适位置按下鼠标左键固定方框的左上角。拖拽鼠标，方框就从固定点延伸到鼠标位置。当对方框大小满意时，释放鼠标左键。在释放鼠标左键之前，按下鼠标右键可以重新开始。如果拖拽鼠标时按住〈Shift〉键，则可以画出正方形。

矩形边线的宽度由"粗细"工具中选择的线宽决定。

（4）"多边形"工具 。使用"多边形"工具可以画多边形。首先选定前景色、背景色和"多边形"工具，将光标移到绘图工作区。拖拽鼠标画多边形的第一条边，到达直线的另一端点时释放鼠标左键。如果还要继续画边，可在下一位置单击鼠标左键继续操作。如果是最后一条边，结束时双击鼠标左键。在结束之前的任何时候只要单击鼠标右键即可取消操作。

若要画多边形中的水平线、垂直线或45°斜线，移动鼠标时要按住〈Shift〉键。

选择不同的填充方式，可以画出不同效果的多边形。多边形线条的宽度由"粗细"工具中选择的线宽决定。

（5）"椭圆"工具 。画椭圆时，先选择前景色、背景色和"椭圆"工具，并在选择一种填充方式。将光标移到绘图工作区，按住鼠标左键确定椭圆外切矩形框的一角，拖拽鼠标，椭圆随之变化。对椭圆大小满意时，释放鼠标按钮。在没有释放鼠标左键之前，单击鼠标右键可以取消此次操作。如果要画标准的圆，拖拽鼠标时要按住〈Shift〉键。

椭圆边线的宽度由"粗细"工具中选择的线宽决定。

三、图像的存储和打印

1. 保存图像

保存图像的操作步骤如下：

（1）在"画图"工作界面中，单击"画图"按钮，打开"画图"下拉列表，如图8—10所示。

（2）选择"保存"命令，如果文件已起了名字则可直接存储文件的内容，文件的类型保持不变。如果没有给文件起名字，则会打开"保存为"对话框，如图8—18所示。

图8—18 "保存为"对话框

（3）在"文件名"文本框中，输入保存图像文件的名字；再单击"保存类型"下拉列表按钮，选择一种保存图像文件的类型，单击"保存"按钮，保存文件。

提示：

对于有文件名的图像文件，只希望改变文件类型，可以在"画图"工作界面的"画图"下拉列表中，将鼠标移到"另存为"命令的上方，将弹出"保存为"命令列表，如图8—19所示，然后直接选择一种类型保存图像文件。

多媒体信息处理

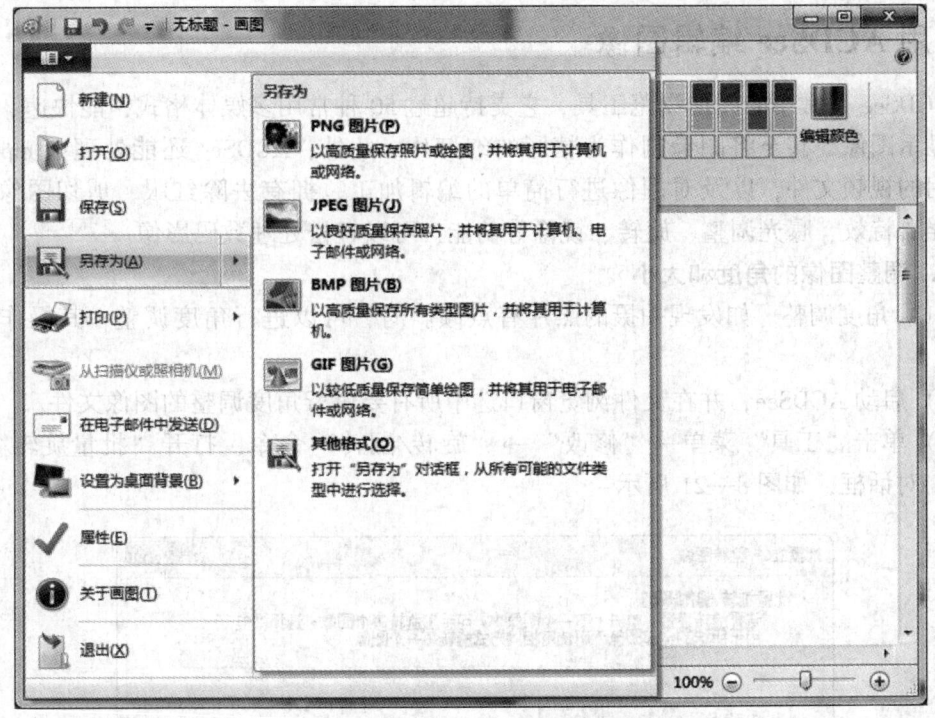

图 8—19 "另存为"命令列表

2. 打印图像

（1）在"画图"工作界面中，单击"画图"按钮，打开"画图"下拉列表，如图 8—10 所示。

（2）选择"打印"命令，打开"打印"对话框，如图 8—20 所示。

（3）单击"打印"按钮，即可打印图像文件。

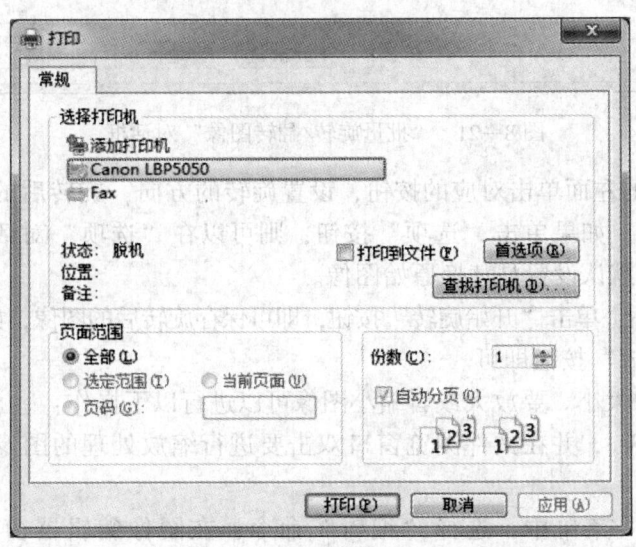

图 8—20 "打印"对话框

四、用 ACDSee 编辑图像

ACDSee 是常用的图形浏览工具，它支持超过 50 种常用多媒体格式，能快速、高质量地显示图像，甚至将图像制作为精彩的幻灯片。此外，ACDSee 还能处理如 mpeg 之类常用的视频文件，以及对图像进行简单的编辑加工，拥有去除红眼、剪切图像、锐化、浮雕特效、曝光调整、旋转、镜像等功能，可以轻松处理数码影像。

1. 调整图像的角度和大小

（1）角度调整。如发现拍摄的照片有点倾斜时，可以进行角度调整，其操作步骤如下：

1）启动 ACDSee，并在文件浏览窗口选中所有要进行角度调整的图像文件。

2）单击"工具"菜单→"修改"→"旋转/翻转"命令，打开"批量旋转/翻转图像"对话框，如图 8—21 所示。

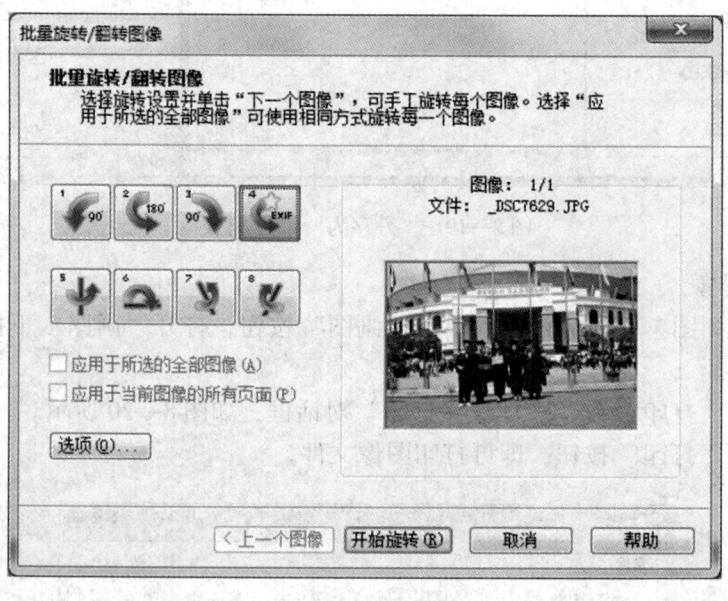

图 8—21 "批量旋转/翻转图像"对话框

3）在对话框的左面单击对应的按钮，设置旋转的方向，旋转后的效果可以在右面的预览栏中观察到。如果单击"选项"按钮，则可以在"选项"对话框中设置如何保存旋转后的图像，默认设置是替换原始图像。

4）调整满意后，单击"开始旋转"按钮，即可保存旋转后的图像，如图 8—22 所示。

5）单击"完成"按钮即可。

（2）调整图像大小。要放大或者缩小图像可以进行以下操作：

1）启动 ACDSee，并在文件浏览窗口双击要进行缩放处理的图像，屏幕将显示图像编辑器窗口。

2）在"工具"菜单中，选择"编辑"命令，在图像编辑器窗口的右方将弹出"编辑模式菜单"任务窗格，如图 8—23 所示。

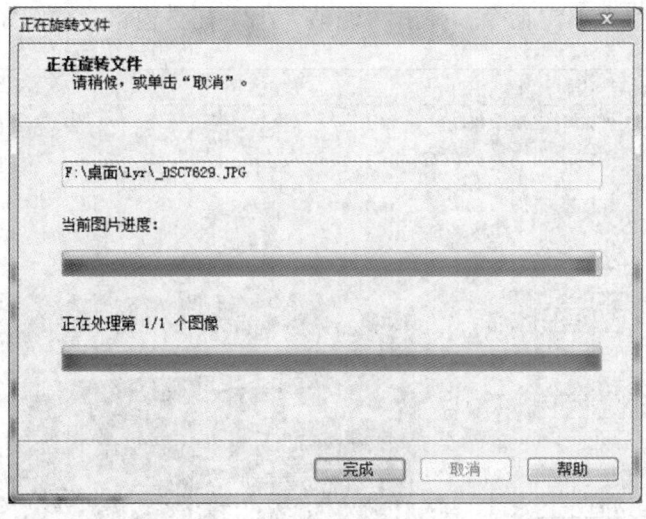

图 8—22 "正在旋转文件"对话框

图 8—23 "编辑模式菜单"任务窗格

3）单击"调整大小"命令，弹出"调整大小"任务窗格，如图8—24所示。

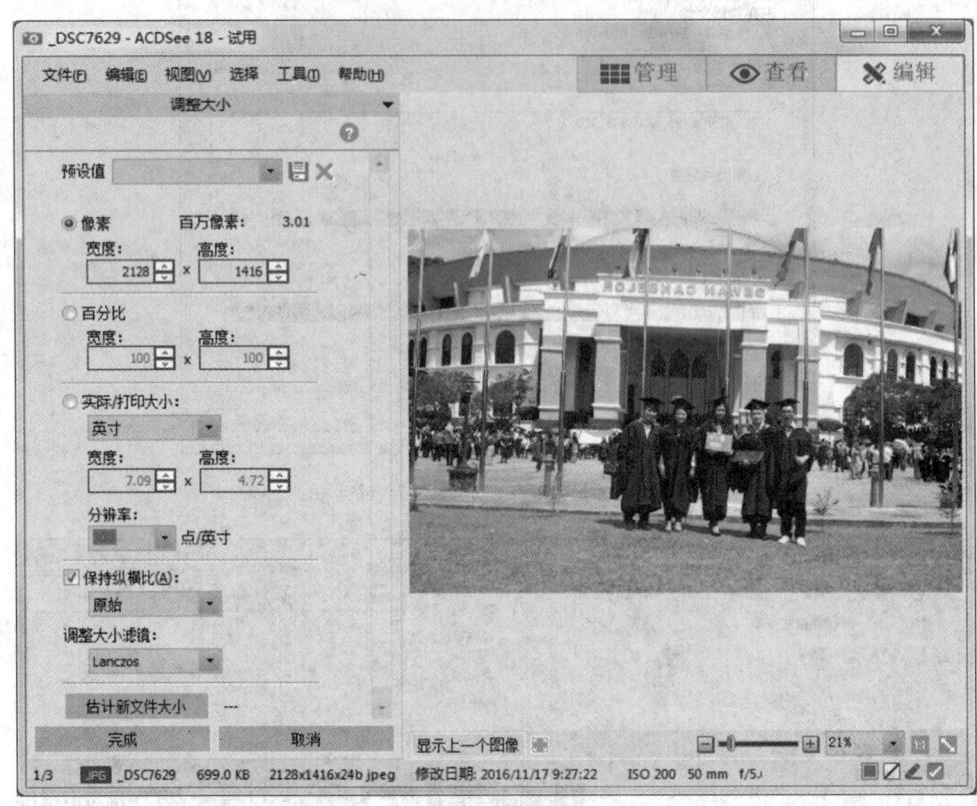

图8—24 "调整大小"任务窗格

4）如果选择"像素"单选项，则可以以像素为单位，在"宽度"和"高度"中设置图像调整后的像素大小。例如，在"宽度"中输入400，在"高度"中输入300，就表示将图像调整为400×300的大小。

5）如果选择"百分比"单选项，则可以用原始图像为参照物，在"宽度"和"高度"中设置图像的缩放比例。例如，在"宽度"中输入50，在"高度"中输入50，就表示将图像的宽度和高度都缩小到原来的一半。

6）如果选择"实际/打印大小"单选项，则可以用图像的尺寸为单位，在"宽度"和"高度"中设置图像调整后的尺寸大小。在单选项右方的下拉列表中可以选择尺寸的单位，包括英寸、厘米和毫米。

7）如果选择了"保持纵横比"复选框，则可以在其下方的下拉列表中选择设置图像宽度和高度的比例。

8）单击"估计新文件大小"按钮，还可以观察到进行缩放处理后的图像文件的大小。

9）一切设置满意后，单击"完成"按钮即可完成缩放操作。

2. 调整曝光度和亮度

（1）图像的自动曝光。使用数码相机拍摄图像后，经常会发现图像的效果不太满意，例如曝光不够。此时，可以使用ACDSee提供的自动曝光功能，自动补偿图像因为曝光不够而产生的缺陷。

1）启动 ACDSee，并在文件浏览窗口双击要处理的图像，屏幕将显示图像编辑器窗口。

2）在"工具"菜单中，选择"编辑"命令，在图像编辑器窗口的右方将弹出"编辑模式菜单"任务窗格，如图 8—23 所示。

3）在"曝光/光线"功能区，选择"曝光"选项，弹出"曝光"任务窗格，如图 8—25 所示。

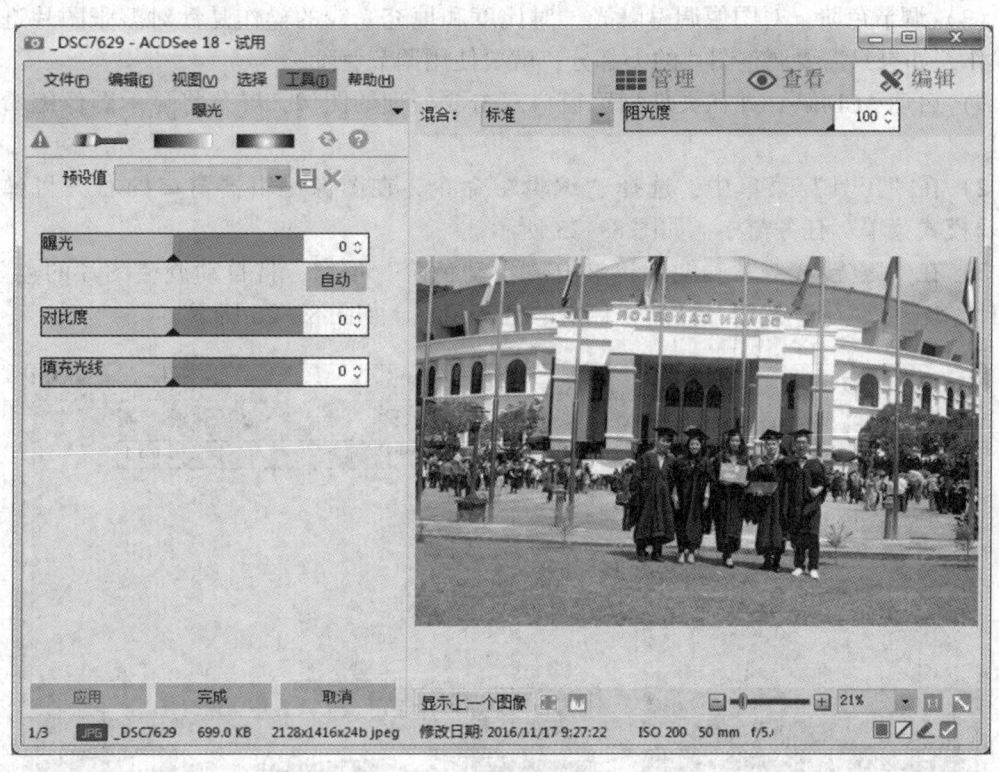

图 8—25 "曝光"任务窗格

4）单击"自动色阶"按钮，此时，在图像预览窗口可以观看图像的显示效果的改变。

5）单击"完成"按钮，即可完成自动曝光操作。

（2）图像的手动曝光调节。使用自动曝光功能后，如果对效果还是不太满意，就可以使用 ACDSee 提供的手动调节曝光功能，来调整图像的曝光度。

1）启动 ACDSee，并在文件浏览窗口双击要处理的图像，屏幕将显示图像编辑器窗口。

2）在"工具"菜单中，选择"编辑"命令，在图像编辑器窗口的右方将弹出"编辑模式菜单"任务窗格，如图 8—23 所示。

3）在"曝光/光线"功能区，选择"曝光"选项，弹出"曝光"任务窗格，如图 8—25 所示。

4）用鼠标拖动"曝光"设置区的滑块，可以调节图像的曝光。在图像预览窗口可以观看调整曝光后图像显示的效果。

如果感觉图像效果仍然不满意，还可以手动调节对比度和填充光线。

5）在"对比度"设置框中，用鼠标拖动滑块，手动调节图像的对比度；在"填充光线"设置框中，用鼠标拖动滑块，手动调节图像的光线强弱度。在图像预览窗口观看调整设置后图像的效果，直到满意。

6）单击"完成"按钮，完成设置。

（3）调节色阶。对图像调整曝光、对比度和填充光线的操作是针对整张图片进行的操作，如果只需要调整图片的一部分，就要使用调节色阶。

1）启动ACDSee，并在文件浏览窗口双击要处理的图像，屏幕将显示图像编辑器窗口。

2）在"工具"菜单中，选择"编辑"命令，在图像编辑器窗口的右方将弹出"编辑模式菜单"任务窗格，如图8—23所示。

3）在"曝光/光线"功能区，单击"自动色阶"按钮，将自动调整图片的色阶；也可以单击"色阶"按钮，打开"色阶"任务窗格，如图8—26所示。

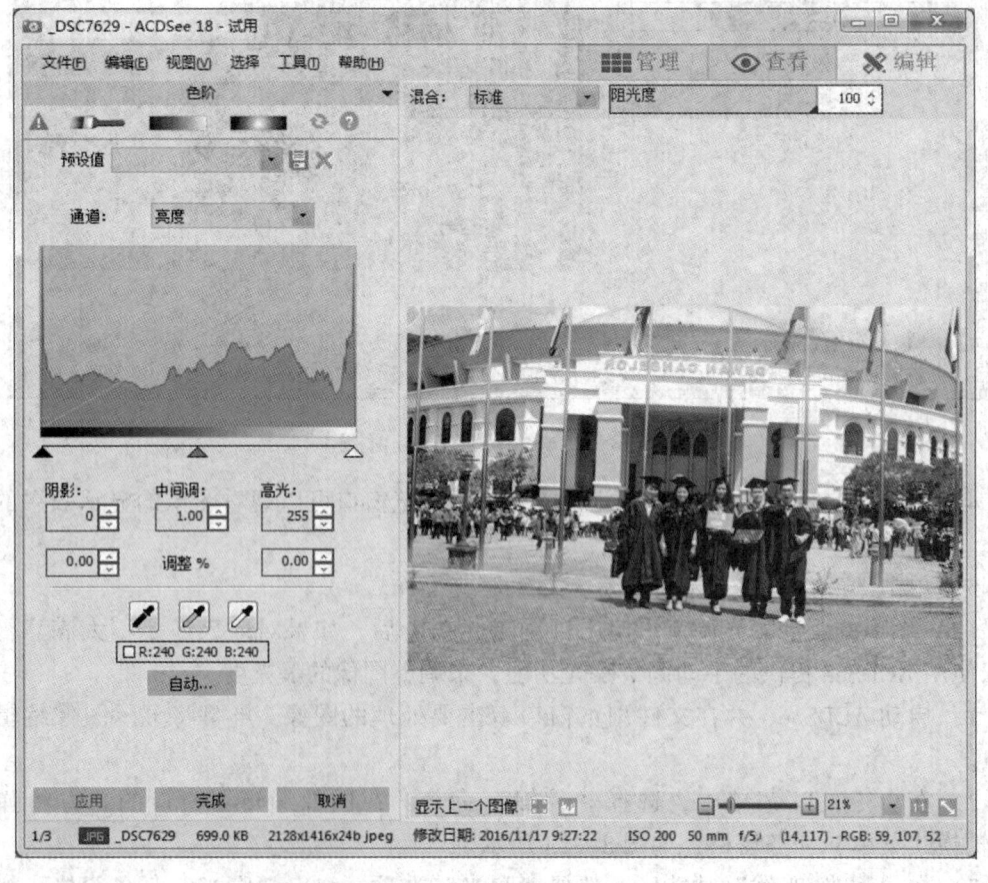

图8—26 "色阶"任务窗格

4）用鼠标拖动色阶滑块，调整光线在图片中的分布。

5）在图像预览窗口观看调整设置后图像的效果，直到满意。

6）单击"完成"按钮，完成设置。

单元考核要点

考核类型	考核范围	考核点
理论知识	图形、图像的输入	计算机图像分类
		矢量图形的特点
		位图图像的特点
		数码相机的概念
		屏幕拷贝
	简单图像信息处理	图画工具的使用
		颜料盒的功能
		颜料盒的设置
		"铅笔"工具的使用
		"曲线"工具的使用
		前景色和背景色的区别
		翻转/旋转的应用
		ACDSee 的功能
技能操作	图像文件输入	从数码相机导入图片
		扫描图片
		拷贝全屏和当前活动窗口
	图片编辑	使用画图工具对图片进行一些简单的编辑
		翻转和旋转图像
		拉伸和扭曲图像
		缩放图像的显示尺寸
	ACDSee 编辑图片	调整图片的倾斜角度和大小
		调整数码相片的曝光度和亮度

单元测试题

一、单项选择题（下列每题有 4 个选项，其中只有一个是正确的，请将正确答案的代号填在括号内）

1. 计算机图像分为（　　）和矢量图形两大类。

A. 点图像　　　　B. 标清相片　　　　C. 高清图像　　　　D. 位图图像

2. 将矢量图形以任意分辨率打印出来，（　　）影响清晰度。
   A. 都会　　　　　B. 都不会　　　　　C. 不一定　　　　　D. 多半会

3. 在处理（　　）图像时，编辑的是每一个点。
   A. 位图　　　　　B. 矢量　　　　　　C. BIM　　　　　　D. 高清

4. 常见的图像格式包括 GIF、JPEG、BMP 和（　　）。
   A. TIFF　　　　　B. AVI　　　　　　C. RM　　　　　　　D. RMVB

5. （　　）是将光学图像信息转换成电子信号，并存储在电子介质中的一种相机。
   A. 照相机　　　　B. 摄像头　　　　　C. 投影仪　　　　　D. 数码相机

6. 在 Windows 系统下，按〈Print Screen〉键即可将当前的整个屏幕保存在（　　）中。
   A. "缓冲区"　　　B. "剪贴板"　　　　C. "缓存"　　　　　D. "内存"

7. Windows 系统中的（　　）工具具备了一个画图软件最基本的功能。
   A. 画图　　　　　　　　　　　　　　B. Photoshop
   C. ACDSee　　　　　　　　　　　　D. 图片和传真查看器

8. 画图工具中的"颜料盒"有 20 种（　　）供用户选择。
   A. 颜色　　　　　B. 模板　　　　　　C. 色调　　　　　　D. 风格

9. 在画图工具中，"颜料盒"中的三种原色是（　　）。
   A. 红、绿、蓝　　　　　　　　　　　B. 黄、绿、蓝
   C. 紫、黄、蓝　　　　　　　　　　　D. 红、蓝、紫

10. 在画图工具中，要用铅笔工具画一条水平或垂直线，可在（　　）时按下〈Shift〉键。
    A. 拖拽鼠标　　　　　　　　　　　　B. 打开窗口
    C. 编辑页面　　　　　　　　　　　　D. 选定

11. 画图工具中的"曲线"颜色由拖拽时按下的鼠标按键决定，按（　　）时为前景色。
    A. 左键　　　　　B. 右键　　　　　　C. 中间的滑轮　　　D. 左、右键

12. 画图工具中，画图时使用前景色来画线和（　　）。
    A. 修饰背景色彩　　　　　　　　　　B. 建立模板
    C. 填充图形　　　　　　　　　　　　D. 修改背景

13. 画图工具中，"翻转和旋转"对话框中，"按一定角度旋转"选项可以按（　　）、180°或 270°来旋转图像或选定的剪切块。
    A. 90°　　　　　B. 135°　　　　　　C. 45°　　　　　　D. 330°

14. 用"画图"工具画图时，使用（　　）来体现图形的背景。
    A. 背景色　　　　B. 前景色　　　　　C. 前景色调　　　　D. 背景色调

15. ACDSee 支持超过（　　）种常用多媒体格式。
    A. 100　　　　　B. 90　　　　　　　C. 80　　　　　　　D. 50

16. 如果要使用椭圆形工具画圆，应该按着键盘上的（　　）键同时拖拽鼠标。

A.〈Ctrl〉   B.〈Shift〉   C.〈Alt〉   D.〈Tab〉

二、**判断题**（下列判断正确的请打"√"，错误的请打"×"）

（　　）1. 矢量图形质量与分辨率无关。

（　　）2. 位图图像与分辨率无关。

（　　）3. 在处理位图图像时，编辑的是每一个点。

（　　）4. GIF、JPEG 格式的文件属于图像文件格式。

（　　）5. 数码相机是将光学图像信息转换成电子信号，并存储在胶卷中的一种相机。

（　　）6. 在 Windows 系统下，按〈Alt + Print Screen〉组合键即可将当前的整个屏幕保存在"剪贴板"中。

（　　）7. Windows 系统中的"画图"工具具备了一个画图软件最基本的功能。

（　　）8. 画图工具中的"颜料盒"有 32 种颜色供用户选择。

（　　）9. 在画图工具中，"颜料盒"中的原色有三种。

（　　）10. 在画图工具中，要用铅笔工具画一条水平或垂直线，可在拖拽鼠标时按下〈Alt〉键。

（　　）11. 画图工具中的"曲线"颜色由拖拽时按下的鼠标按键决定，按左键时为前景色。

（　　）12. 画图工具中，画图时使用前景色来画线和填充图形。

（　　）13. 画图工具中，"放大镜"工具只能放大图片，不能缩小图片。

（　　）14. 如果要使用椭圆形工具画圆，应该按着键盘上的〈Shift〉键。

（　　）15. ACDSee 支持超过 100 种常用多媒体格式。

单元测试题答案

一、单项选择题

1. D　2. B　3. A　4. A　5. D　6. B　7. A　8. A
9. A　10. A　11. A　12. C　13. A　14. A　15. D　16. B

二、判断题

1. √　2. ×　3. √　4. √　5. ×　6. ×　7. √　8. ×
9. √　10. ×　11. √　12. √　13. ×　14. √　15. ×